Physik

Lehrbuch für die klasse 9
Sachsen-Anhalt
Gymnasium

Herausgeber
Prof. Dr. habil. Lothar Meyer
Dr. Gerd-Dietrich Schmidt

Duden Schulbuchverlag
Berlin

Herausgeber
Prof. Dr. habil. Lothar Meyer
Dr. Gerd-Dietrich Schmidt

Autoren
PD Dr. habil. Barbara Gau
Prof. Dr. habil. Lothar Meyer
Dr. Gerd-Dietrich Schmidt

Redaktion Prof. Dr. habil. Lothar Meyer
Gestaltungskonzept und Umschlag Britta Scharffenberg
Layout Claudia Kilian
Grafik Heribert Braun, Nina Geist, Claudia Kilian, Jens Prockat, Sybille Storch

Dieses Werk enthält Vorschläge und Anleitungen für **Untersuchungen** und **Experimente.**
Vor jedem Experiment sind mögliche Gefahrenquellen zu besprechen. Die Gefahrstoffe sind durch die entsprechenden Symbole gekennzeichnet.
Experimente werden nur nach Anweisung der Lehrkraft durchgeführt. Solche mit Gefahrstoffen dürfen nur unter Aufsicht durchgeführt werden.
Beim Experimentieren sind die Richtlinien zur Sicherheit im naturwissenschaftlichen Unterricht einzuhalten.

Die Webseiten Dritter, deren Internetadressen in diesem Lehrwerk angegeben sind, wurden vor Drucklegung sorgfältig geprüft. Der Verlag übernimmt keine Gewähr für die Aktualität und den Inhalt dieser Seiten oder solcher, die mit ihnen verlinkt sind.

www.duden-schulbuch.de

1. Auflage, 5. Druck 2016

Alle Drucke dieser Auflage sind inhaltlich unverändert
und können im Unterricht nebeneinander verwendet werden.

Druck: Mohn Media Mohndruck, Gütersloh

ISBN 978-3-89818-374-1

PEFC
PEFC/04-31-1033

PEFC zertifiziert
Dieses Produkt stammt aus nachhaltig bewirtschafteten Wäldern und kontrollierten Quellen.
www.pefc.de

Inhaltsverzeichnis

1 Gesetze der mechanischen Bewegung

1.1 Bewegungen in Natur und Technik

Durchschnittsgeschwindigkeit oder Augenblicksgeschwindigkeit?

Für Lkw und Busse ist vorgeschrieben, dass sie einen Fahrtenschreiber benutzen müssen, der die Geschwindigkeit zu jedem Zeitpunkt aufzeichnet.
Welche Aussagen kann man aus dem nebenstehenden Fahrtenschreiberdiagramm ableiten? Warum sind Fahrtenschreiber für Lkw und Busse vorgeschrieben?

Ruhe oder Bewegung?

Wenn man durch das Fenster eines Hauses auf die Straße schaut, kann man leicht erkennen, welche Körper sich auf der Straße bewegen und welche in Ruhe sind. Sitzt man dagegen auf einem fahrenden Schiff, so fällt es schon etwas schwerer zu sagen, ob eine Person oder das Schiff sich bewegen oder in Ruhe sind.
Woran kann man erkennen, ob sich ein Körper in Bewegung befindet oder ob er ruht? Was versteht man in der Physik unter Bewegung?

Entscheidend ist die Beschleunigung

Viele Pkw gleicher Bauart gibt es mit Motoren unterschiedlicher Leistung. Pkw mit stärkeren Motoren haben den Vorteil, dass man mit ihnen schneller und somit sicherer überholen kann. Allerdings verbrauchen sie in der Regel auch mehr Kraftstoff.
Warum kann man in einem Pkw mit stärkerem Motor schneller und somit sicherer überholen?

1 Die Personen sind je nach Wahl des Bezugssystems in Ruhe oder in Bewegung.

Bewegung und Ruhe

Bewegung und Ruhe sind Begriffe, die man sowohl in der Umgangsprache als auch in der Fachsprache der Physik verwendet. In der Mechanik ist eine **Bewegung** eine Orts- oder Lageveränderung eines Körpers gegenüber einem anderen Körper, dem **Bezugskörper,** oder einem **Bezugssystem.** Ein Bezugssystem ist ein Bezugskörper und ein damit verbundenes Koordinatensystem.

Ein Körper ist in Bewegung, wenn er seine Lage gegenüber einem Bezugssystem verändert. Ein Körper ist in Ruhe, wenn er seine Lage gegenüber einem Bezugssystem nicht verändert.

Jede Bewegung ist somit **relativ** und kann nur gegenüber einem Bezugssystem angegeben werden. Häufig ist dieses Bezugssystem die Erdoberfläche. Es kann aber auch ein beliebiges anderes Bezugssystem gewählt werden.
Sitzt man z. B. in einem fahrenden Zug still, so ist man sowohl in Bewegung als auch in Ruhe (Abb. 1). Gegenüber dem Zug ist man in Ruhe, denn man ändert seine Lage gegenüber dem Zug nicht. Gleichzeitig fährt aber der Zug mit hoher Geschwindigkeit auf den Gleisen entlang und zusammen mit ihm bewegt man sich. Gegenüber stehenden Personen auf dem Bahnsteig sind Zug und Personen in ihm in Bewegung.

Das Modell Punktmasse

Bei vielen Bewegungen sind Form und Volumen des bewegten Körpers wichtig. Eine Turnerin kann z. B. durch Veränderung der Form ihres Körpers ganz verschiedene Bewegungen ausführen (Abb. 2).
Auch bei dicht befahrenen Straßen oder beim Einparken eines Autos in eine Parklücke sind Form und Volumen des Autos sorgfältig zu beachten.
Bei einer Reihe von Bewegungen kann man in der Physik jedoch auch von Form und Volumen des Körpers absehen und annehmen, dass sich der Körper wie ein Punkt bewegt. Dabei stellt man sich vor, dass die gesamte Masse des Körpers in einem Punkt, der Punktmasse, vereinigt ist.

2 Die Schönheit von Turnübungen ist vor allem davon abhängig, wie die Turnerin während der Vorführungen ihre Körperform verändert.

Dadurch wird die Wirklichkeit, z. B. ein realer Körper, vereinfacht bzw. idealisiert. Ein realer Körper wird durch eine gedachte Punktmasse ersetzt (Abb. 1, 2). Ein solches ideelles Ersatzobjekt nennt man **Modell.**
Die **Punktmasse,** auch Massepunkt genannt, ist ein solches Modell. Durch Nutzung dieses Modells können viele Berechnungen und Beschreibungen von Bewegungen vereinfacht werden. Bei der Anwendung des Modells Punktmasse benutzt man in der Regel den Massemittelpunkt (Schwerpunkt) des Körpers zur Darstellung des Massepunktes (Abb. 1, 2).

2 Das Auto als realer Körper

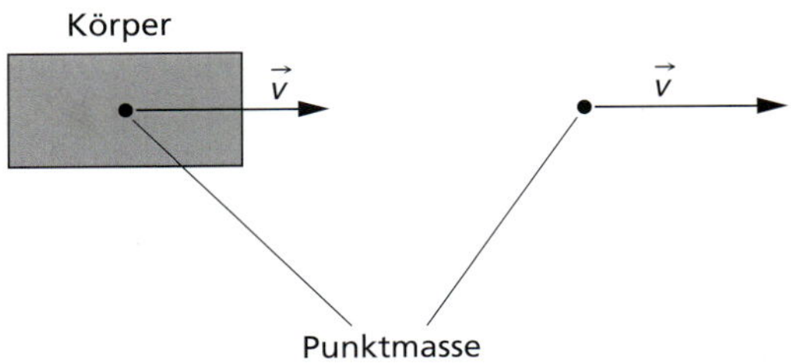

1 Vereinfachung mit dem Modell Punktmasse

Bahnformen und Bewegungsarten

Körper bewegen sich entlang einer **Bahn,** deren Form sehr unterschiedlich sein kann. Die verschiedenen Bahnformen sind unten dargestellt. Längs einer Bahn kann die Art der Bewegung unterschiedlich sein.

Geradlinige Bewegung	Krummlinige Bewegung	Schwingung

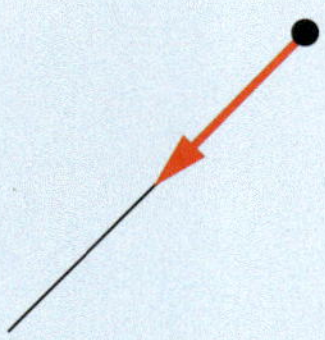	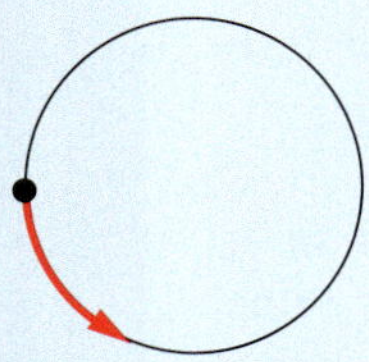	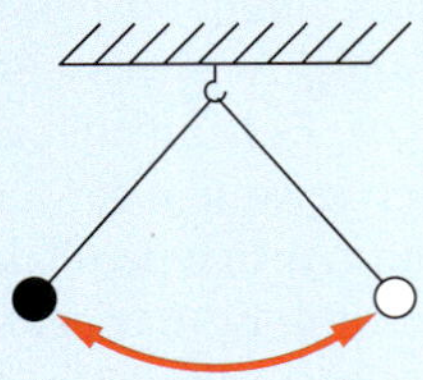
Der abgebildete Zug bewegt sich auf den Schienen in einer Richtung. Er führt eine **geradlinige Bewegung** entlang der Schienen aus. Die Bewegung kann gleichförmig oder ungleichförmig sein.	Die Gondeln des Riesenrades bewegen sich auf einer Kreisbahn. Sie führen eine Kreisbewegung aus. Die Kreisbewegung ist eine spezielle **krummlinige Bewegung.**	Das Mädchen bewegt sich ständig zwischen zwei Punkten hin und her. Ihre Bahn ist ein Teil eines Kreises. Es führt eine **Schwingung** aus. Die Geschwindigkeit ändert sich ständig.

Mosaik

„Und sie bewegt sich doch!“

Die Relativität der Bewegung war einer der Gründe für einen jahrhundertelangen und z. T. erbitterten Streit.
Bereits im Altertum konnten die Menschen die Bewegungen der Himmelskörper, vor allem der Sonne, des Mondes und der Sterne, am Himmel beobachten. Das führte zu der nahe liegenden Vermutung, dass sich die Erde fest im Zentrum der Welt befindet und sich alle Himmelskörper um die Erde bewegen. Zugleich erkannte man in den Bewegungen der Himmelskörper eine Reihe von Regelmäßigkeiten und nutzte sie, um Termine für Saat und Ernte zu bestimmen. All diese und weitere Erkenntnisse wurden von CLAUDIUS PTOLEMÄUS (um 100–um160) aus Alexandria in seinem Hauptwerk „Syntaxis mathematike“ (Mathematische Zusammenstellung), arabisch auch „Almagest“ genannt, zusammengefasst.
Mit diesem Werk begründete er das **geozentrische Weltbild** (Abb. 1), nach dem die Erde sich im Mittelpunkt der Welt befindet und sich alle anderen Himmelskörper auf Kreisbahnen um die Erde bewegen. Eine Reihe astronomischer Beobachtungen konnte damit aber nicht widerspruchsfrei erklärt werden. Außerdem war die Genauigkeit der Berechnungen für die Seefahrt im Zeitalter der Entdeckungen und auch für den Kalender nicht mehr ausreichend.
Um diese Probleme zu lösen, wurde das Weltbild von PTOLEMÄUS immer weiter ausgebaut. Vor allem im Mittelalter wurden aber auch zunehmend Zweifel am immer komplizierter werdenden geozentrischen Weltbild laut.

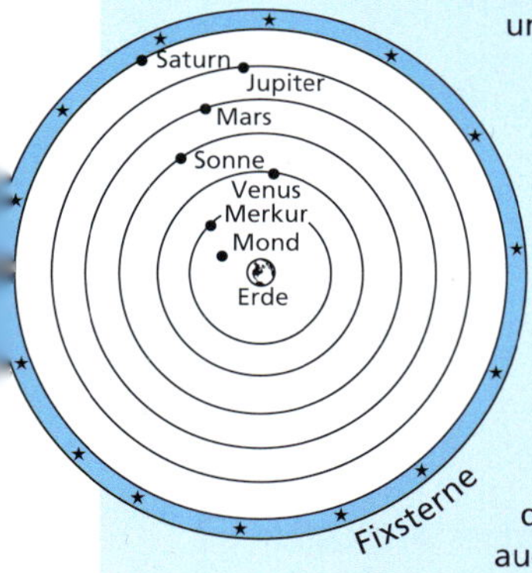

1 Das geozentrische Weltbild

NIKOLAUS KOPERNIKUS (1473–1543) griff als Erster den früher bereits vereinzelt geäußerten Gedanken wieder auf, dass nicht die Erde, sondern die Sonne als Zentralstern im Mittelpunkt unseres Planetensystems steht und sich alle Planeten auf Kreisbahnen um die Sonne bewegen. Fast 30 Jahre lang arbeitete KOPERNIKUS diese Idee mathematisch zum **heliozentrischen Weltbild** (Abb. 2) aus.
Ein berühmter Vertreter des heliozentrischen Weltbildes war GALILEO GALILEI, der aufgrund eigener Untersuchungen von der Richtigkeit dieses Weltbildes überzeugt war (Abb. 3). Damit geriet er als berühmter Gelehrter in Zwiespalt mit der Kirche und deren eindeutigem Bekenntnis zum geozentrischen Weltbild.
1633 wurde GALILEI von einem Inquisitionsgericht in Rom gezwungen, öffentlich dem heliozentrischen Weltbild abzuschwören. Beim Hinausgehen aus dem Gericht soll er der Legende nach gesagt haben: *„Und sie bewegt sich doch!“* Im Jahre 1992 wurde GALILEI rehabilitiert.

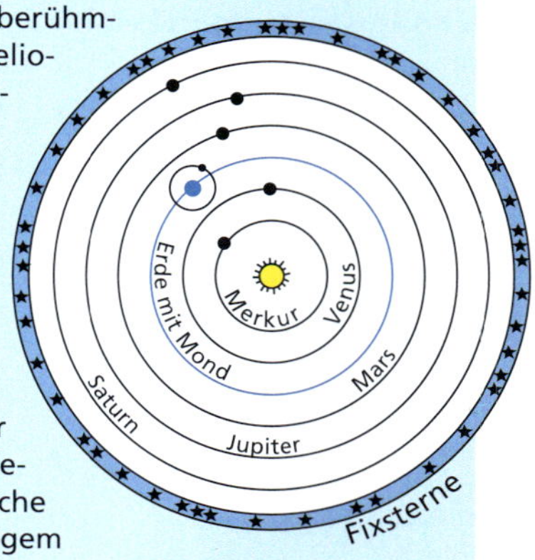

2 Das heliozentrische Weltbild (um 1700)

3 GALILEO GALILEI (1564–1642)

Gleichförmige Bewegungen

Körper können sich unterschiedlich schnell bewegen. Wie schnell oder wie langsam sich ein Körper bewegt, wird durch die physikalische Größe **Geschwindigkeit** beschrieben.

> **Die Geschwindigkeit gibt an, wie schnell oder langsam sich ein Körper bewegt.**
>
> **Formelzeichen:** v
> **Einheiten:** **1 Meter je Sekunde** $\left(1\frac{m}{s}\right)$
> **1 Kilometer je Stunde** $\left(1\frac{km}{h}\right)$

Dabei bestehen zwischen den Einheiten folgende Beziehungen:

$$1\ \frac{m}{s} = 3{,}6\ \frac{km}{h} \qquad 1\ \frac{km}{h} = \frac{1}{3{,}6}\ \frac{m}{s} \approx 0{,}28\ \frac{m}{s}$$

In speziellen Bereichen nutzt man auch andere Einheiten. So wird in der Schifffahrt die Geschwindigkeit in Knoten (Abkürzung kn) angegeben:

$$1\ \text{kn} = \frac{1\ \text{Seemeile}}{1\ \text{Stunde}} = 1\,852\ \frac{m}{h}$$

> **Die Geschwindigkeit eines Körpers bei einer gleichförmigen Bewegung kann berechnet werden mit der Gleichung:**
>
> $v = \frac{s}{t}$ s **zurückgelegter Weg**
> t **benötigte Zeit**

Diese Gleichung gilt sowohl für **geradlinige Bewegungen** als auch für **Kreisbewegungen**. Für solche gleichförmigen Kreisbewegungen kann der Weg mithilfe des Radius der Kreisbahn und die Zeit durch die Umlaufzeit (Zeit für einen Umlauf) ausgedrückt werden:

> **Für eine gleichförmige Kreisbewegung kann die Geschwindigkeit berechnet werden mit der Gleichung:**
>
> $v = \frac{2\pi \cdot r}{T}$ r **Radius der Kreisbahn**
> T **Umlaufzeit**

Eine gleichförmige Bewegung liegt vor,
- wenn ein Körper in gleichen Zeiten gleiche Wege zurücklegt,
- wenn der Quotient aus Weg und Zeit immer konstant ist,
- wenn die in einem Weg-Zeit-Diagramm dargestellten Messwertepaare auf einer ansteigenden Geraden liegen, die durch den Ursprung des Koordinatensystems verläuft; dazu werden die Messwertepaare als Punkte in ein Weg–Zeit–Diagramm eingetragen und miteinander verbunden (Abb. 1),
- wenn die in einem Geschwindigkeit-Zeit-Diagramm dargestellten Messwertepaare auf einer Geraden liegen, die parallel zur Zeit-Achse verläuft (Abb. 1, S. 12).

Verläuft der Graph in Abb. 1 parallel zur Zeit-Achse, so ruht der Körper.

Betrachten wir als Beispiel ein Auto, für das man gemessen hat, in welchen Zeiten vorgegebene Wege zurückgelegt wurden.

Weg s in m	Zeit t in s
0	0
100	5,1
200	9,9
300	15,2
400	20,1
500	25,0

Damit erhält man folgendes s-t-Diagramm:

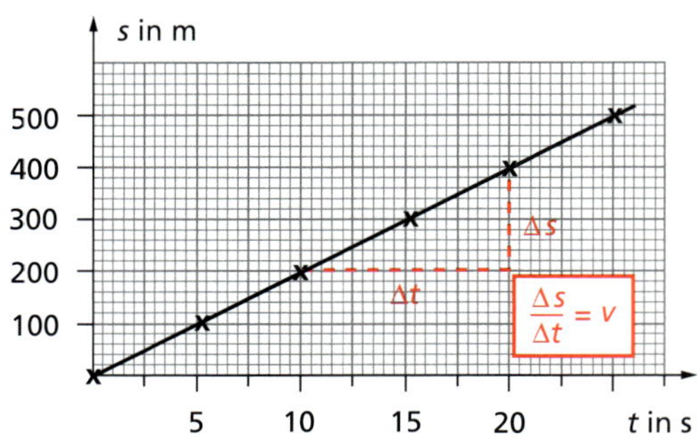

1 Weg-Zeit-Diagramm für eine gleichförmige Bewegung: Es ergibt sich eine Gerade, die durch den Ursprung des Koordinatensystems verläuft.

Mosaik

So schnell sind Tiere, Menschen, Autos und Raketen

Manche Vorgänge in der Natur laufen so langsam ab, dass man sie nur erkennt, wenn man über längere Zeiträume sehr exakt misst. So bewegen sich z. B. die Kontinente der Erde gegeneinander: Europa nähert sich Amerika pro Jahr um etwa 2 cm.

In der lebenden Natur sind sehr unterschiedliche Geschwindigkeiten zu beobachten, wobei man zwischen Durchschnittsgeschwindigkeiten und Höchstgeschwindigkeiten unterscheiden muss. Die Durchschnittsgeschwindigkeiten liegen meist weit unter den Höchstgeschwindigkeiten.

Höchstgeschwindigkeiten einiger Tiere

beim Fliegen	
Stubenfliege	8 km/h
Biene	29 km/h
Sperling	45 km/h
Mauersegler	180 km/h
Wanderfalke (Sturzflug)	280 km/h
beim Kriechen oder Laufen	
Weinbergschnecke	0,003 km/h
Klapperschlange	4 km/h
Hase	65 km/h
Rennpferd	69 km/h
Gepard	120 km/h
beim Schwimmen	
Eisbär	10 km/h
Forelle	35 km/h
Hai	36 km/h
Tunfisch	75 km/h
Schwertfisch	90 km/h

Unter den Tieren sind die Vögel die schnellsten; Schnecken, wie die Große Wegschnecke oder die Weinbergschnecke, sind dagegen ausgesprochen langsam. Die Tabelle oben gibt dazu einen Überblick.

Auch der Mensch erreicht sehr unterschiedliche Geschwindigkeiten. Verschiedene Beispiele sind in der Tabelle angegeben. 100-m-Läufer, die Durchschnittsgeschwindigkeiten von 36 km/h erreichen, also für die 100 m nur 10 s benötigen, gehören zur Weltspitze.

Geschwindigkeiten des Menschen

normales Gehen	5 km/h
100 m Freistil	7 km/h
Radwandern	15 km/h
800-m-Lauf	27 km/h
100-m-Lauf	36 km/h
Radrennen	40–60 km/h
Skispringer beim Absprung	100 km/h
frei fallender Fallschirmspringer	180 km/h

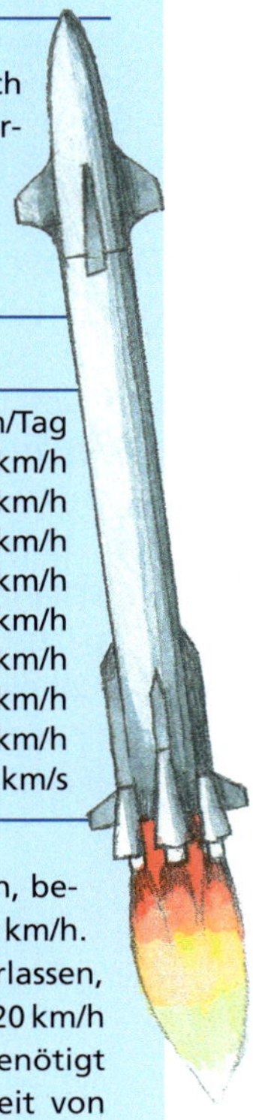

Mit technischen Hilfsmitteln können noch wesentlich größere Geschwindigkeiten erzielt werden. Nachfolgend sind einige Beispiele für Geschwindigkeiten in Natur und Technik genannt.

Geschwindigkeiten in Natur und Technik

Wachstum eines Haares	0,3 mm/Tag
Regentropfen	25 km/h
Orkan Windstärke 12	120 km/h
Autobahnrichtgeschwindigkeit	130 km/h
Passagierflugzeug	900 km/h
Schall in Luft	1 200 km/h
Raketenauto (1997)	1 228 km/h
Geschoss eines Gewehres	2 800 km/h
Rakete in Erdumlaufbahn	28 440 km/h
Lichtgeschwindigkeit	300 000 km/s

Damit ein Satellit die Erde umkreisen kann, benötigt er eine Geschwindigkeit von 28 440 km/h. Um den Anziehungsbereich der Erde zu verlassen, muss seine Geschwindigkeit bereits 40 320 km/h betragen. Beim Start von der Erde aus benötigt ein Satellit immerhin eine Geschwindigkeit von 60 120 km/h, um unser Planetensystem verlassen zu können. Unsere Erde bewegt sich mit einer mittleren Geschwindigkeit von etwa 107 000 km/h im Laufe eines Jahres einmal um die Sonne.

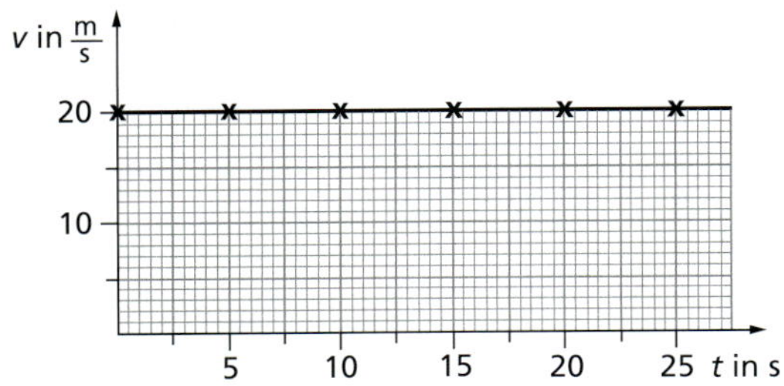

1 Geschwindigkeit-Zeit-Diagramm bei v = konstant

Aus den Messwerten kann man eine konstante Geschwindigkeit von ca. 20 m/s berechnen und im v-t-Diagramm darstellen (Abb. 1).
Der Quotient s/t, also die Geschwindigkeit, ist im s-t-Diagramm der Anstieg des Graphen (s. Abb. 1, S. 10). Je größer die Geschwindigkeit ist, desto steiler verläuft der Graph im s-t-Diagramm.

Der Anstieg des Graphen im s-t-Diagramm ist bei einer gleichförmigen Bewegung gleich der Geschwindigkeit.

Durchschnitts- und Augenblicksgeschwindigkeit

Die Geschwindigkeit bei einer **gleichförmigen Bewegung** kann mit der Gleichung $v = s/t$ berechnet werden. Sie ist konstant, gilt für jeden Ort bzw. jeden Zeitpunkt der Bewegung und entspricht der **Augenblicksgeschwindigkeit** des Körpers. Das ist die Geschwindigkeit eines Körpers zu einem bestimmten Zeitpunkt.
Die Augenblicksgeschwindigkeit eines Körpers hat zu jedem Zeitpunkt eine bestimmte Richtung

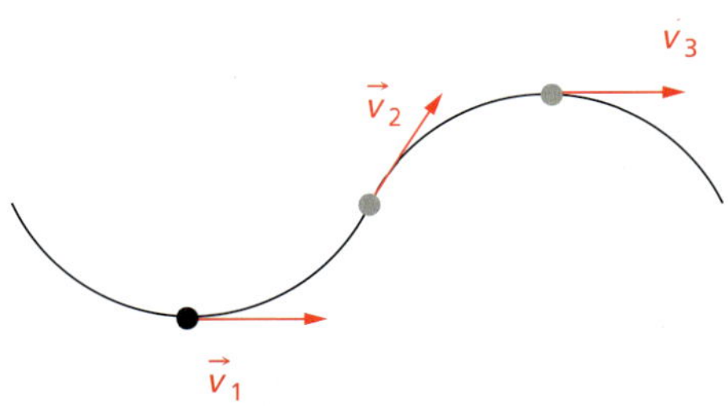

2 Die Geschwindigkeit ist eine gerichtete Größe. Sie ist durch Betrag und Richtung bestimmt.

und einen bestimmten Betrag. Sie ist eine **gerichtete Größe** (Abb. 2).
Ist eine Bewegung **ungleichförmig** ($v \neq$ konstant), so kann man aus dem zurückgelegten Weg und der benötigten Zeit eine mittlere Geschwindigkeit, auch **Durchschnittsgeschwindigkeit** genannt, berechnen.

Die Durchschnittsgeschwindigkeit eines Körpers kann berechnet werden mit der Gleichung:

$$\bar{v} = \frac{\Delta s}{\Delta t}$$

Δs insgesamt zurückgelegter Weg
Δt Zeitintervall (benötigte Zeit)

Wird das Zeitintervall Δt für die Messungen der Zeit sehr klein gewählt, so kann man sich mit der Durchschnittsgeschwindigkeit der Augenblicksgeschwindigkeit annähern.
Im Unterschied zur Augenblicksgeschwindigkeit ist die Durchschnittsgeschwindigkeit keine gerichtete Größe.

Die Beschleunigung

Körper können bei einer Bewegung ihre Geschwindigkeit ändern, d. h. schneller oder langsamer werden. Diese Geschwindigkeitsänderung kann unterschiedlich schnell erfolgen.
So benötigen z. B. verschiedene Autos unterschiedlich viel Zeit, um aus dem Stand eine Ge-

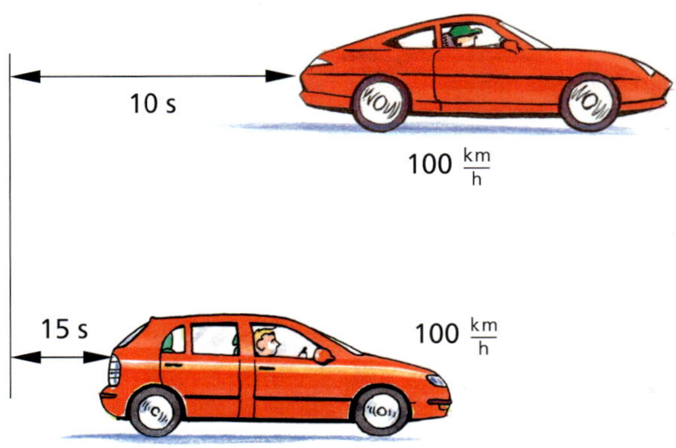

3 Gleiche Geschwindigkeitsänderung – unterschiedliche Zeiten: Der Sportwagen beschleunigt stärker.

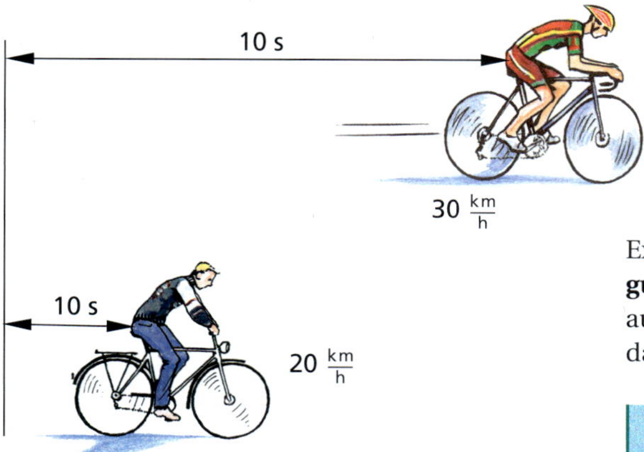

1 Gleiche Zeiten – unterschiedliche Geschwindigkeitsänderungen: Der Rennfahrer beschleunigt stärker.

schwindigkeit von 100 km/h zu erreichen (Abb. 3, S. 12). Der obere Pkw benötigt dafür 10 s, der untere Pkw 15 s. Der obere Pkw beschleunigt stärker. Zwei Radfahrer beschleunigen aus dem Stand heraus 10 s lang (Abb. 1). Der Rennfahrer hat einen stärkeren Antritt und erreicht in dieser Zeit eine Geschwindigkeit von 30 km/h, der andere Fahrer nur 20 km/h.

Wie schnell oder wie langsam ein Körper seine Geschwindigkeit ändert, wird in der Physik durch die physikalische Größe **Beschleunigung** beschrieben.

> **Die Beschleunigung gibt an, wie schnell sich die Geschwindigkeit eines Körpers ändert.**
>
> **Formelzeichen:** a
> **Einheit:** **1 Meter je Quadratsekunde** $\left(1\,\frac{\text{m}}{\text{s}^2}\right)$

Ein Körper hat eine Beschleunigung von 1 m/s², wenn sich seine Geschwindigkeit in jeder Sekunde um 1 m/s ändert.

Die jeweilige Beschleunigung ist eine gerichtete Größe. Erhöht sich bei der Bewegung die Geschwindigkeit eines Körpers, so wird die Beschleunigung mit einem positiven Vorzeichen versehen. Bei Verringerung der Geschwindigkeit erhält die Beschleunigung häufig ein negatives Vorzeichen. Man spricht dann auch von einer verzögerten Bewegung. Dann würde $-2\ \text{m/s}^2$ bedeuten: Die Geschwindigkeit eines Körpers verringert sich in jeder Sekunde um 2 m/s.

Wie die Geschwindigkeit ist die Beschleunigung eine gerichtete Größe, also durch Betrag und Richtung bestimmt. Die augenblickliche Beschleunigung eines Körpers kann bei Experimenten mit elektronischen **Beschleunigungsmessern** gemessen werden. Sie kann auch aus der Änderung der Geschwindigkeit und der dafür benötigten Zeit berechnet werden.

> **Die Beschleunigung eines Körpers kann berechnet werden mit der Gleichung:**
>
> $\bar{a} = \frac{\Delta v}{\Delta t}$
>
> Δv **Geschwindigkeitsänderung**
> Δt **Zeitintervall**

Bei einer **gleichmäßig beschleunigten Bewegung** ändert sich die Geschwindigkeit gleichmäßig. Die Beschleunigung ist konstant. Die berechnete Beschleunigung gilt für jeden Ort und jeden Zeitpunkt der Bewegung.

Bei einer **ungleichmäßig beschleunigten Bewegung** ändert sich die Geschwindigkeit ungleichmäßig. Die Beschleunigung ist nicht konstant. Mit der obigen Gleichung kann dann nur eine mittlere Beschleunigung berechnet werden. Sie wird mit einem Strich über dem Formelzeichen gekennzeichnet.

Beschleunigungen in Natur und Technik	
anfahrender Güterzug	0,1 m/s²
anfahrender ICE	0,5 m/s²
anfahrendes Fahrrad	2 m/s²
anfahrender Pkw	2,5 m/s²
100-m-Läufer in der Startphase	3 m/s²
bremsender Pkw (trockene Straße)	7 m/s²
anfahrendes Rennauto	7,5 m/s²
fallender Stein	10 m/s²
startende Rakete (maximal)	100 m/s²

Gleichmäßig beschleunigte Bewegungen

Ein Körper bewegt sich gleichmäßig beschleunigt und geradlinig, wenn seine Beschleunigung gleich bleibt, sich seine Geschwindigkeit also gleichmäßig ändert, und er sich auf einer geraden Bahn bewegt. Für eine solche Bewegung gelten das folgende **Geschwindigkeit-Zeit-Gesetz** und das **Weg-Zeit-Gesetz.**

> **Für eine gleichmäßig beschleunigte Bewegung eines Körpers aus dem Stillstand gilt:**
>
> | | |
> |---|---|
> | a = konstant | a Beschleunigung |
> | $v = a \cdot t$ | v Geschwindigkeit |
> | $s = \frac{a}{2} \cdot t^2$ | t Zeit |

Die Gleichung $s = \frac{a}{2} \cdot t^2$ beschreibt Zusammenhänge zwischen dem Weg s, der konstanten Beschleunigung a und der Zeit t bei einer gleichmäßig beschleunigten Bewegung.
Diese Gleichung kann man interpretieren: Unter der Bedingung, dass die Beschleunigung konstant ist, gilt für den Zusammenhang zwischen Weg s und Zeit t:

$$s \sim t^2$$

Interpretieren einer Gleichung

Beim Interpretieren einer Gleichung solltest du folgendermaßen vorgehen:

1. Nenne zunächst die physikalischen Größen, zwischen denen Zusammenhänge in der Gleichung dargestellt sind!
   Gehe auf wichtige Bedingungen ein, unter denen die Gleichung gilt!
2. Leite aus der mathematischen Struktur der Gleichung Zusammenhänge zwischen physikalischen Größen ab!
   Gehe dabei z. B. auf direkte oder indirekte Proportionalität und auf wichtige Bedingungen ein, unter denen Zusammenhänge gelten!
3. Leite praktische Folgerungen aus den Zusammenhängen zwischen den Größen ab!

Das heißt, der Weg nimmt bei einer gleichmäßig beschleunigten Bewegung mit dem Quadrat der Zeit zu. Verdoppelt man die Zeit für eine Bewegung, so wird der vierfache Weg zurückgelegt. Dies kann man z. B. bei Anfahrvorgängen feststellen. Ein Auto mit konstanter Beschleunigung legt in 2 s einen viermal so langen Weg zurück wie in 1 s. Unter der Bedingung, dass die Zeit konstant ist, gilt für den Zusammenhang zwischen Weg s und Beschleunigung a:

$$s \sim a$$

Das heißt: In einer bestimmten Zeit ist der zurückgelegte Weg umso größer, je größer die Beschleunigung ist. Für gleichmäßig verzögerte geradlinige Bewegungen bis zum Stillstand gelten dieselben physikalischen Gesetze. Bei verzögerten Bewegungen wird die Beschleunigung häufig mit einem negativen Vorzeichen versehen und manchmal als **Beschleunigung,** manchmal als **Verzögerung** bezeichnet. Verzögerte Bewegungen treten z. B. bei Bremsvorgängen auf.
Beim gleichmäßig beschleunigten Anfahren eines Motorrades aus dem Stand wurden folgende Werte gemessen:

Zeit t in s	Weg s in m	Geschwindigkeit v in km/h
0	0	0
1	1,2	9
2	5,0	18
3	11,2	27
4	20,0	36

Diese Werte kann man in einem s-t-Diagramm (Abb. 1, S. 15) und in einem v-t-Diagramm (Abb. 2, S. 15) darstellen. Aus den Messwerten kann man für das Motorrad eine konstante Beschleunigung von $a = 2{,}5\ \text{m/s}^2$ berechnen. Damit ergibt sich das a-t-Diagramm (Abb. 3, S. 15).
In den Diagrammen kommt dem Verlauf des Graphen eine physikalische Bedeutung zu:
Er zeigt, welcher Zusammenhang zwischen den beiden Größen besteht, die auf den Achsen abgetragen sind.

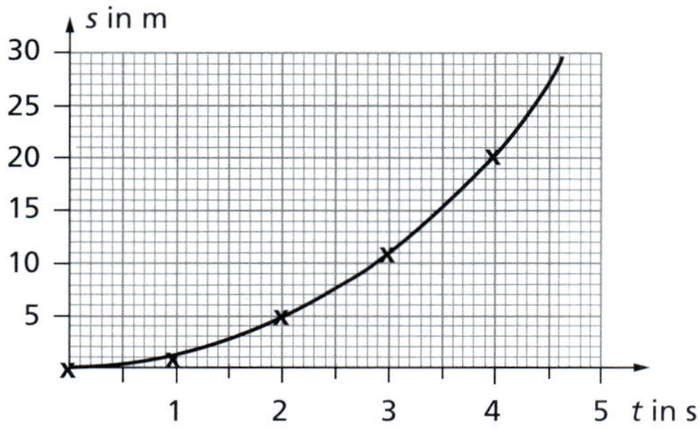

1 Weg-Zeit-Diagramm

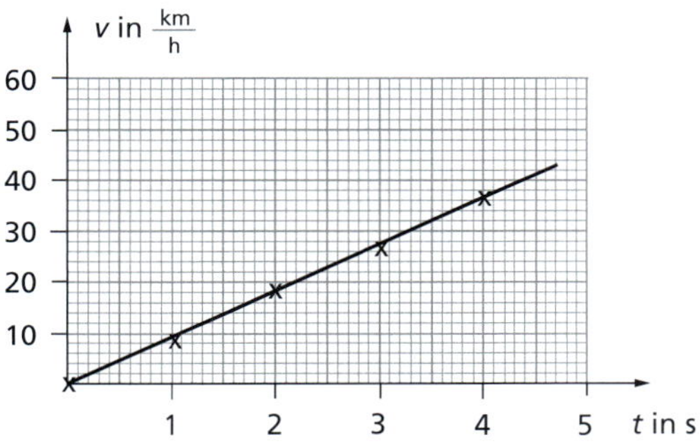

2 Geschwindigkeit-Zeit-Diagramm

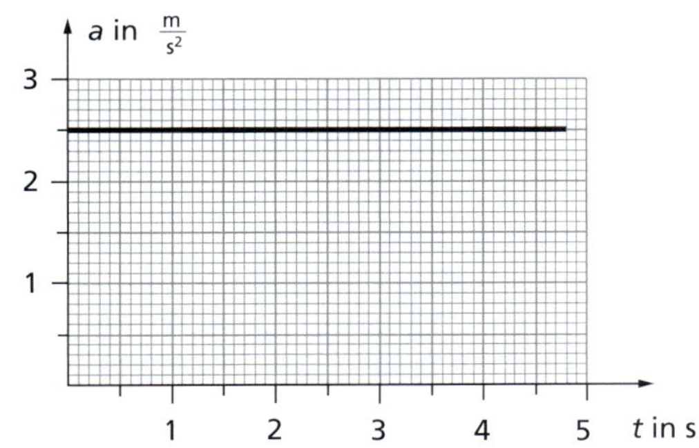

3 Beschleunigung-Zeit-Diagramm

Darüber hinaus hat in manchen Diagrammen auch der *Anstieg des Graphen* und die *Fläche unter dem Graphen* eine physikalische Bedeutung. Der Anstieg des Graphen an einer bestimmten Stelle im s-t-Diagramm ist gleich der Geschwindigkeit (Abb. 4) und im v-t-Diagramm gleich der Beschleunigung (Abb. 5).

Interpretieren eines Diagramms

Beim Interpretieren eines Diagramms solltest du folgendermaßen vorgehen:

1. Nenne die physikalischen Größen, die auf den Achsen abgetragen sind!
2. Beschreibe den Zusammenhang zwischen den Größen, die auf den Achsen abgetragen sind!
3. Nenne charakteristische Werte! Gehe, wenn möglich, auf die Bedeutung der Fläche unter dem Graphen und des Anstieges des Graphen ein!

Bei manchen Diagrammen hat der Quotient aus den beiden Achsengrößen, das ist der Anstieg des Graphen, eine physikalische Bedeutung (Abb. 4, 5).
Auch das Produkt aus den beiden auf den Achsen abgetragenen Größen (die Fläche unter dem Graphen) hat manchmal eine physikalische Bedeutung (Abb. 5).

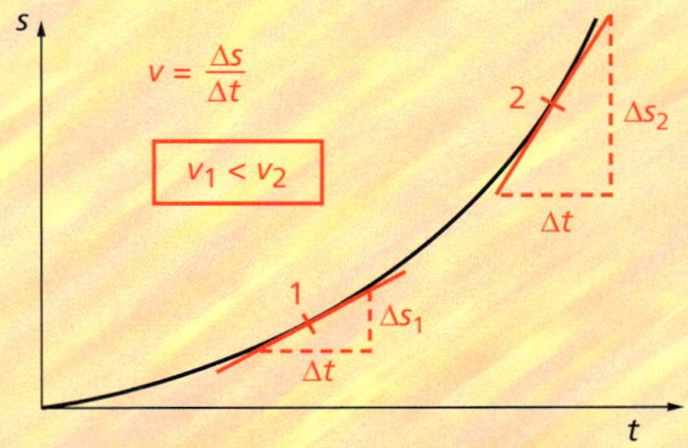

4 s-t-Diagramm: Größerer Anstieg bedeutet größere Geschwindigkeit.

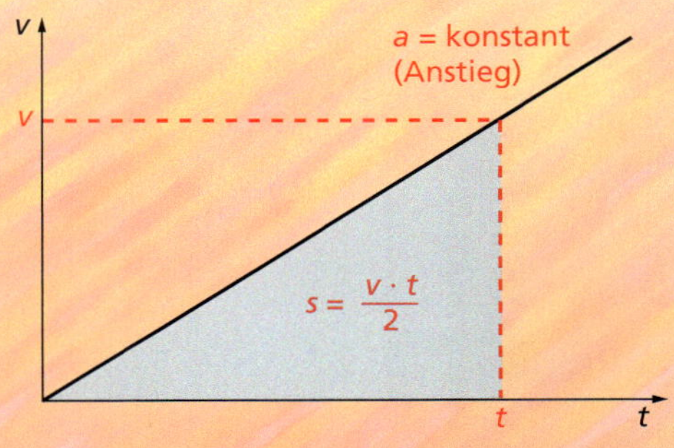

5 v-t-Diagramm: Die Fläche unter dem Graphen ist zahlenmäßig gleich dem Weg.

Weg-Zeit-Messungen – Verarbeitung der Daten mit einem Computer

Beachte!

Mithilfe von **Tabellenkalkulationsprogrammen** kann man Daten in Tabellen ordnen, in Diagrammen veranschaulichen und auch Berechnungen durchführen. Für die dargestellten Beispiele eignet sich jedes gängige Tabellenkalkulationsprogramm. Hier wurde das **Programm MS Excel** verwendet.

Für verschiedene Radfahrer wird gemessen, welche Wege sie nach verschiedenen Zeiten zurückgelegt haben. Die Messwerte sind in den folgenden Messwertetabellen erfasst.

Radfahrer 1

Zeit *t* in s	0	2	4	6	8	10
Weg *s* in m	0	5,9	12,2	17,7	23,8	29,7

Radfahrer 2

Zeit *t* in s	0	2	4	6	8	10
Weg *s* in m	0	11,8	23,9	35,7	48,3	60,4

Der Quotient aus dem Weg *s* und der Zeit *t* ist die Geschwindigkeit *v*:

$$v = \frac{s}{t}$$

Bei einer gleichförmigen Bewegung ist sie immer gleich groß.

Um zu erkennen, ob eine gleichförmige Bewegung vorliegt, gibt es zwei Möglichkeiten:

a) Es wird der Quotient aus dem zurückgelegten Weg und der vergangenen Zeit gebildet. Ist dieser Quotient konstant, so liegt eine gleichförmige Bewegung vor.
b) Es wird das Weg-Zeit-Diagramm gezeichnet. Ist der Graph eine Gerade, so ist die Bewegung gleichförmig.

Beide Möglichkeiten kannst du mit einem Computer in einem Tabellenkalkulationsprogramm realisieren.

Darstellen der Messwerte und Berechnen der Geschwindigkeit

So kann man die Messwerte im Tabellenkalkulationsprogramm darstellen und die Geschwindigkeit berechnen.

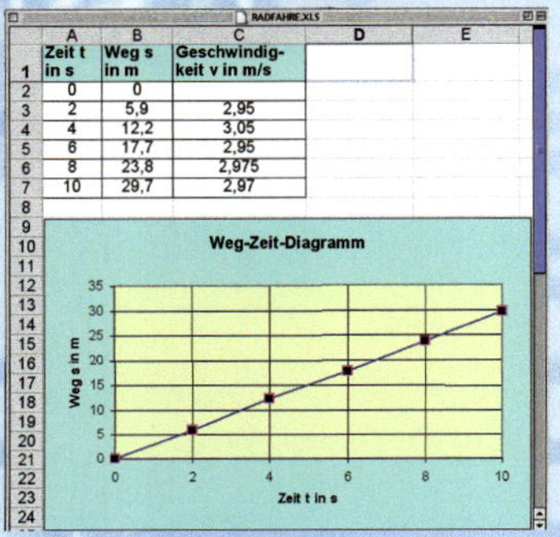

Dazu kannst du in folgenden Schritten vorgehen:

1. Öffne das Tabellenkalkulationsprogramm!
2. Trage in die erste Zeile den Kopf der Tabelle ein! Der Tabellenkopf kann farbig, die Schrift fett gestaltet werden. Dazu musst du die jeweiligen Zellen markieren und im Menü „Format" bei den Zellen die entsprechenden Einstellungen vornehmen.
3. Speichere die Daten, z. B. unter dem Namen „Radfahrer_1".
4. Gib die Messwerte für Zeit und Weg ein!
5. Wenn du die Berechnung der Geschwindigkeit vornehmen willst, kannst du so vorgehen:
   – Setze den Cursor in die Zelle C3!
   – Klicke in der Menüleiste auf das Gleichheitszeichen und gib die Rechenoperation B3/A3 ein! Drücke „Enter"!
   – Wiederhole das für die Zellen C4 bis C7!

Du erhältst damit die Tabelle, die links dargestellt ist.

Darstellen der Messwerte in einem Weg-Zeit-Diagramm

Die aufgenommenen Messwerte können auch in einem Weg-Zeit-Diagramm dargestellt werden. Ein solches Weg-Zeit-Diagramm lässt sich mit einem Tabellenkalkulationsprogramm zeichnen. Man kann jeweils den Graphen für einen einzelnen Radfahrer oder auch die Graphen für beide Radfahrer in einem Diagramm darstellen. Dabei kannst du in folgenden Schritten vorgehen:

1. Trage die Messwerte so in die Tabelle ein, wie es rechts dargestellt ist!
2. Markiere die Zellen, in denen die Messwerte stehen!
3. Rufe dann den Diagramm-Assistenten durch Klicken auf das entsprechende Symbol in der Menüleiste auf!
   Wähle ein **Liniendiagramm mit Datenpunkten** aus! Drücke dann auf die Schaltfläche „Weiter“!
4. Gehe im zweiten Schritt zum Bereich „Reihe“! Da Reihe 1 die Zeitachse ist, muss sie bei Datenreihe entfernt werden. Dann wird der Cursor in die Beschriftung der Rubrikenachse (X) gesetzt und die Messwerte für die Zeit in der Tabelle markiert. Mit „Weiter“ kommst du zum 3. Schritt.
5. Nun kannst du das Diagramm und die Achsen beschriften und das Diagramm fertig stellen.
6. Die Graphen verlaufen zunächst nicht durch den Punkt (0;0). Um das zu ändern, bewege den Mauszeiger in die Nähe der Zeit-Achse! Wenn das Wort „Rubrikenachse“ erscheint, öffnet sich durch Doppelklick ein Menü. Öffne dort „Skalierung“ und entferne bei der Größenachse das Häkchen.
   Damit erhältst du das unten abgebildete Weg-Zeit-Diagramm.

	A	B	C
1	Zeit t in s	Weg 1 in m	Weg 2 in m
2	0	0	0
3	2	5,9	11,8
4	4	12,2	23,9
5	6	17,7	35,7
6	8	23,8	48,3
7	10	29,7	60,4

Der Diagramm-Assistent hat das Symbol 

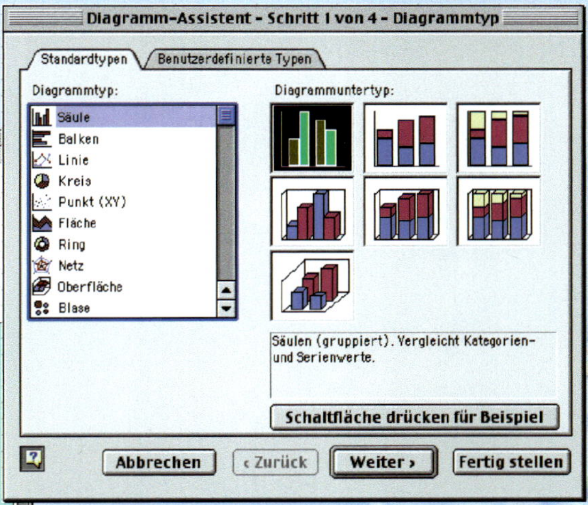

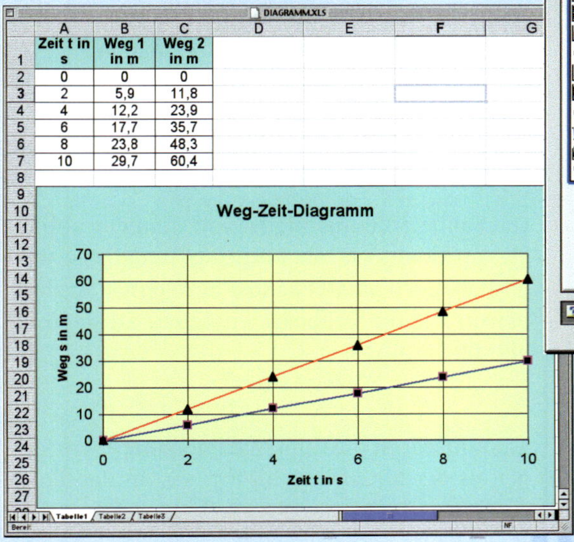

Aus dem Diagramm ist erkennbar: Die Graphen sind näherungsweise Geraden. Das bedeutet: Beide Radfahrer bewegen sind näherungsweise gleichförmig.
Die Farben der Graphen und der Flächen kannst du beliebig ändern.

Der freie Fall

Alle Körper auf der Erde werden von dieser angezogen. Diese Anziehungskraft bewirkt, dass ein Körper, wenn er losgelassen wird, senkrecht nach unten fällt. Diese Fallbewegung kann sehr unterschiedlich verlaufen. So ist z. B. beim Herabschweben eines Fallschirmspringers der Luftwiderstand so groß, dass er sich näherungsweise gleichförmig bewegt. Das gilt auch für Regentropfen in der Nähe des Erdbodens oder für herabfallende Blätter.
Anders ist das z. B. bei einem herabfallenden Stein oder bei einem Körper, der sich im Vakuum bewegt. Der Luftwiderstand ist dann vernachlässigbar. Eine Fallbewegung, die nicht durch den Luftwiderstand behindert wird, nennt man **freien Fall.** Der freie Fall ist eine gleichmäßig beschleunigte geradlinige Bewegung. Deshalb gelten für den freien Fall auch dieselben Gesetze wie für alle anderen gleichmäßig beschleunigten Bewegungen. Der Physiker GALILEO GALILEI (1564–1642) hat erkannt, dass alle Körper beim freien Fall mit der gleichen Beschleunigung, der so genannten **Fallbeschleunigung g,** fallen. Das kann man auch experimentell zeigen: Pumpt man aus einer Glasröhre die Luft heraus und lässt in dieser Röhre z. B. eine Holzkugel und eine Feder fallen, so bewegen sich beide gleich schnell (Abb. 2).
Die Fallbeschleunigung ist nicht von der Masse des fallenden Körpers abhängig.

1 Die anfängliche Bewegung eines Fallschirmspringers mit geschlossenem Schirm kann näherungsweise als freier Fall betrachtet werden. Nach kurzer Zeit erreichen aber die Fallschirmspringer eine konstante Fallgeschwindigkeit von ca. 200 km/h.

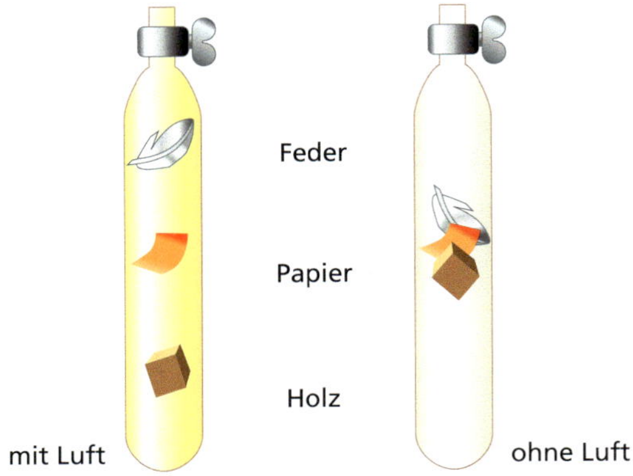

2 Im Vakuum fallen alle Körper gleich schnell.

Für den freien Fall eines Körpers aus dem Stillstand gilt unter der Bedingung, dass der Luftwiderstand vernachlässigt wird:

g = konstant	g Fallbeschleunigung
$v = g \cdot t$	v Geschwindigkeit
$s = \frac{g}{2} \cdot t^2$	s Zeit

Die Fallbeschleunigung ist von dem Ort abhängig, an dem sich ein Körper befindet. Sie wird deshalb auch als **Ortsfaktor** bezeichnet. Als Mittelwert für die Fallbeschleunigung an der Erdoberfläche gilt:

$$g = 9{,}81\ \frac{\text{m}}{\text{s}^2}$$

Am Äquator ist die Fallbeschleunigung etwas kleiner als der Mittelwert (9,79 m/s^2), an den Polen der Erde etwas größer (9,83 m/s^2).

Mosaik

GALILEI und die Bewegungsgesetze

Der italienische Naturforscher GALILEO GALILEI (1564–1642) führte nicht nur die experimentelle Methode in die Naturwissenschaften ein, sondern entwickelte auch die mittelalterliche Bewegungslehre entscheidend weiter. Bis GALILEO GALILEI dominierten die Auffassungen des ARISTOTELES (384–322 v. Chr.): *„Alles, was sich bewegt, bewegt sich entweder von Natur oder durch eine äußere Kraft oder vermöge seines freien Willens".* Daraus folgerte ARISTOTELES, dass schwere Körper schneller fallen als leichte Körper, eine Auffassung, die sich durchaus mit der Alltagserfahrung deckt.

GALILEI überlegte sich dazu folgendes Gedankenexperiment: Verbindet man einen schweren und einen leichten Körper miteinander, dann müssen einerseits nach ARISTOTELES beide zusammen schneller fallen als der schwere Körper, da ihre Masse größer ist. Andererseits würde der leichte Körper den Fall des schweren Körpers hemmen, da er – ebenfalls nach ARISTOTELES – langsamer fallen soll als der schwere Körper. Den Widerspruch löste GALILEI, indem er davon ausging, dass alle Körper gleich schnell fallen müssten.

In seinem 1638 in Leiden erschienenen Werk „Discorsi", einem in 6 Tage gegliederten Buch in Form von Gesprächen, formuliert er:

„Gleichförmig oder einförmig beschleunigte Bewegung nenne ich diejenige, bei der von Anfang an in gleichen Zeiten gleiche Geschwindigkeitszuwüchse dazukommen". Im Weiteren leitet GALILEI den Zusammenhang zwischen Weg und Zeit aus geometrischen Überlegungen ab (Bild 1).

Heute ist gesichert, dass GALILEI auch sorgfältige quantitative Untersuchungen zu Bewegungen durchgeführt, aber nie veröffentlicht hat.

In seinen „Discorsi" ist folgender Dialog zwischen SIMPLICIO und SALVIATI enthalten:

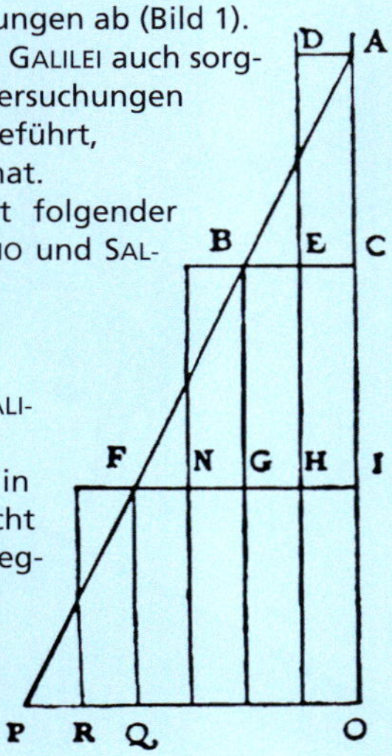

1 Originalzeichnung GALILEIS zu den Fallgesetzen aus dem „Discorsi": Die in gleichen Zeiten (senkrecht aufgetragen) zurückgelegten Wege (Flächen) verhalten sich wie 1 : 3 : 5, die Gesamtwege damit wie 1 : 4 : 9.

„Simplicio: Ob aber die Beschleunigung, deren die Natur sich bedient, beim Fall der Körper eine solche sei, das bezweifle ich noch, und deshalb würden ich und andere ... es für sehr erwünscht halten, jetzt einen Versuch herbeizuziehen, deren es so viele geben soll.

2 Der GALILEI-Arbeitsraum im Deutschen Museum in München

Salviati: Ihr stellt in der Tat ... eine berechtigte Forderung auf. ... Der Autor hat es nicht unterlassen, Versuche anzustellen, und um mich davon zu überzeugen, dass die gleichförmig beschleunigte Bewegung im oben geschilderten Verhältnis vor sich gehe, bin ich wiederholt in Gemeinschaft mit unserem Autor in folgender Weise vorgegangen: ... auf einem Holzbrett von 12 Ellen Länge ... war ... eine Rinne von etwas mehr als einem Zoll Breite eingegraben. Dieselbe war sehr gerade gezogen, und um die Fläche recht glatt zu haben, war inwendig ein sehr glattes und reines Pergament aufgeklebt; in dieser Rinne ließ man eine sehr harte, völlig runde und glatt polierte Messingkugel laufen. Nach Aufstellung des Brettes wurde dasselbe auf einer Seite gehoben, bald eine, bald zwei Ellen hoch; dann ließ man die Kugel durch den Kanal fallen und verzeichnete ... die Fallzeit für die ganze Strecke. Darauf ließen wir die Kugel nur durch ein Viertel der Strecke laufen und fanden stets die halbe Fallzeit gegen früher; ... bei wohl hundertfacher Wiederholung fanden wir stets, dass die Strecken sich verhielten wie die Quadrate der Zeiten ..."

Physik in Natur und Technik

Ein geostationärer Satellit

Seit den 60er Jahren des 20. Jahrhunderts werden Satelliten dazu genutzt, um Nachrichten von einem Punkt der Erde zum anderen zu übermitteln und um Fernsehprogramme abzustrahlen.
Nachrichten- oder Fernsehsatelliten (s. Abb.) müssen im Weltall so positioniert sein, dass sie sich stets am selben Punkt über der Erdoberfläche bzw. über dem Horizont befinden. Für einen optimalen Empfang werden die Richtantennen oder „Satellitenschüsseln“ auf diesen Punkt über dem Horizont ausgerichtet.
Solche Satelliten, die sich immer über einem bestimmten Punkt der Erdoberfläche befinden, nennt man auch **geostationäre Satelliten.** Der erste Nachrichtensatellit, der in eine geostationäre Bahn gebracht wurde, war der US-amerikanische Nachrichtensatellit „Syncom 1“ (1963).
Befindet sich ein geostationärer Satellit in Ruhe oder in Bewegung?
Welche Bahngeschwindigkeit hat ein solcher Satellit, wenn er sich in 42 000 km Entfernung vom Erdmittelpunkt befindet?

Analyse:
Ein geostationärer Satellit befindet sich sowohl in Ruhe als auch in Bewegung, je nach Wahl des Bezugskörpers.
Gegenüber der Erdoberfläche befindet er sich in Ruhe, da er seine Lage dieser gegenüber nicht ändert.
Gleichzeitig bewegt sich jedoch die Erde. Sie bewegt sich an einem Tag einmal um ihre eigene Achse und in einem Jahr einmal um die Sonne. Geostationäre Satelliten bewegen sich mit der Erde mit, verändern also z. B. gegenüber der Sonne als Bezugskörper ständig ihre Lage.
Somit sind solche Satelliten gegenüber der Sonne in Bewegung.
An einem Tag bewegt sich der Satellit mit der Erde einmal um die Erdachse und führt dabei eine Kreisbewegung aus. Von der Bewegung um die Sonne soll bei der Berechnung abgesehen werden.
Als Weg legt der Satellit somit an einem Tag den Umfang eines Kreises zurück.
Die Bewegung des Satelliten ist eine gleichförmige Kreisbewegung.

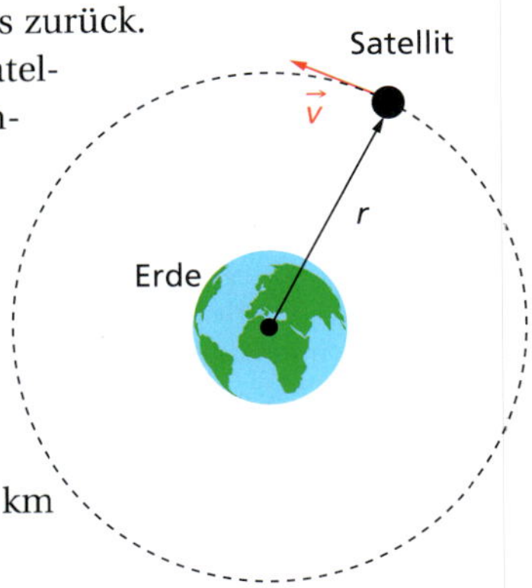

Gesucht: v

Gegeben: $r = 42\,000$ km
$T = 24$ h

Lösung:

$$v = \frac{2\pi \cdot r}{T}$$

$$v = \frac{2\pi \cdot 42\,000 \text{ km}}{24 \text{ h}}$$

$$\underline{v = 11\,000 \text{ km/h}}$$

Ergebnis: Der geostationäre Satellit hat eine Bahngeschwindigkeit von etwa 11 000 km/h oder etwa 3 km/s.

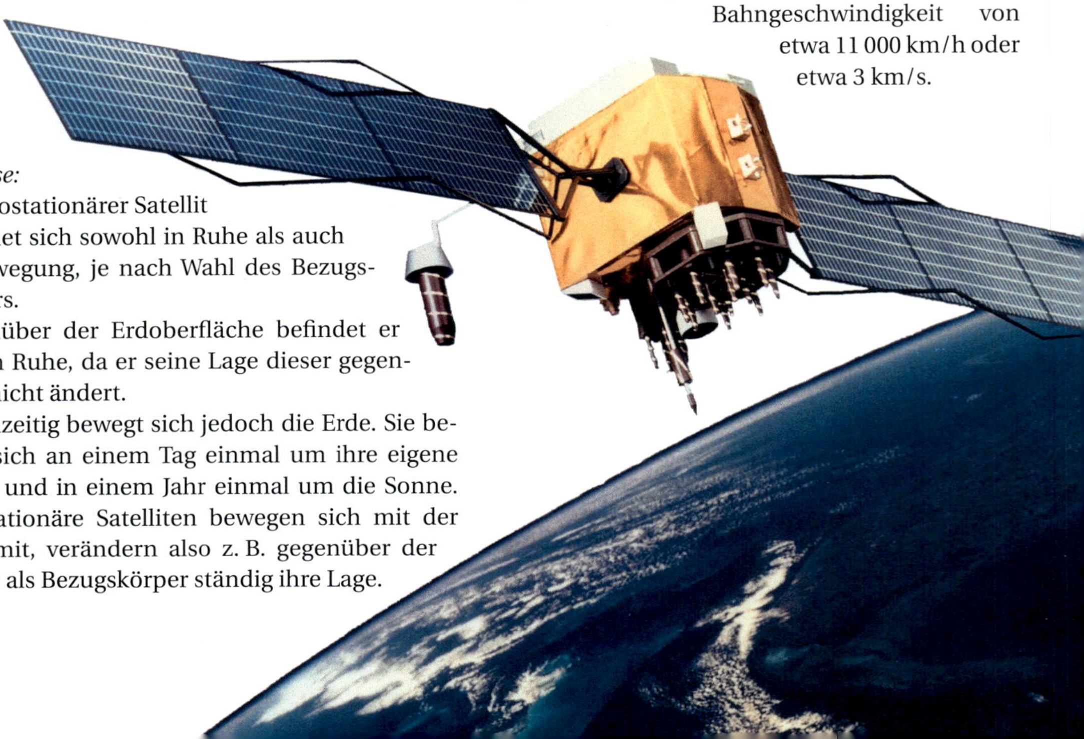

Wie genau ist der Tachometer?

Thomas möchte die Genauigkeit der Geschwindigkeitsanzeige seines Fahrradcomputers überprüfen. Dazu messen zwei Freunde mit einer Stoppuhr die Zeit, die er für eine Strecke von 100 m benötigt. Thomas braucht für die Strecke genau 18 s. Sein Tachometer zeigt auf der Messstrecke konstant 23 km/h an.

Zeigt der Tachometer des Fahrradcomputers die tatsächliche Geschwindigkeit? Wie kann man die Genauigkeit der Anzeige verbessern?

Analyse:

Es wird davon ausgegangen, dass der Radfahrer auf der Messstrecke eine gleichförmige Bewegung ausführt. Dann kann aus den Messwerten für Weg und Zeit die tatsächliche Geschwindigkeit berechnet und mit der Tachometeranzeige verglichen werden.

Gesucht: v_{Messung} in km/h

Gegeben: $s = 100$ m
$t = 18$ s
$v_{\text{Tacho}} = 23\ \frac{\text{km}}{\text{h}}$

Lösung:

Die Geschwindigkeit v_{Messung} kann wie folgt berechnet werden:

$$v_{\text{Messung}} = \frac{s}{t}$$

$$v_{\text{Messung}} = \frac{100\text{ m}}{18\text{ s}} = 5{,}6\ \frac{\text{m}}{\text{s}} = 5{,}6 \cdot 3{,}6\ \frac{\text{km}}{\text{h}}$$

$$\underline{v_{\text{Messung}} \approx 20\ \frac{\text{km}}{\text{h}}}$$

Ergebnis:

Der Tachometer des Fahrradcomputers geht nicht genau. Er zeigt eine größere Geschwindigkeit an, als das Fahrrad in Wirklichkeit fährt. Die Abweichung beträgt etwa 15 %. Der Fahrradcomputer muss neu programmiert werden, damit er die tatsächliche Geschwindigkeit anzeigt. Aber auch dann hat er – wie jedes Messinstrument – noch einen bestimmten Messfehler. Dieser Fehler sollte aber unter 10 % liegen.

Abstand halten!

Um Auffahrunfälle zu vermeiden, gibt es für den Abstand von Fahrzeugen folgende Faustregel: Der Abstand von einem Fahrzeug zum nächsten sollte mindestens gleich der Hälfte der Anzeige am Tachometer sein (Geschwindigkeit in km/h, Abstand in m). Wenn ein Auto z. B. mit 80 km/h fährt, sollte sein Sicherheitsabstand zum vorausfahrenden Fahrzeug also mindestens 40 m betragen.

Berechne für einen Pkw mit dieser Geschwindigkeit unter Berücksichtigung der Schrecksekunde den Bremsweg bei einer Vollbremsung, wenn die Bremsverzögerung auf trockener Straße 7 m/s² beträgt!

Beurteile auf der Grundlage des errechneten Ergebnisses den Sinn der obigen Faustregel!

Analyse:

Der Pkw wird als Körper angesehen, der eine verzögerte Bewegung bis zum Stillstand ausführt.

Für die Berechnungen wird angenommen, dass der Bremsvorgang eine gleichmäßig verzögerte Bewegung ist.

Bevor der Fahrer des Pkw nach einem plötzlichen Ereignis die Bremsen betätigt, vergeht eine gewisse Reaktionszeit.

Wir nehmen an, dass die Reaktionszeit des Fahrers genau eine Sekunde beträgt. Während dieser „Schrecksekunde" bewegt sich der Pkw gleichförmig mit der angegebenen Geschwindigkeit von 80 km/h weiter.

Der Bremsweg setzt sich also zusammen aus dem Weg während der gleichförmigen Bewegung und dem Weg während der gleichmäßig verzögerten Bewegung bis zum Stillstand. Diese beiden Teilwege können berechnet werden. Ihre Summe ergibt den Gesamtweg bis zum Stillstand.

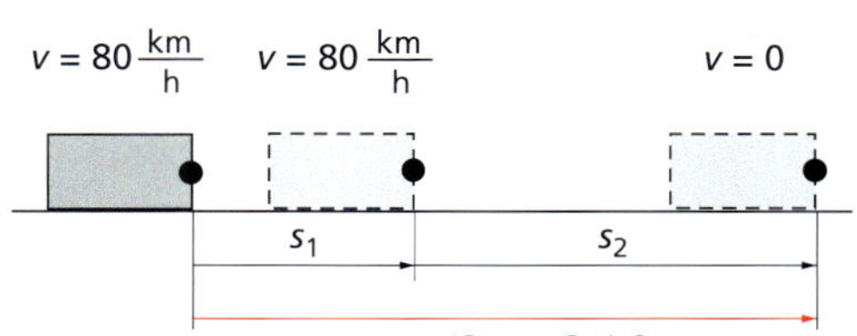

Gesucht: s_{ges} in m

Gegeben: $v = 80\ \frac{km}{h} = 80 \cdot \frac{1}{3{,}6}\ \frac{m}{s} \approx 22\ \frac{m}{s}$

$$a = 7\ \frac{m}{s^2}$$

$$t_1 = 1\ s$$

Lösung:
Der Bremsweg ergibt sich als Summe der Wege für beide Bewegungen:

$$s_{ges} = s_1 + s_2$$

Den Weg für die gleichförmige Bewegung während der „Schrecksekunde" kann man mit dem Weg-Zeit-Gesetz für gleichförmige Bewegungen berechnen:

$$s_1 = v \cdot t_1$$

$$s_1 = 22\ \frac{m}{s} \cdot 1\ s$$

$$s_1 = 22\ m$$

Den Weg für die gleichmäßig verzögerte Bewegung kann man nach dem Weg-Zeit-Gesetz für gleichmäßig beschleunigte Bewegungen berechnen:

$$s_2 = \frac{a}{2} \cdot t^2_2$$

Da die Zeit t_2 für diese Bewegung nicht bekannt ist, kann das Geschwindigkeit-Zeit-Gesetz herangezogen werden, denn die Anfangsgeschwindigkeit v ist bekannt.
Somit erhält man ein Gleichungssystem aus zwei Gleichungen mit zwei unbekannten Größen (s_2 und t_2), das man lösen kann:

$$s_2 = \frac{a}{2} \cdot t^2_2$$

$$v = a \cdot t_2$$

$$\downarrow$$

$$t_2 = \frac{v}{a}$$

$$\swarrow$$

$$s_2 = \frac{a}{2} \left(\frac{v^2}{a^2}\right)$$

$$s_2 = \frac{v^2}{2a}$$

$$s_2 = \frac{22^2\,m^2 \cdot s^2}{2 \cdot 7\,m \cdot s^2}$$

$$s_2 \approx 35\ m$$

Damit erhält man für den Gesamtweg:

$$s_{ges} = 22\ m + 35\ m$$

$$\underline{s_{ges} = 57\ m}$$

Ergebnis:
Der Bremsweg bei einer Vollbremsung auf trockener Straße mit einer Anfangsgeschwindigkeit von 80 km/h beträgt unter Berücksichtigung der Schrecksekunde etwa 57 m. Das ist mehr als der Mindestabstand, der nach der Faustregel gefordert wird. Es ist jedoch zu berücksichtigen, dass das vorausfahrende Fahrzeug in der Regel nicht plötzlich zum Stillstand kommt, sondern nach einem gewissen Bremsweg. So könnte ein Auffahrunfall gerade vermieden werden. Dabei muss aber beachtet werden: Bei nasser oder gar vereister Fahrbahn ist die Bremsverzögerung wesentlich geringer, sodass der Sicherheitsabstand größer sein muss und die Faustregel nicht mehr gilt.

Ein Gurt ist Pflicht

Bei Fahrten im Pkw müssen alle Insassen mit einem Sicherheitsgurt angeschnallt sein (Abb. 1). Dies ist mitunter zwar lästig, aber bei Unfällen oft lebensrettend. Manche Fahrer und Beifahrer sind jedoch der Meinung, dass sie sich bei Unfällen mit geringen Geschwindigkeiten auch ohne Gurt noch abstützen können.

1 Die Gurtpflicht besteht bei jeder Fahrt.

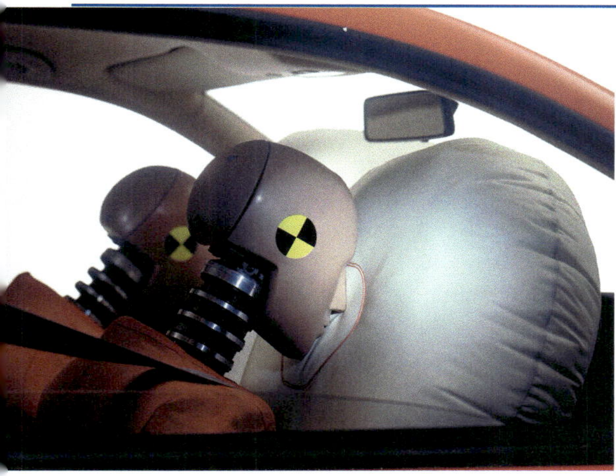

1 Beim Abbremsen treten erhebliche Beschleunigungen und Kräfte auf.

Wie groß ist die Bremsverzögerung bei einem Aufprall auf ein Hindernis, wenn ein Fahrzeug mit einer Geschwindigkeit von zunächst 30 km/h in einer Sekunde zum Stehen kommt?

Analyse:
Der Aufprall auf ein Hindernis wird als gleichmäßig verzögerte Bremsbewegung eines Körpers bis zum Stillstand angesehen.

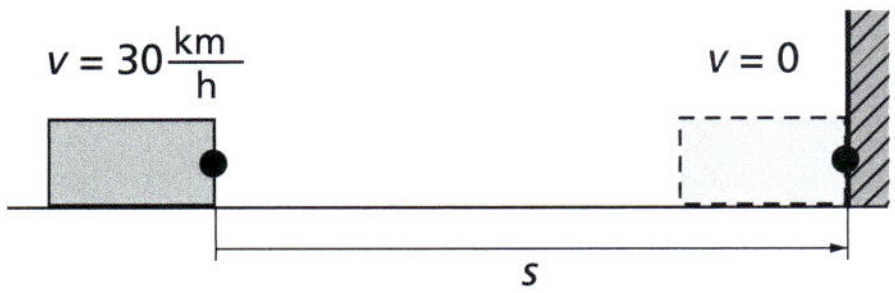

Gesucht: a
Gegeben: $v = 30\ \frac{\text{km}}{\text{h}} = 30 \cdot \frac{1}{3{,}6}\ \frac{\text{m}}{\text{s}} \approx 8{,}3\ \frac{\text{m}}{\text{s}}$

$t = 1\ \text{s}$

Lösung:
Die Beschleunigung für eine gleichmäßig verzögerte Bewegung kann man mit der folgenden Gleichung berechnen:

$$a = \frac{\Delta v}{\Delta t}$$

$$a = \frac{8{,}3\ \text{m}}{1\ \text{s} \cdot \text{s}}$$

$$\underline{a = 8{,}3\ \frac{\text{m}}{\text{s}^2}}$$

Ergebnis:
Die Bremsbeschleunigung bei einem Aufprall auf ein Hindernis mit einer Anfangsgeschwindigkeit von 30 km/h beträgt 8,3 m/s^2 und ist damit etwas kleiner als die Fallbeschleunigung. Ein solcher Auffahrunfall ist vergleichbar mit einem Sprung aus 3,5 m Höhe auf ein hartes Hindernis.
Es ist deshalb unbedingt erforderlich, bei jeder Fahrt der Verpflichtung zum Angurten im Pkw nachzukommen.
Bedenke dabei, dass z. B. bei einem Frontalzusammenstoß mit einem entgegenkommenden Fahrzeug die Relativgeschwindigkeit, also die Summe der Geschwindigkeiten beider Fahrzeuge, beim Aufprall zur Wirkung kommt.

Lösen physikalisch-mathematischer Aufgaben

Beim Lösen physikalischer Aufgaben mit mathematischen Mitteln solltest du folgendermaßen vorgehen:

1. Versuche, dir den Sachverhalt der Aufgabe vorzustellen! Fertige, wenn notwendig, eine anschauliche Skizze an!
2. Vereinfache den Sachverhalt aus der Sicht der Physik! Lasse Unwesentliches weg! Fertige eine vereinfachte, schematische Skizze zum Sachverhalt an!
3. Stelle die gesuchten und die gegebenen Größen der Aufgabe zusammen!
4. Versuche, Zusammenhänge und Gesetze im Sachverhalt zu erkennen!
   Gib Gleichungen für gesuchte und gegebene Größen an, die unter den gegebenen Bedingungen gelten!
5. Mitunter wird der Sachverhalt mit mehreren Gleichungen und mehreren Variablen (unbekannten Größen) beschrieben.
   Löse das Gleichungssystem, indem du die Gleichungen miteinander kombinierst!
6. Setze die Werte für die gegebenen Größen in die Endgleichung ein und berechne die gesuchten Größen!
   Mitunter müssen vor dem Einsetzen noch Einheiten gegebener oder gesuchter Größen umgerechnet werden.
7. Formuliere das Ergebnis der Aufgabe! Beantworte dabei die Fragen im Aufgabentext!

Die Fallbeschleunigung

Die Fallbeschleunigung ist eine wichtige Naturkonstante.
Bestimme experimentell die Fallbeschleunigung!

Vorbereitung:
Für den freien Fall gilt das Weg-Zeit-Gesetz der gleichmäßig beschleunigten Bewegung:

$$s = \frac{g}{2} \cdot t^2$$

Mithilfe dieses Gesetzes kann der Wert für die Fallbeschleunigung experimentell bestimmt werden.

$$s = \frac{g}{2} \cdot t^2 \qquad | \cdot 2 \quad | : t^2$$

$$g = \frac{2s}{t^2}$$

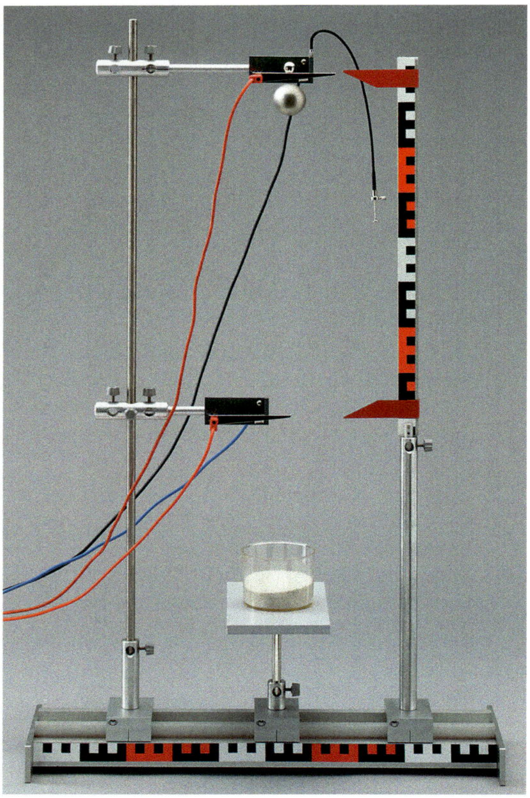

1 Experimentieranordnung zur Bestimmung der Fallbeschleunigung

Weg und Zeit für den freien Fall eines Körpers müssen gemessen werden, um anschließend die Fallbeschleunigung berechnen zu können.
Um einen möglichst genauen Wert für g zu erhalten, sollte die zu messende Fallzeit nicht zu klein sein. Deshalb ist ein möglichst großer Fallweg zu wählen. Die Fallzeit wird mehrmals gemessen und anschließend ein Mittelwert berechnet. Die Auslösung des freien Falls erfolgt mit einem Magnetschalter, die Zeitmessung mit einer elektronischen Uhr. Der fallende Körper muss so gewählt werden, dass der Luftwiderstand möglichst gering ist.

Durchführung:
Der Fallweg beträgt $s = 0{,}96$ m. Die Fallzeit wird 10-mal gemessen.

Messung Nr.	Zeit t in s
1	0,43
2	0,42
3	0,46
4	0,44
5	0,45
6	0,42
7	0,44
8	0,43
9	0,46
10	0,45

Auswertung:
Aus der Messreihe für die Zeit kann folgender Mittelwert berechnet werden:

$$\bar{t} = \frac{4{,}4\ \text{s}}{10} = 0{,}44\ \text{s}$$

Für die Fallbeschleunigung errechnet man damit:

$$g = \frac{2 \cdot 0{,}96\ \text{m}}{(0{,}44)^2 \cdot \text{s}^2}$$

$$\underline{g = 9{,}9\ \frac{\text{m}}{\text{s}^2}}$$

Der experimentell ermittelte Wert stimmt sehr gut mit dem Tabellenwert (9,81 m/s^2) überein.

gewusst · gekonnt

1. Gib für folgende Bewegungen zweckmäßige Bezugssysteme an!
a) Kind auf einer Schaukel
b) Bewegung der Erde um die Sonne
c) Menschen in der Gondel eines Riesenrades
d) Ruderer auf einem Fluss
e) Passagiere in einem Flugzeug

2. In einem Kaufhaus steht eine Person auf einer Rolltreppe.

a) Ist diese Person in Ruhe oder in Bewegung oder trifft sogar beides zu? Begründe!
b) Ein Junge läuft auf einer fahrenden Rolltreppe. Ist er in Ruhe oder in Bewegung oder ist beides zutreffend? Begründe!

3. Diskutiere, ob sich die folgenden Körper in Ruhe oder in Bewegung befinden!
a) Sitzende Person in einem haltenden Zug
b) Sitzende Person in einem fahrenden Zug
c) Person in einem Aufzug
d) Dachziegel auf einem Hausdach
e) Vogel auf einem Ast
f) Geostationärer Nachrichtensatellit

4. Auf den Fotos rechts oben sind Körper in Bewegung abgebildet.
Welche Bewegungsarten und Bahnformen treten auf?

5. Gib an, ob die folgenden Bewegungen gleichförmig verlaufen! Begründe deine Antworten!
a) Abfahrt mit einem Schlitten vom Berg
b) Transport von Gepäck auf einem Förderband
c) Bewegung eines Weitspringers

6. Susann benötigt zum Durchfahren einer bestimmten Strecke mit dem Fahrrad die doppelte Zeit wie Tina.
Was kannst du über die Geschwindigkeit von Susann im Vergleich zu der von Tina aussagen? Begründe deine Antwort!

7. Ein Auto braucht für eine bestimmte Strecke 20 Minuten, ein anderes für die gleiche Strecke 15 Minuten. Welches Auto hat die größere Geschwindigkeit? Begründe!

8. Gib die Geschwindigkeiten 0,5 m/s; 3 m/s; 20 m/s und 100 m/s in km/h an!

9. a) Gib die Geschwindigkeiten 130 km/h; 50 km/h; 5 km/h in m/s an!
b) Die Erde bewegt sich mit etwa 30 km/s auf ihrer Bahn um die Sonne. Wie viele Kilometer je Stunde sind das?
c) Damit ein Satellit in eine Erdumlaufbahn kommt, muss er eine Geschwindigkeit von 28 440 km/h haben. Gib diese Geschwindigkeit in km/s an!

10. In einem Warenhaus ist die Rolltreppe 12 m lang. Die Fahrt eines Kunden dauert 14 s. Welche Geschwindigkeit hat er?

11. Susann, Tina und Michael haben verschiedene ferngesteuerte Autos. Sie wollen ermitteln, welches Fahrzeug das schnellste und welches das langsamste ist. Dazu führen sie zu Hause verschiedene Messungen durch.

Auto von	Weg *s* in m	Zeit *t* in s
Susann	4	2
Tina	10	3
Michael	12	3

Ordne die Autos nach ihrer Geschwindigkeit!

12. Gute Fußballer können beim Abschuss dem Ball eine Geschwindigkeit von 90 km/h verleihen. Wie viel Zeit hat ein Torwart, um bei einem 11-m-Schuss auf den Abschuss zu reagieren?

13. Die besten Tennisspieler können beim Aufschlag dem Ball eine sehr große Geschwindigkeit verleihen. Bereits nach 0,3 s trifft der Ball bei diesen Spielern in 17 m Entfernung im Aufschlagfeld auf. Wie groß ist die Geschwindigkeit des Tennisballs bei diesen Spitzensportlern?

14. Für ein Fahrzeug wurden folgende Messwerte aufgenommen:

Weg *s* in km	6,1	11,9	18,0	24,1	29,8	36,0
Zeit *t* in min	2	4	6	8	10	12

a) Zeichne das Weg-Zeit-Diagramm!
b) Ermittle die Wege für eine und für sieben Minuten!
c) Ermittle die Zeit für 33 km!
d) Wie bewegt sich dieses Fahrzeug? Begründe deine Aussage!
e) Berechne die Geschwindigkeit, mit der sich dieses Fahrzeug bewegt!
f) Zeichne das Geschwindigkeit-Zeit-Diagramm!

15. Für einen Radfahrer wurde folgendes Weg-Zeit-Diagramm aufgenommen:

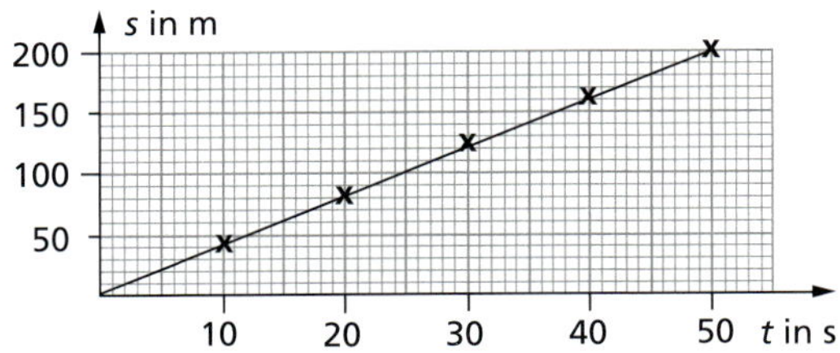

a) Welchen Weg hat er nach 25 s zurückgelegt?
b) Welche Zeit braucht er für 150 m?
c) Wie groß ist seine Geschwindigkeit?
d) Zeichne das Geschwindigkeit-Zeit-Diagramm!

16. Ein Auto fährt mit 50 km/h. Welchen Weg legt es während der „Schrecksekunde" des Fahrers zurück?

17. Bei einem Gewitter vergeht meistens etwas Zeit, bis man nach der Wahrnehmung des Blitzes auch den Donner hört. Während man den Blitz sofort sieht, benötigt der Schall des Donners für seine Ausbreitung mehr Zeit. Wie weit ist ein Gewitter entfernt, wenn man den Donner 4 s nach dem Wahrnehmen des Blitzes hört?

18. Wie lange benötigt das Licht von der Sonne bzw. vom Mond bis zur Erde?

19. In Wohngebieten werden in der Regel Tempo-30-Zonen eingerichtet. Dadurch ist es für Kraftfahrer besser möglich, auf spielende Kinder oder plötzliche Ereignisse zu reagieren. Unfälle können vermieden werden.

a) Welchen Weg legt ein Pkw in der „Schrecksekunde“ bei 30 km/h zurück?

* b) Um wie viel wäre der Weg länger, wenn der Pkw mit 50 km/h fahren würde?

20. Wie groß wäre die Zeitersparnis bei einer Fahrt auf der Autobahn, wenn man die Strecke von 240 km statt mit 100 km/h mit 130 km/h fahren könnte?

21. Gib an und begründe, ob sich die folgenden Angaben auf eine Momentangeschwindigkeit oder eine Durchschnittsgeschwindigkeit beziehen:

a) Die Reisegeschwindigkeit des ICE beträgt 200 km/h.

b) Die Geschwindigkeit der Magnetschwebebahn „Transrapid“ beträgt bis zu 420 km/h.

c) In geschlossenen Ortschaften darf maximal 50 km/h gefahren werden.

d) Eine Wandergruppe hat eine Geschwindigkeit von 4 km/h.

22. Ein ICE (s. Abb.) braucht für die 284 km lange Strecke Berlin–Hannover eine Gesamtzeit von 1 Stunde und 35 Minuten.

Wie groß ist seine Durchschnittsgeschwindigkeit?

23. Die Abbildung zeigt das stark vereinfachte Fahrtenschreiberdiagramm für einen Lkw.

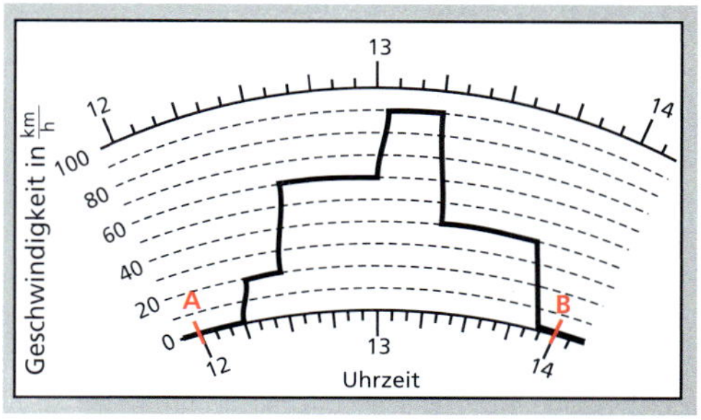

Interpretiere dieses Diagramm!

***24.** Ein neuer Pkw benötigt 9,8 s, um von null auf 100 km/h zu kommen.

a) Wie groß ist die Beschleunigung?

b) Um von 80 km/h auf 120 km/h zu kommen, benötigt derselbe Pkw 10,6 s. Berechne auch hierfür die Beschleunigung und vergleiche diese mit der Beschleunigung bei Aufgabe a!

***25.** Ein Sportwagen erreicht aus dem Stand in 6,8 s eine Geschwindigkeit von 100 km/h. Welchen Weg legt er dabei zurück?

26. Im Diagramm ist der Bewegungsablauf für ein Fahrzeug dargestellt.

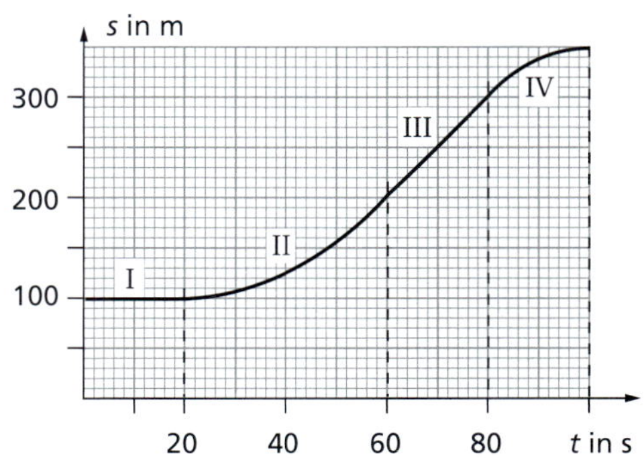

a) Gib an, wie sich das Fahrzeug in den Abschnitten I bis IV bewegt! Begründe deine Aussagen!

b) Wie groß ist der in 100 s zurückgelegte Weg?

c) Wie groß ist die Geschwindigkeit des Fahrzeugs in den Abschnitten I bis III?

27. Ein Lkw-Fahrer ist wegen eines plötzlich auf die Straße laufenden Kindes zum Bremsen und zum kurzfristigen Halten gezwungen. Im Diagramm ist der Bewegungsablauf für diesen Vorgang vereinfacht dargestellt.

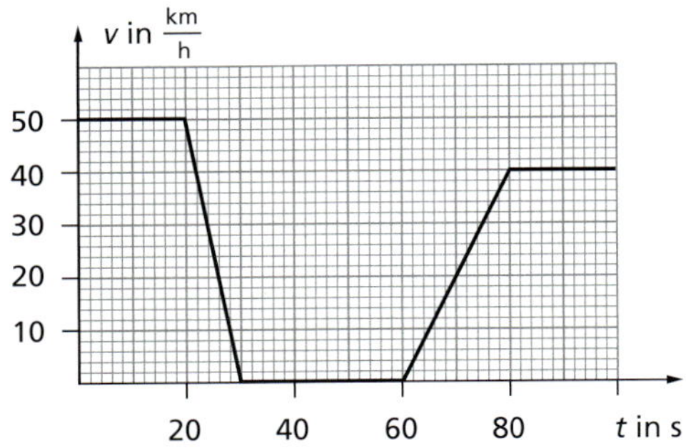

a) Interpretiere das *v*-*t*-Diagramm!
b) Berechne die Beschleunigungen für das Bremsen und das Anfahren!

28. Für die gleichmäßig beschleunigte Bewegung eines Körpers gelten die Gleichungen $v = a \cdot t$ und $s = \frac{a}{2} \cdot t^2$. Interpretiere diese Gleichungen! Nutze die Hinweise zum Interpretieren auf S. 14!

***29.** Nach einem Unfall ermittelt die Verkehrspolizei für die Vollbremsung eines Motorrades einen Bremsweg von 26 m. Für den Straßenbelag kann man eine Bremsverzögerung von 6,8 m/s^2 annehmen.
Mit welcher Geschwindigkeit ist das Motorrad gefahren? Hat sich der Fahrer innerhalb einer geschlossenen Ortschaft damit vorschriftsmäßig verhalten?

***30.** Ein mit drei Personen und viel Gepäck beladener Pkw fährt mit einer Geschwindigkeit von 80 km/h auf einer nassen Landstraße. Plötzlich sieht der Fahrer etwa 100 m vor dem Fahrzeug ein Reh auf die Fahrbahn laufen. Kann das Fahrzeug noch vor dem Reh zum Stehen gebracht werden, wenn für diesen Fall eine Bremsverzögerung von 4,2 m/s^2 angenommen wird und der Fahrer eine Reaktionszeit von 0,9 s hat?

31. Im Vergleich zu einem Regentropfen schwebt eine Schneeflocke viel langsamer herab. Wie können diese Unterschiede in den Fallbewegungen erklärt werden?

32. Gib für folgende Vorgänge an, ob man die Bewegungen mit den Gesetzen des freien Falls beschreiben kann oder nicht! Begründe!
a) Schweben der Samen von Pusteblumen
b) Fallschirmspringer
c) Fall eines Dachziegels vom Dach
d) Fall eines Apfels vom Baum
e) Fall von Hagelkörnern

***33.** Ein Stein löst sich von einem Felsen und schlägt nach 8 s auf dem Boden auf. In welcher Höhe über der Auftreffstelle hat sich der Stein gelöst?

***34.** Um die Tiefe eines Brunnens zu ermitteln, wird ein Stein vom Brunnenrand aus fallen gelassen. Nach drei Sekunden hört man, wie der Stein aufschlägt.
Wie tief ist der Brunnen?

35. Ein Fallschirmspringer lässt sich zunächst mit nicht geöffnetem Fallschirm fallen. Seine Bewegung wird durch das *v*-*t*-Diagramm beschrieben.

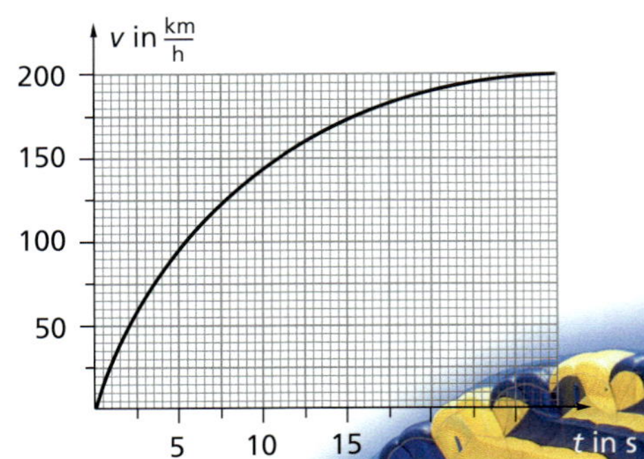

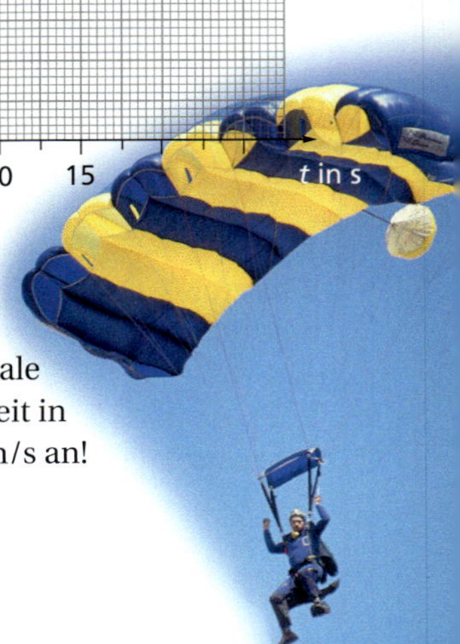

a) Interpretiere dieses Diagramm!
b) Gib die maximale Geschwindigkeit in km/h und in m/s an!

Bewegungen in Natur und Technik

Ein Körper befindet sich in Bewegung, wenn er seine Lage gegenüber einem Bezugssystem ändert.

Die Geschwindigkeit
gibt an, wie schnell oder langsam sich ein Körper bewegt.

$$v = \frac{s}{t} \qquad \bar{v} = \frac{\Delta s}{\Delta t}$$

Die Beschleunigung
gibt an, wie schnell sich die Geschwindigkeit eines Körpers ändert.

$$\bar{a} = \frac{\Delta v}{\Delta t}$$

Nach der Art der Bewegung kann man unterscheiden:

gleichförmige Bewegungen

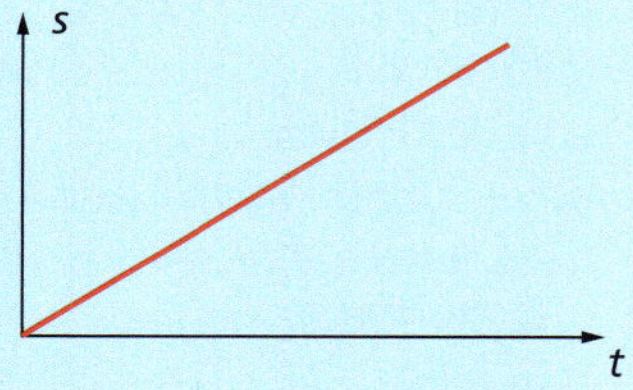

$s = v \cdot t$

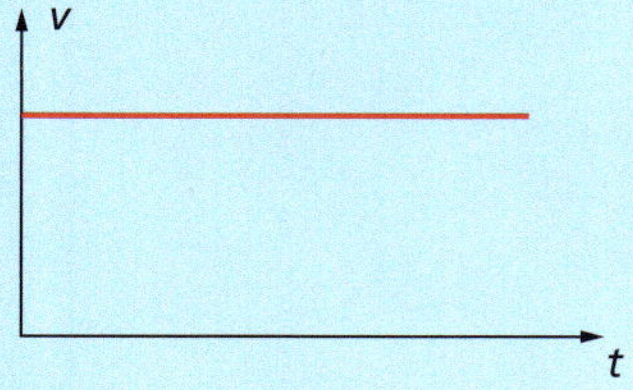

$v = \frac{s}{t}$

v = konstant

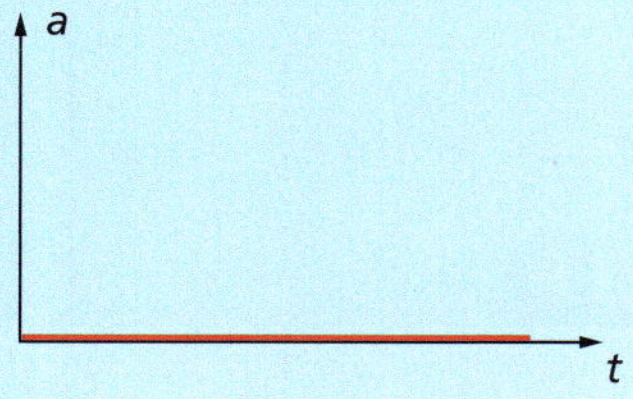

$a = 0$

gleichmäßig beschleunigte Bewegungen

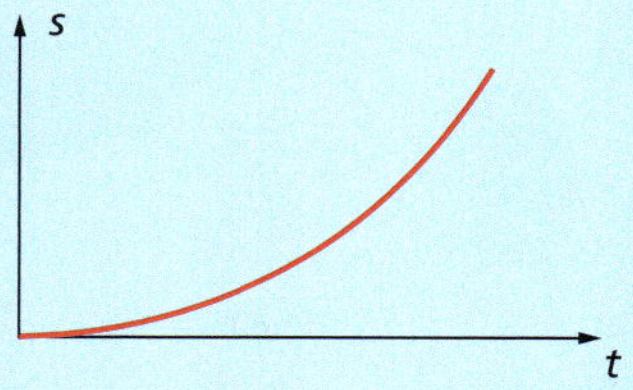

$s = \frac{a}{2} t^2$

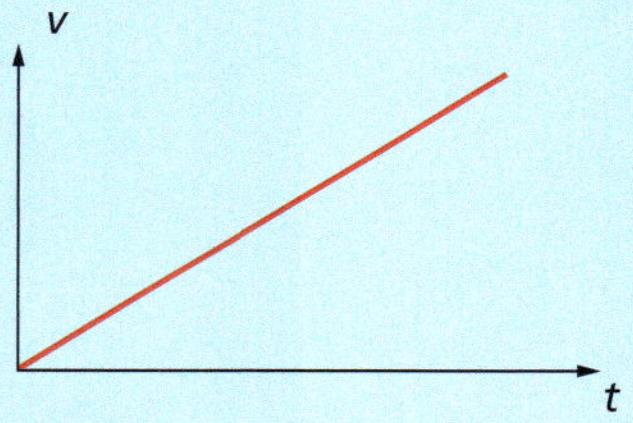

$v = a \cdot t$

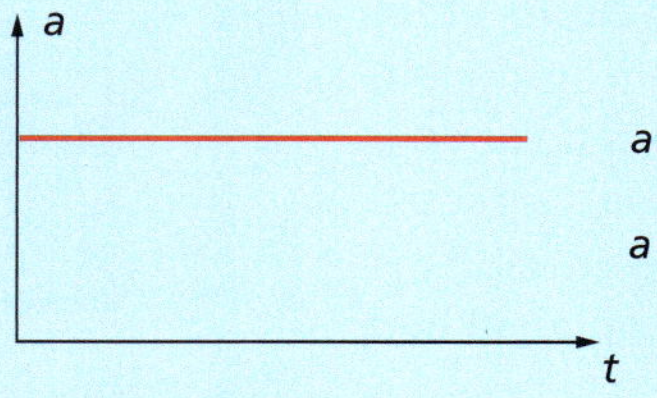

a = konstant

$a = \frac{\Delta v}{\Delta t}$

Eine spezielle gleichmäßig beschleunigte Bewegung ist der **freie Fall** mit $a = g$ ($g = 9{,}81\,\mathrm{m/s^2}$).

Für den freien Fall gilt:

$$s = \frac{g}{2} t^2 \qquad s = \frac{v^2}{2g} \qquad v = g \cdot t \qquad v = \sqrt{2g \cdot h}$$

1.2 Die newtonschen Gesetze

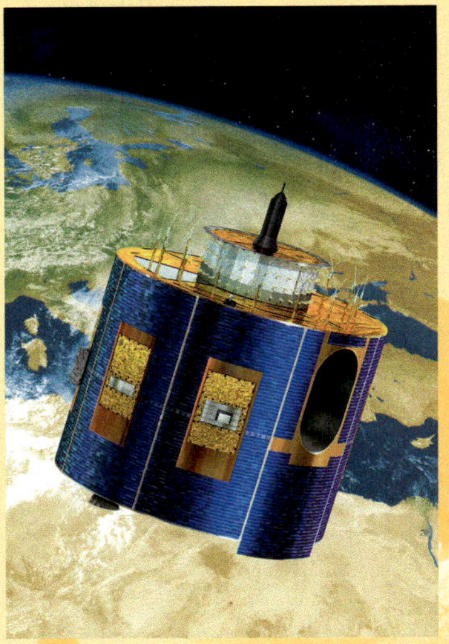

Ein Satellit um die Erde

Nachrichtensatelliten, Wettersatelliten oder das satellitengestützte Navigationssystem GPS werden heute vielfältig genutzt. Allein für das GPS sind 24 Satelliten erforderlich.

Auf was für Bahnen bewegen sich die vielen Satelliten? Was hält sie auf ihrer Bahn?

Kräfte beim Start

Als Fehlstart beim Sprint gilt, wenn sich ein Sportler vor dem Startschuss in Bewegung setzt. Um dies zu registrieren, sind bei großen Wettkämpfen in den Startblöcken elektronische Messeinrichtungen eingebaut, die die Beinkräfte der Sportler auf die Startblöcke messen.

Warum können solche elektronischen Messeinrichtungen für Kräfte einen Fehlstart registrieren?

Wie sicher ist ein Auto?

Autos haben aus Sicherheitsgründen eine Knautschzone. Dadurch können bei Unfällen die Unfallfolgen bei den Fahrzeuginsassen vermindert werden, indem bei einem Aufprall der vordere Teil des Autos zusammengeschoben wird. Das oben stehende Bild zeigt dies bei einem Crashtest.

Welche Kräfte führen zu einer Verformung der Knautschzone bei einem Unfall?

Warum kann die Knautschzone bei einem Unfall nur den Insassen helfen, die angeschnallt sind?

Die physikalische Größe Kraft

Um einen Körper zu beschleunigen, muss auf ihn eine Kraft einwirken. Ein Fußball wird in Bewegung gesetzt und beschleunigt, wenn der Fußballer mit seinem Fuß eine Kraft auf den Ball einwirken lässt (Abb. 3).

Durch eine Kraft kann ein Körper auch verformt werden.
Die Einwirkungen der Körper aufeinander sind wechselseitig, d. h., es wirken Kräfte auf beide Körper. Deshalb bezeichnet man die Kraft als eine **Wechselwirkungsgröße**.
Wie stark Körper aufeinander einwirken, wird durch die physikalische Größe **Kraft** beschrieben.

Die Kraft ist ein Maß dafür, welche Bewegungsänderung oder Verformung bei einem Körper hervorgerufen wird.

Formelzeichen: ***F***
Einheit: **1 Newton (1 N)**

Die Kraft ist eine gerichtete Größe. Dementsprechend können Kräfte durch Pfeile dargestellt werden (Abb. 1).

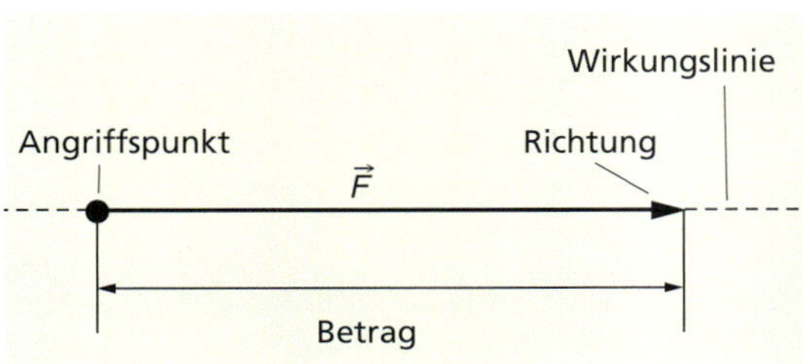

1 Darstellung einer Kraft

Die Wirkung einer Kraft auf einen Körper ist von ihrem Betrag, vom Angriffspunkt und von der Richtung der Kraft abhängig.

Die Einheit 1 N wurde nach dem englischen Physiker Isaac Newton (1643 – 1727) benannt. Ein Newton ist die Kraft, die einem Körper mit der Masse 1 kg eine Beschleunigung von 1 m/s^2 erteilt. Es ist etwa die Kraft, mit der ein Körper der Masse 100 g auf der Erde auf eine ruhende Unterlage drückt oder an einer Aufhängung zieht (Abb. 2).

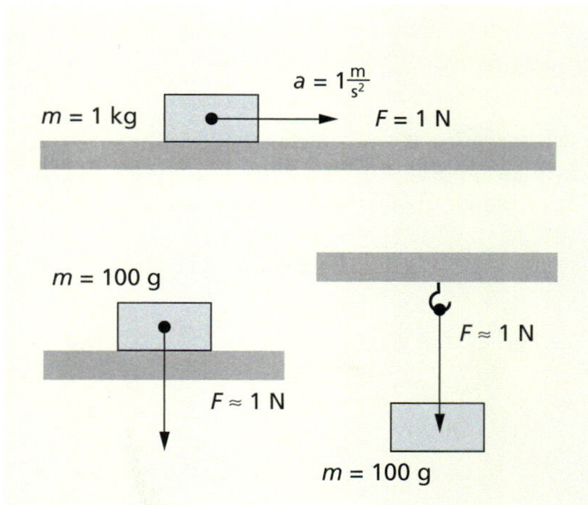

2 Die Kraft 1 N

3 Durch Kräfte wird der Ball beschleunigt.

Das Wechselwirkungsgesetz

Wirken zwei Körper aufeinander ein, so wirkt auf jeden der beiden Körper eine Kraft. So zieht z. B. die Erde unseren Körper an, unser Körper zieht aber auch die Erde an. Bei einem Crashtest (Abb. 1) wirkt Auto 1 auf Auto 2, aber auch Auto 2 auf Auto 1.

Zwischen zwei elektrisch geladenen Körpern oder zwischen Sonne und Erde wirken ebenfalls Kräfte auf jeweils beide Körper.

Solche zwischen verschiedenen Körpern auftretenden Kräfte werden als Wechselwirkungskräfte bezeichnet. Für diese Kräfte gilt das **Wechselwirkungsgesetz.**

Wirken zwei Körper aufeinander ein, so wirkt auf jeden der Körper eine Kraft. Die Kräfte sind gleich groß und entgegengesetzt gerichtet:

$$\vec{F}_1 = -\vec{F}_2$$

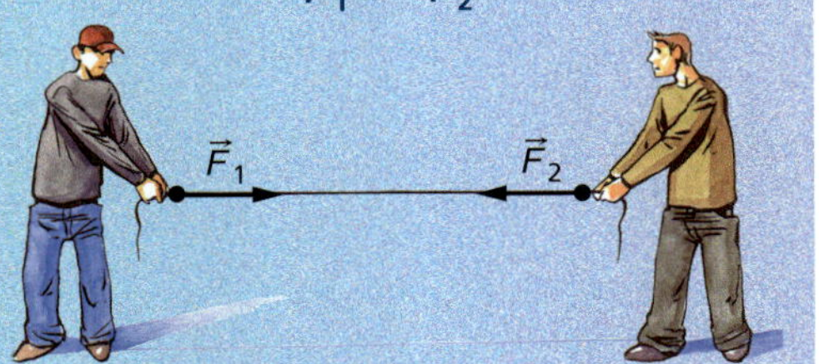

1 Crashtest von Autos: Beide Autos wirken wechselseitig aufeinander ein.

2 Boot und Mensch bewegen sich entgegengesetzt. Es gilt: actio = reactio.

In Kurzform formuliert man das Wechselwirkungsgesetz auch als „actio = reactio" bzw. „Kraft = Gegenkraft". Es gilt immer, wenn zwei Körper aufeinander einwirken, auch wenn man in einer Reihe von Anwendungen nur eine dieser Kräfte genauer betrachtet.

Das Wechselwirkungsgesetz ist auch der Grund dafür, dass beim Aussteigen einer Person aus einem Boot sich dieses entgegengesetzt wegbewegt (Abb. 2). Dieses Prinzip nennt man auch **Rückstoßprinzip.**

Das newtonsche Grundgesetz

Wirkt auf einen Körper eine Kraft, so kann dieser beschleunigt werden. So wird z. B. bei einem Startsprung (Abb. 1, S. 33) der Körper einer Schwimmerin durch Muskelkräfte beschleunigt.

Wie stark ein Körper durch eine Kraft beschleunigt wird, hängt davon ab

- wie groß die wirkende Kraft ist und
- wie groß die Masse des Körpers ist.

Zwischen der auf einen Körper wirkenden Kraft, seiner Masse und seiner Beschleunigung gibt es in der Mechanik gesetzmäßige Beziehungen, die im **newtonschen Grundgesetz** beschrieben sind.

Zwischen Kraft, Masse und Beschleunigung gilt folgender Zusammenhang:

$$F = m \cdot a$$

1 Beschleunigung der Körper durch Muskelkräfte beim Absprung

Dieses Gesetz bewirkt z. B., dass eine Schwimmerin mit einer größeren Absprungkraft eine größere Beschleunigung erreicht als eine gleich schwere Schwimmerin mit kleinerer Absprungkraft (Abb. 1).
Mit $a = g$ erhält man aus dem newtonschen Gesetz die Gleichung für die Gewichtskraft:

$$F_G = m \cdot g$$

Setzt man in die Gleichung $F = m \cdot a$ für m und a die Einheiten ein, so erhält man als Einheit der Kraft:

$$1\,\text{kg} \cdot 1\,\frac{\text{m}}{\text{s}^2} = 1\,\frac{\text{kg} \cdot \text{m}}{\text{s}^2}$$

Diese Einheit wird als ein Newton (1 N) bezeichnet.

Für die Einheiten der Kraft gilt:

$$\mathbf{1\,N = 1\,\frac{kg \cdot m}{s^2}}$$

Das Trägheitsgesetz

Aus dem newtonschen Grundgesetz ergibt sich, dass eine Kraft notwendig ist, um einen Körper der Masse m zu beschleunigen oder zu verzögern. Ist eine solche Kraft nicht vorhanden, bleibt ein Körper in Ruhe oder in gleichförmiger geradliniger Bewegung. Dies ist der Inhalt des **Trägheitsgesetzes.**

Ein Körper bleibt in Ruhe oder in gleichförmiger geradliniger Bewegung, solange die Summe der auf ihn wirkenden Kräfte null ist:

$$\vec{F} = 0 \;\Rightarrow\; \vec{a} = 0 \;\Rightarrow\; \vec{v} = \text{konstant}$$

Die Eigenschaft von Körpern, ohne Krafteinwirkung in gleichförmiger geradliniger Bewegung oder in Ruhe zu bleiben, bezeichnet man als **Trägheit.** Sie tritt z. B. beim Abbremsen eines Körpers auf (Abb. 2). Bei dem Aufprall eines Pkw auf ein Hindernis bewegt sich der Fahrer gleichförmig geradlinig weiter, wenn er nicht durch die Kraft eines Airbags bzw. durch einen Sicherheitsgurt abgebremst wird. Die beim plötzlichen Abbremsen auftretenden Kräfte sind sehr groß. Die Trägheit eines Körpers ist umso größer, je größer seine Masse ist. Sie macht sich vor allem bei schnellen Bewegungsänderungen und auch bei Kurvenfahrten bemerkbar.

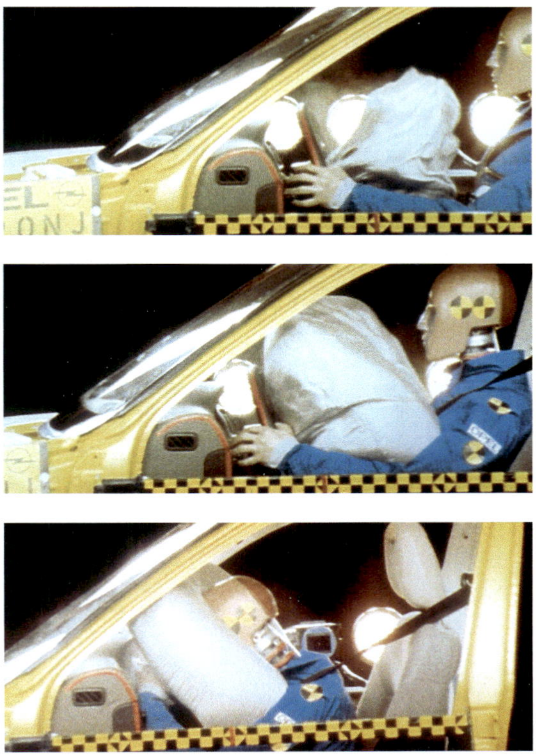

2 Trägheit eines Körpers beim plötzlichen Abbremsen im Auto und Auffangen mittels Airbag

Kräfte bei der Kreisbewegung

Bewegt sich ein Körper auf einer Kreisbahn mit einem konstanten Betrag der Geschwindigkeit, so führt dieser Körper eine **gleichförmige Kreisbewegung** aus (s. S. 10). Solche Kreisbewegungen vollführen z. B. die Personen in einem Karussell (Abb. 1), Satelliten um die Erde oder ein Fahrzeug bei einer Kurvenfahrt.

Dabei ändert sich ständig die Richtung der Geschwindigkeit. Damit ist die gleichförmige Kreisbewegung eine beschleunigte Bewegung. Die Beschleunigung ist immer senkrecht zur Geschwindigkeit und damit in Richtung Zentrum der Kreisbewegung gerichtet. Sie wird deshalb als **Radialbeschleunigung** oder **Zentralbeschleunigung** bezeichnet.

Damit ein Körper in Richtung Zentrum der Kreisbewegung beschleunigt wird und sich folglich auf einer Kreisbahn bewegt, muss auf ihn nach dem newtonschen Grundgesetz eine Kraft in Richtung des Zentrums der Kreisbewegung wirken. Diese Kraft wird **Radialkraft** oder **Zentralkraft** genannt (Abb. 3).

Die Radialkraft F_r gibt an, welche Kraft erforderlich ist, um einen Körper auf einer Kreisbahn zu halten.

Bei einem Karussell wird die Radialkraft von den Halterungen, an denen die Sitze befestigt sind, aufgebracht (Abb. 1).

1 Die Sitze eines Karussells mit den Menschen führen eine Kreisbewegung aus.

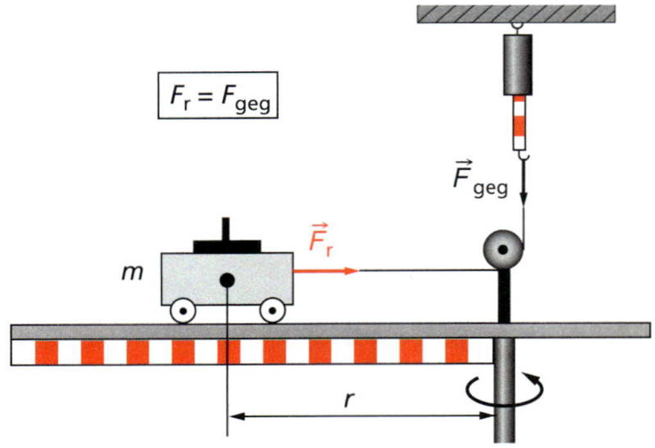

2 Mit einem Radialkraftmesser können Radialkräfte experimentell untersucht werden.

Die auf einen Körper wirkende Radialkraft ist von verschiedenen Faktoren abhängig.

Für die Radialkraft bei einer gleichförmigen Kreisbewegung gilt:

$$F_r = m \cdot \frac{v^2}{r} \quad \text{oder} \quad F_r = m \cdot \frac{4\pi^2 \cdot r}{T^2}$$

m Masse des Körpers
v Geschwindigkeit des Körpers
r Radius der Kreisbahn
T Umlaufzeit

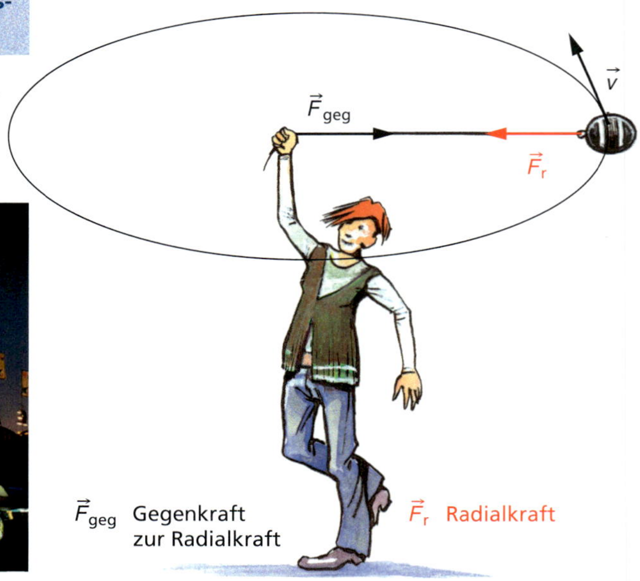

3 Kräfte bei einer Kreisbewegung: Radialkraft und Gegenkraft sind gleich groß.

Mosaik

NEWTON und die Mechanik

Bereits im antiken Griechenland untersuchten Gelehrte die Frage, warum sich Körper bewegen.

ARISTOTELES (384–322 v. Chr.) unterschied Bewegungen im Himmel und auf der Erde. Außerdem teilte er die Bewegungen auf der Erde in natürliche und erzwungene Bewegungen ein und formulierte:

„Alles, was sich bewegt, bewegt sich entweder von Natur oder durch eine äußere Kraft oder vermöge seines freien Willens.“

1 ARISTOTELES (384 bis 322 v. Chr.)

Eine natürliche Bewegung war z. B., dass ein schwerer Körper nach unten fällt und ein leichter Körper nach oben steigt.

ARISTOTELES vertrat auch die Meinung, dass ein Körper nur dann in Bewegung bleibt, wenn eine Kraft auf ihn wirkt. Hört die Wirkung der Kraft auf, kommt der Körper zur Ruhe.

„Ein in Bewegung befindlicher Körper hält an in seiner Bewegung, wenn die Kraft, die ihn voranstößt, ihre Wirkung beendet.“ Diese Auffassung entspricht auch voll den Alltagserfahrungen mit Bewegungen von Körpern auf der Erde. Jedoch ist sie nur scheinbar richtig.

GALILEO GALILEI (1564–1642) löste sich von der scheinbaren Alltagserfahrung und überlegte sich, welche Bewegung Körper ausführen würden, wenn es keine Reibung gäbe. Er nahm an, dass Körper ohne Einfluss der Reibung in Ruhe oder in gleichförmiger geradliniger Bewegung wären. Eine äußere Kraft, die Reibungskraft, ist die Ursache dafür, dass Körper zur Ruhe kommen. Damit widersprach er ARISTOTELES und entdeckte das Trägheitsgesetz.

Diese und andere Erkenntnisse griff der englische Physiker ISAAC NEWTON auf und schuf daraus eine Theorie der Mechanik, die nach ihm benannte „Newtonsche Mechanik“. Sie erschien 1687 als Werk mit dem Titel „Mathematische Prinzipien der Naturlehre“. Das Werk bestand aus drei Teilen. Im ersten Band führt er alle Bewegungen auf drei grundlegende Gesetze zurück: das Trägheitsgesetz, das newtonsche Grundgesetz und das Wechselwirkungsgesetz. Im zweiten Band behandelt NEWTON die Bewegung in Flüssigkeiten. Im dritten Band beschäftigt er sich mit der Bewegung der Himmelskörper. Dabei wendete er die physikalischen Bewegungsgesetze für Körper auf der Erde auch auf Bewegungen von Himmelskörpern an.

So hob er die Unterscheidung zwischen Bewegungen im Himmel und auf der Erde auf und begründete eine einheitliche Physik.

Die Legende berichtet, dass NEWTON die zwischen zwei Körpern wirkende Kraft mit 23 Jahren entdeckte, als er auf einer Wiese lag und sah, wie ein Apfel vom Baum fiel. Dadurch wurde er zum Nachdenken darüber angeregt, warum der Apfel zur Erde fällt.

Als Ursache fand NEWTON, dass sich Körper aufgrund ihrer Massen gegenseitig anziehen. Dies wird als **Gravitation** bezeichnet.

2 ISAAC NEWTON (1643 bis 1727)

Physik in Natur und Technik

Das Raketenprinzip

Um eine Rakete oder ein Raumschiff (Abb. 1) auf eine Umlaufbahn um die Erde zu bringen, muss die Rakete beim Start stark beschleunigt werden und in kurzer Zeit eine hohe Geschwindigkeit erreichen. Um in eine Erdumlaufbahn zu gelangen, muss das Raumschiff mindestens eine Geschwindigkeit von 28440 km/h besitzen. Auf diese Geschwindigkeit ist das Raumschiff beim Start zu beschleunigen.
Erkläre, wie ein Raumschiff mit einer Rakete in kurzer Zeit auf hohe Geschwindigkeiten beschleunigt werden kann!

Raketen sind Körper mit einer großen Masse. Die Startmasse einer Rakete vom Typ Ariane 5 (Abb. 2) beträgt etwa 730 t. Um die Rakete beim Start von null auf hohe Geschwindigkeiten zu beschleunigen, müssen große Kräfte in Wegrichtung wirken. Nach dem newtonschen Grundgesetz müssen diese Kräfte umso größer sein, je größer die Masse der Rakete und je größer deren Beschleunigung ist ($F = m \cdot a$). Solche großen Kräfte erzeugt man, indem im Inneren der Rakete ein Brennstoff verbrannt wird. In einer Brennkammer dehnen sich die Verbrennungsgase aufgrund der hohen Temperatur schnell aus. Dabei werden die Gase stark beschleunigt und treten dann mit sehr hohen Geschwindigkeiten aus einer Düse entgegengesetzt zur Bewegungsrichtung der Rakete aus (Abb. 1).
Beim Start einer Ariane 5 (Abb. 2) werden durch die Raketentriebwerke etwa 6,8 t Verbrennungsgase je Sekunde mit einer Geschwindigkeit von etwa 2500 m/s ausgestoßen.
Aufgrund der starken Beschleunigung der Verbrennungsgase und ihrer Masse wirkt eine große Kraft entgegen der Bewegungsrichtung der Rakete. Nach dem Wechselwirkungsgesetz entsteht mit dieser Kraft eine gleich große, aber entgegengesetzt gerichtete Kraft ($\vec{F}_1 = -\vec{F}_2$).
Diese Gegenkraft beschleunigt die Rakete in Bewegungsrichtung (Abb. 2). Bei einer Rakete nennt man das hier vorliegende Rückstoßprinzip auch **Raketenprinzip.**

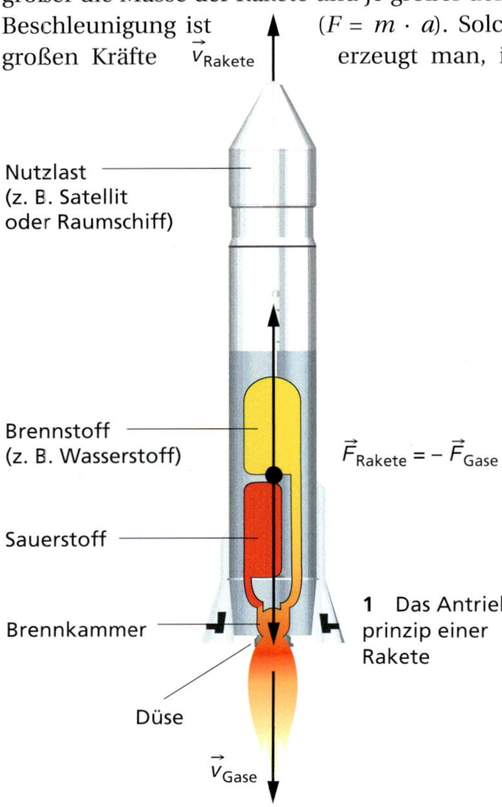

1 Das Antriebsprinzip einer Rakete

2 Start der europäischen Trägerrakete Ariane 5

Bei Verkehrsunfällen wirken gewaltige Kräfte

Bei Verkehrsunfällen wirken Kräfte, die zu großen Zerstörungen und zu schweren Verletzungen bei den Fahrzeuginsassen führen können. Um die Unfallfolgen für die Fahrgäste zu mindern, besitzen moderne Pkw eine Reihe von Einrichtungen wie Sicherheitsgurt, Airbag und Knautschzone. Trotzdem sind die wirkenden Kräfte auf die Fahrzeuginsassen noch gewaltig.

Ein Pkw fährt beispielsweise mit einer Geschwindigkeit von 50 km/h auf ein Hindernis. Dabei wird die Knautschzone des Fahrzeugs um 1,20 m zusammengedrückt und der Fahrer bewegt sich im Sicherheitsgurt noch einmal 20 cm nach vorn, bevor er zum Stillstand kommt.

Welche Bremsbeschleunigung erfährt der Kraftfahrer beim Unfall? Vergleiche diese mit der Fallbeschleunigung!

Mit welcher Kraft wird ein Kraftfahrer der Masse 85 kg bei diesem Unfall abgebremst?

Wie beeinflusst die Knautschzone eines Pkw die Unfallfolgen?

Analyse:

Beim Unfall wird der Pkw mit den Insassen aus der Bewegung bis zum Stillstand abgebremst. Dabei legt ein Fahrzeuginsasse noch einen Weg zurück, der sich aus dem Zusammendrücken der Knautschzone und dem Weg im Sicherheitsgurt ergibt.

Gesucht: a in $\mathrm{m/s^2}$
F in N

Gegeben: $v = 50\ \frac{\mathrm{km}}{\mathrm{h}} = 13{,}9\ \frac{\mathrm{m}}{\mathrm{s}}$
$s_1 = 1{,}20\ \mathrm{m}$
$s_2 = 20\ \mathrm{cm} = 0{,}2\ \mathrm{m}$
$m = 85\ \mathrm{kg}$
$g = 9{,}81\ \mathrm{m/s^2} \approx 10\ \mathrm{m/s^2}$

Lösung:

Es wird angenommen, dass die Bremsbewegung eine gleichmäßig verzögerte Bewegung ist. Die Beschleunigung kann man aus der Geschwindigkeitsänderung und dem Weg berechnen. Der Weg ergibt sich als Summe aus den beiden Teilwegen (s_1 und s_2).

Aus $a = \frac{v}{t}$ (1) und $s = \frac{a}{2} t^2$ (2) erhält man durch Einsetzen der Zeit t aus Gleichung (1) in Gleichung (2):

$$s = \frac{a}{2} \cdot \frac{v^2}{a^2} \text{ und damit:}$$

$$a = \frac{v^2}{2s}$$

$$a = \frac{13{,}9^2\,\mathrm{m^2}}{2 \cdot 1{,}4\ \mathrm{m} \cdot \mathrm{s^2}}$$

$$\underline{a = 69\ \mathrm{m/s^2}}$$

Die Bremsbeschleunigung ist ca. siebenmal so groß wie die Fallbeschleunigung. Mit dem newtonschen Grundgesetz kann die Bremskraft auf den Kraftfahrer berechnet werden.

$$F = m \cdot a$$
$$F = 85\ \mathrm{kg} \cdot 69\ \mathrm{m/s^2}$$
$$\underline{F = 5\,865\ \mathrm{N}}$$

Ergebnis:

Die Bremskraft beträgt fast 6 000 N. Das entspricht der Gewichtskraft eines Körpers mit einer Masse von 600 kg. Aufgrund des Wechselwirkungsgesetzes wirkt der Kraftfahrer beim Unfall mit dieser Kraft auf den Sicherheitsgurt und wird durch diesen abgebremst. Durch die Knautschzone wird der Bremsweg und damit die Bremszeit für den Kraftfahrer verlängert. Würde es diese Knautschzone nicht geben, so wäre die Bremszeit kürzer und die Bremsbeschleunigung größer. Dadurch wäre auch die Bremskraft auf den Fahrer größer ($F = m \cdot a$). Die Unfallfolgen könnten für den Fahrer noch schlimmer sein.

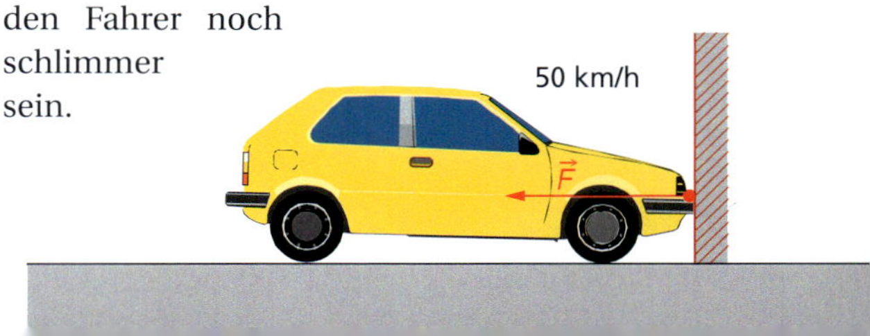

gewusst · gekonnt

1. Ein Schüler hat eine Masse von 65 kg.
- a) Mit welcher Kraft wird der Schüler von der Erde angezogen?
- b) Mit welcher Kraft zieht der Schüler die Erde an? Begründe!

2. Zwei Schüler ziehen an zwei Kraftmessern mit unterschiedlichen Messbereichen (s. Abb.). Ein Kraftmesser zeigt eine Kraft von 5 N an.
Welche Kraft zeigt der andere Kraftmesser an? Begründe deine Aussage!

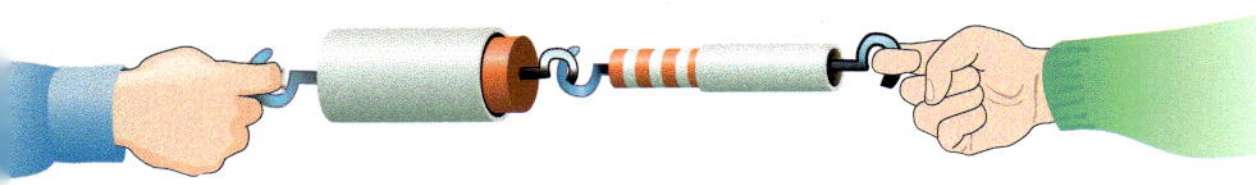

3. Zwei Schüler stehen sich auf Rollschuhen gegenüber. Robert stößt sich von Katharina ab.
- a) Beschreibe die Bewegung beider Schüler nach dem Abstoßen! Begründe deine Aussage!

- b) Robert hat eine größere Masse als Katharina.
  Was kann man daraus für die Bewegung der beiden nach dem Abstoßen ableiten?

4. Nenne und erläutere Beispiele aus Natur und Technik, bei denen das Rückstoßprinzip angewendet wird!

5. Bei einem Experiment zur Untersuchung des Zusammenhanges zwischen der Beschleunigung eines Körpers und der beschleunigenden Kraft wurden folgende Messwertepaare aufgenommen:

F in N	0	1,0	2,0	3,0	4,0
a in $m \cdot s^{-2}$	0	0,0	0,59	0,91	1,20

- a) Zeichne das Beschleunigung-Kraft-Diagramm!
- b) Interpretiere das Diagramm!
- c) Ermittle aus den Messwerten die Masse des Körpers!

6. Die Motoren eines IC können eine maximale Antriebskraft von 270 kN aufbringen. Die Masse des IC beträgt 500 t.
- a) Wie groß ist die maximale Beschleunigung des IC beim Anfahren?
- b) In welcher Zeit kann der IC mit dieser Beschleunigung eine Geschwindigkeit von 100 km/h erreichen?
- *c) Warum dauert der Beschleunigungsvorgang in der Praxis länger?

***7.** Ein Verkehrsflugzeug hat eine Gesamtmasse von 330 t. Mit seinen vier Strahltriebwerken wird das Flugzeug auf der Startbahn bis zu einer Geschwindigkeit von 300 km/h beschleunigt, bis es abheben kann. Jedes Triebwerk entwickelt eine maximale Schubkraft von 200 kN.
- a) Wie groß ist die Beschleunigung des Flugzeugs während der Startphase?
- b) Wie lang muss die Startbahn mindestens sein?

***8.** Bei einem Unfall wird ein Pkw in 1,2 s von 40 km/h bis zum Stillstand abgebremst. Welche beschleunigende Kraft wirkt auf den Fahrer (m = 70 kg)?

9. Gute Fußballer verleihen dem Ball beim Abschuss eine Geschwindigkeit von 90 km/h. Die Wechselwirkung mit dem Ball beim Abschuss dauert 0,02 s. Der Ball hat eine Masse von 700 g.

a) Mit welcher Kraft muss der Fußballer gegen den Ball treten?

b) Wie groß ist die Beschleunigung des Balls?

***10.** Ein Bus bremst aus einer Geschwindigkeit von 50 km/h bis zum Stillstand in 6 s ab.

a) In welcher Richtung wirken dabei auf Personen im Bus Kräfte?

b) Mit welcher Kraft muss sich eine Person der Masse von 80 kg dabei festhalten?

11. Beim schnellen Anfahren eines Pkw wird man kräftig in den Sitz gedrückt.
Erkläre, wie das kommt!

12. Beim Abschleppen eines defekten Autos mit einem Seil sollte man langsam anfahren. Erkläre, warum bei einem ruckartigen Anfahren das Seil reißen kann!

13. Begründe, warum man Pkw, die defekte Bremsen haben, nicht mit einem Seil abschleppen darf!

14. Beim ruckartigen Anheben eines schweren Koffers kann der Griff abreißen.
Warum passiert das bei einem langsamen Anheben nicht?

15. Ladungen auf Dachgepäckträgern von Pkw müssen sehr gut befestigt werden.
Begründe, warum dies notwendig ist!

16. Wie unterscheidet sich eine Kreisbewegung von einer Drehbewegung?

***17.** Vergleiche das newtonsche Grundgesetz mit der Gleichung für die Radialkraft!

a) Diskutiere die physikalische Bedeutung des Terms v^2/r!

b) Wie groß ist dieser Term bei einem Auto, das mit 60 km/h eine Kurve mit einem Kurvenradius von 90 m durchfährt? Interpretiere das Ergebnis!

18. In den folgenden Abbildungen sind Kreisbewegungen dargestellt.

a) Wie wird in jedem einzelnen Fall die notwendige Radialkraft aufgebracht?

b) Was bewirken Radialkräfte?

19. Bei der Erprobung eines Kettenkarussells löst sich die Aufhängung einer Gondel.

a) In welcher Richtung bewegt sich dann diese Gondel? Begründe!

b) Welche Geschwindigkeit hat sie bei $r = 9$ m und $T = 6{,}3$ s?

***20.** Beim Hammerwerfen beträgt die Masse des Wurfkörpers 7,0 kg und die maximale Abwurfgeschwindigkeit 100 km/h.
Wie groß ist die maximale Kraft, die ein Hammerwerfer aufbringen muss, wenn man annimmt, dass Wurfgerät und Arme eine Gesamtlänge von 2,5 m haben?

summa summarum

Kräfte und Bewegungen

Die **Wirkung einer Kraft** auf einen Körper ist abhängig
- vom Betrag,
- von der Richtung,
- vom Angriffspunkt.

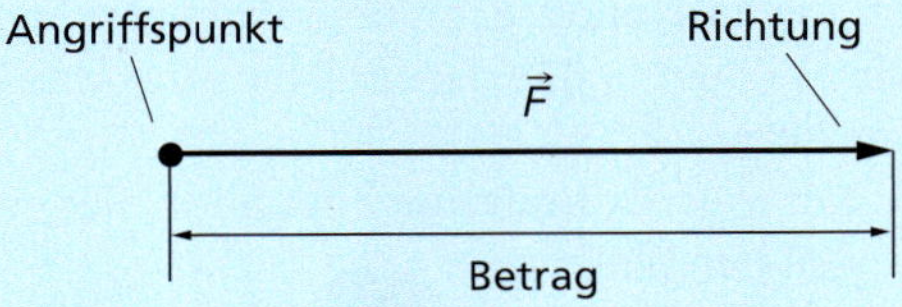

Grundlegende Gesetze der Dynamik sind die von Isaac Newton (1643–1727) gefundenen **newtonschen Gesetze.**

1. newtonsches Gesetz (Trägheitsgesetz)	Unter der Bedingung, dass die Summe der Kräfte null ist, gilt: $\vec{v}$ = konstant	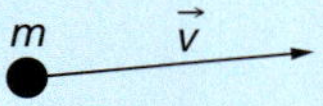 v Geschwindigkeit
2. newtonsches Gesetz (newtonsches Grundgesetz)	$F = m \cdot a$	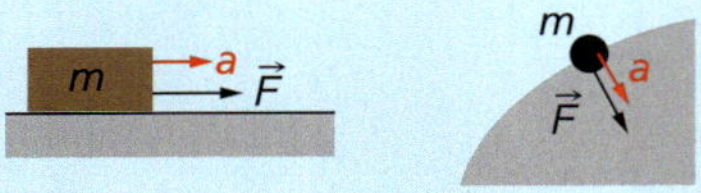 F Kraft m Masse a Beschleunigung
3. newtonsches Gesetz (Wechselwirkungsgesetz)	$\vec{F}_1 = -\vec{F}_2$	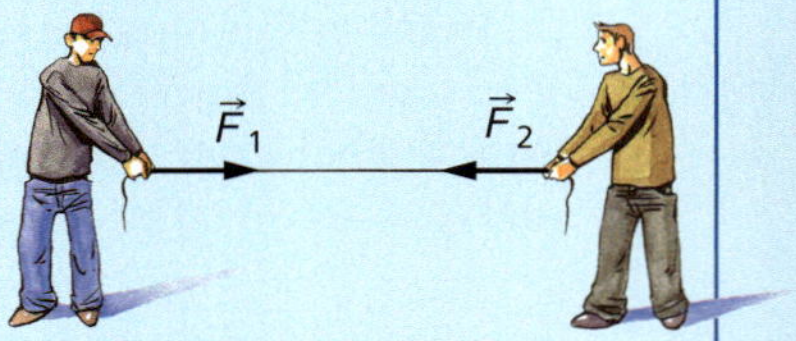

Eine spezielle Form der Bewegung ist eine **gleichförmige Kreisbewegung** eines Körpers, der als Punktmasse angesehen werden kann.

Für die **Bahngeschwindigkeit *v*** gilt:

$$v = \frac{2\pi \cdot r}{T}$$

Der Betrag der **Radialkraft F_r** kann mit folgender Gleichung berechnet werden:

$$F_r = m \cdot \frac{v^2}{r}$$

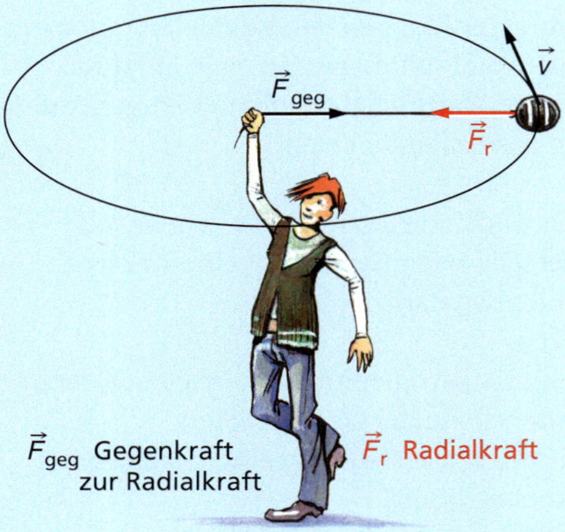

1.3 Mechanik im Straßenverkehr

Kurvenfahrten sind gefährlich

Bei zu hohen Geschwindigkeiten kann es leicht passieren, dass ein Fahrzeug aus einer Kurve herausgetragen wird, wegrutscht oder umkippt.
Unter welchen Bedingungen kann man eine Kurve sicher durchfahren? Gibt es dabei Unterschiede zwischen einem Lkw und einem Motorrad oder Fahrrad?

Rennautos sind schnell

Rennautos erreichen in kurzer Zeit eine hohe Geschwindigkeit. Kurven sollen möglichst schnell durchfahren werden.
Welche Kräfte wirken bei einer Kurvenfahrt? Wie ändert sich dabei die Energie? Welche Rolle spielen Reibungskräfte?

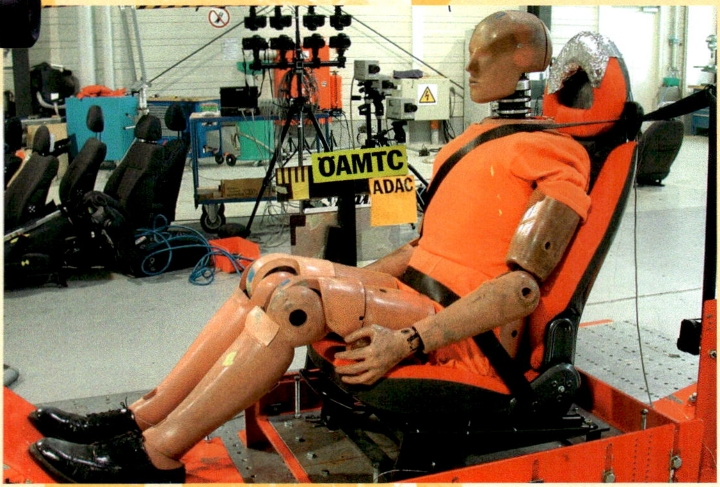

Crashtests dienen der Sicherheit

Trotz der zunehmenden Anzahl von Fahrzeugen auf unseren Straßen hat sich in Deutschland die Anzahl der schweren Unfälle in den letzten Jahren verringert. Einer der Gründe dafür sind bessere Sicherheitseinrichtungen in den Fahrzeugen. Dafür werden ständig Sicherheitseinrichtungen getestet und verbessert.
Welche Sicherheitseinrichtungen sind heute Standard in modernen Pkw? Vor welchen Schäden sollen die verschiedenen Sicherheitseinrichtungen schützen?

Kräfte, Arbeit und Energie

Bei allen physikalischen Vorgängen, bei denen ein Körper durch eine Kraft bewegt oder verformt wird, spielt **mechanische Arbeit** eine Rolle.

Mechanische Arbeit wird verrichtet, wenn ein Körper durch eine Kraft bewegt oder verformt wird.

Formelzeichen: W
Einheiten: **1 Joule (1 J)**
1 Newtonmeter (1 Nm)

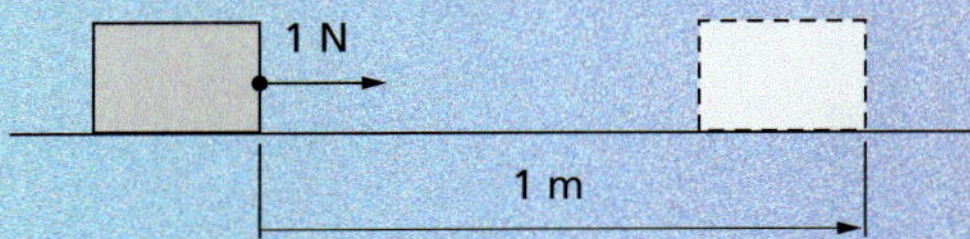

Die mechanische Arbeit ist umso größer, je größer die einwirkende Kraft und je länger der zurückgelegte Weg bei der Bewegung oder Verformung eines Körpers sind.
Die bei einem Vorgang verrichtete mechanische Arbeit kann man aus der einwirkenden Kraft und dem zurückgelegten Weg berechnen.

Unter der Bedingung, dass die Kraft konstant ist und in Richtung des Weges wirkt, gilt:
$W = F \cdot s$ **F einwirkende Kraft**
s zurückgelegter Weg

Wirkt die Kraft nicht in Richtung der Bewegung, dann spielt für die verrichtete Arbeit nur die Teilkraft (Komponente) eine Rolle, die in Richtung des Weges wirkt.
Wird an einen Körper oder von einem Körper Arbeit verrichtet, so ändert sich seine Energie. Allgemein gilt:

Die verrichtete mechanische Arbeit W ist gleich der Änderung der Energie ΔE:

$$W = \Delta E$$

Energie ist dabei die Fähigkeit eines Körpers, mechanische Arbeit zu verrichten, Wärme abzugeben oder Licht auszusenden. Energie und mechanische Arbeit haben dieselbe Einheit. Ein Körper hat eine Energie von 1 J, wenn er damit eine mechanische Arbeit von 1 Nm verrichten kann. Es gilt: 1 Nm = 1 J.

Heben eines Körpers	Verformen (Spannen) einer Feder	Anfahren eines Autos	Fahren eines Schiffes
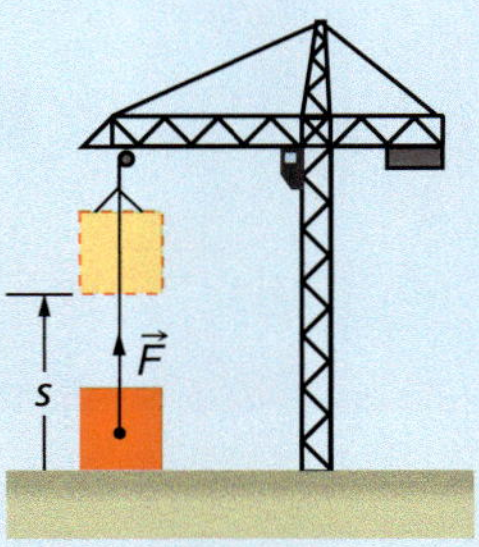	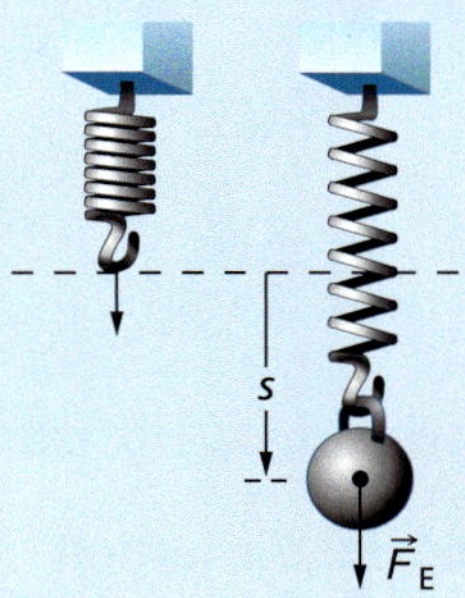		
Wird ein Körper gehoben, so wird **Hubarbeit** verrichtet. Die dazu erforderliche Kraft ist die Gewichtskraft.	Wird ein Körper verformt, so wird **Spannarbeit** (Verformungsarbeit) verrichtet. Bei elastischer Verformung gilt:	Wird ein Körper beschleunigt, so wird **Beschleunigungsarbeit** verrichtet. Hier wird der Körper noch gehoben.	Wird die Bewegung eines Körpers durch Reibungskräfte gehemmt, so wird **Reibungsarbeit** verrichtet.
$W = F_G \cdot h$ $W = m \cdot g \cdot h$	$W = \frac{1}{2} F_E \cdot s$	$W = F \cdot s$	$W = F_R \cdot s$

Kraft, Beschleunigungsarbeit und kinetische Energie

Damit ein Pkw oder ein Radfahrer seine Geschwindigkeit vergrößert, muss eine beschleunigende Kraft wirken. Ist diese beschleunigende Kraft konstant, dann gilt für den Zusammenhang zwischen Kraft und Beschleunigung das newtonsche Grundgesetz:

$$F = m \cdot a \quad \text{oder} \quad a = \frac{F}{m}$$

Das bedeutet: Die Beschleunigung eines Fahrzeugs ist umso größer, je größer die beschleunigende Kraft und je kleiner die Masse sind. Bei einer bestimmten Masse eines Fahrzeugs gilt immer:

$$a \sim F$$

Beim Beschleunigen eines Fahrzeugs, z. B. eines Pkw, wird mechanische Arbeit verrichtet. Wir gehen davon aus, dass das Fahrzeug zunächst in Ruhe ist und mit der konstanten Kraft F beschleunigt wird. Dann gilt für die Beschleunigungsarbeit:

$$W_B = F \cdot s$$

Das Fahrzeug würde sich wegen $a \sim F$ gleichmäßig beschleunigt bewegen und nach einem Weg s die Geschwindigkeit v erreichen. Es hat dann eine bestimmte Energie, die als **Bewegungsenergie** oder **kinetische Energie** bezeichnet wird. Diese kinetische Energie ist genauso groß wie die verrichtete Beschleunigungsarbeit, denn für den Zusammenhang zwischen Arbeit und Energie gilt:

$$W = \Delta E = F \cdot s$$

1 Damit ein Fahrrad beschleunigt, ist eine beschleunigende Kraft erforderlich.

Das Produkt $F \cdot s$ kann man auch in anderer Form schreiben. Mit $F = m \cdot a$ erhält man:

$$W = \Delta E = m \cdot a \cdot s$$

Unter Nutzung der Bewegungsgesetze für die gleichmäßig beschleunigte Bewegung ergibt sich für den Weg

$$s = \frac{v^2}{2a}$$

und damit

$$W = \Delta E = \frac{m}{2} \cdot v^2.$$

Die kinetische Energie (Bewegungsenergie) eines Körpers ist somit von seiner Masse und seiner Geschwindigkeit abhängig.

2 Ein bewegter Körper besitzt kinetische Energie.

Die kinetische Energie eines bewegten Körpers kann berechnet werden mit der Gleichung:

$$E_{kin} = \frac{1}{2} m \cdot v^2$$

m	**Masse des Körpers**
v	**Geschwindigkeit des Körpers**

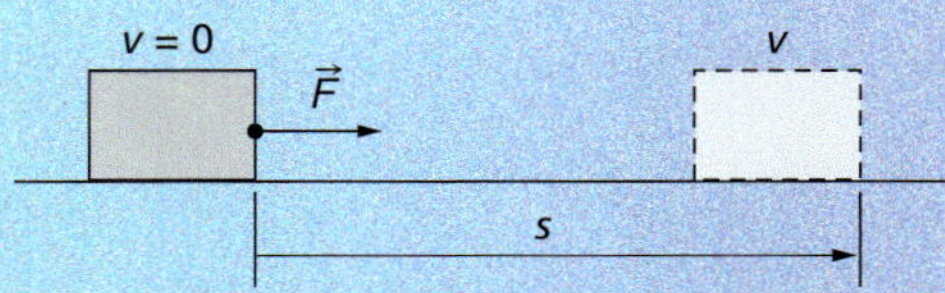

$$E_{kin} = 0 \Rightarrow W_B = F \cdot s \Rightarrow E_{kin} = \frac{1}{2} m \cdot v^2$$

Damit hat z. B. ein schwerer Lkw eine wesentlich größere kinetische Energie als ein gleich schneller Pkw. Mit einer Verdopplung der Geschwindigkeit vervierfacht sich die kinetische Energie eines Fahrzeugs. Das ist bei Unfällen von erheblicher Bedeutung.

Gewichtskraft und potenzielle Energie

Die Erde zieht aufgrund der Massenanziehung alle Körper an, die sich auf der Erdoberfläche oder in der Nähe der Erde befinden. Diese Kraft wird als **Gewichtskraft F_G** bezeichnet. Es ist somit auch die Kraft, mit der ein Körper auf eine waagerechte Unterlage drückt oder an einer Aufhängung zieht. Für die Gewichtskraft eines Körpers gilt:

$$F_G = m \cdot g$$

Dabei sind m die Masse des Körpers und g der Ortsfaktor, dessen durchschnittlicher Wert auf der Erdoberfläche $g = 9{,}81\ \mathrm{N/kg}$ beträgt.

Wird ein Körper um die Höhe h gehoben, so wird Hubarbeit verrichtet. Die zum Heben eines Körpers erforderliche Kraft ist gerade die Gewichtskraft. Der zurückgelegte Weg ist gleich der Höhe h. Damit ergibt sich für die Arbeit zum Heben eines Körpers:

$$W = F_G \cdot h \quad \text{oder mit} \quad F_G = m \cdot g$$

$$W = m \cdot g \cdot h$$

Durch das Heben eines Körpers vergrößert sich seine Energie. Der Körper hat dann **Lageenergie** oder **potenzielle Energie.** Da die am Körper verrichtete Arbeit gleich der Änderung seiner Energie ist, gilt für diesen Fall:

$$W = \Delta E = m \cdot g \cdot h$$

1 Ein gehobener Körper besitzt potenzielle Energie.

Mechanische Energien in Natur und Technik	
potenzielle Energie	
Ziegelstein (m = 3,5 kg), um 1 m gehoben	35,0 J
Mensch (m = 55 kg) auf 10-m-Sprungbrett	5,5 kJ
Rammbär (m = 1 000 kg), um 1 m gehoben	10 kJ
kinetische Energie	
Apfel (m = 100 g) bei 1 m freiem Fall	1 J
Mensch (m = 55 kg) beim normalen Gehen	50 J
Pkw (m = 1 000 kg) bei 100 km/h	386 kJ

Die potenzielle Energie eines gehobenen Körpers kann berechnet werden mit der Gleichung:

$$E_{pot} = F_G \cdot h$$

$$E_{pot} = m \cdot g \cdot h$$

F_G Gewichtskraft des Körpers
h Höhe
m Masse des Körpers
g Ortsfaktor

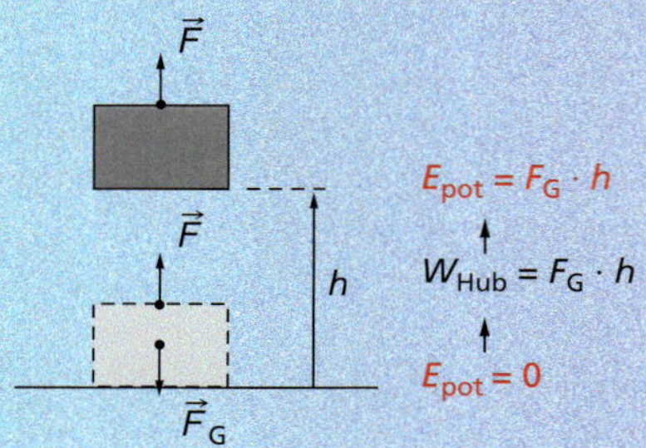

Bei Fahrzeugen ändert sich die potenzielle Energie bei Berg- und Talfahrten. Beim Bergauffahren vergrößert sie sich, beim Bergabfahren wird sie kleiner.

Dabei ist zu beachten: Der Betrag der potenziellen Energie eines Körpers hängt davon ab, welche Höhe man als Bezugshöhe ($h = 0$) wählt. Das können die Erdoberfläche, Normalnull (NN), aber auch eine andere, zweckmäßig gewählte Höhe sein. Was man als Bezugshöhe wählt, hängt vom gegebenen Sachverhalt ab.

Energie und Arbeit

1 Ein Hubschrauber verrichtet beim Aufsteigen Hubarbeit.

2 Es werden Federspannarbeit und Hubarbeit verrichtet.

Ein Kran oder ein Hubschrauber (Bild 1) hebt einen Behälter in eine bestimmte Höhe. Dabei wird **Hubarbeit** verrichtet. Die **potenzielle Energie** des Behälters vergrößert sich.
Beim Anfahren und Beschleunigen eines Pkw wird an ihm Arbeit verrichtet, die man als **Beschleunigungsarbeit** bezeichnet. Die an dem Pkw verrichtete Beschleunigungsarbeit führt zu einer Vergrößerung seiner **kinetischen Energie.**

In einem Fitness-Center (Bild 2) kann man mit speziellen Geräten die Armmuskulatur kräftigen. Dabei werden Federn gedehnt oder Massestücke angehoben. Bei Federn wird **Federspannarbeit** verrichtet, bei Massestücken Hubarbeit. Dabei ändert sich deren Energie.

Allgemein gilt:
Die von einem Körper oder an einem Körper verrichtete Arbeit ist gleich der Änderung seiner Energie.

Für die oben genannten speziellen Fälle lassen sich die Zusammenhänge auch folgendermaßen formulieren:

Art der Arbeit	Änderung der Energie	mathematischer Zusammenhang
Hubarbeit	führt zur Änderung der potenziellen Energie	$W_H = F_G \cdot h = \Delta E_{pot}$ $W_H = m \cdot g \cdot h = \Delta E_{pot}$
Beschleunigungsarbeit	führt zur Änderung der kinetischen Energie	$W_B = F \cdot s = \Delta E_{kin}$ $W_B = m \cdot a \cdot s = \Delta E_{kin}$
Federspannarbeit	führt zur Änderung der potenziellen Energie	$W_F = \frac{1}{2} F_E \cdot s = \Delta E_{pot}$ $W_F = \frac{1}{2} D \cdot s^2 = \Delta E_{pot}$

Dabei wird vorausgesetzt, dass keine Energie in andere Energieformen umgewandelt wird.

... und mehr

Informiere dich auch unter: *Beschleunigungsarbeit, Hubarbeit, Reibungsarbeit, Verformungsarbeit, Volumenänderungsarbeit, Energieerhaltungssatz der Mechanik, potenzielle Energie, Joule, …*

Adhäsion und Reibung

Zwischen zwei Körpern, die sich berühren, wirken **Adhäsionskräfte,** also anziehende Kräfte zwischen den Teilchen verschiedener Stoffe. Wollen wir einen Körper bewegen, so wirken darüber hinaus **Reibungskräfte.**
Das spüren wir z. B., wenn wir einen schweren Schrank wegschieben wollen oder wenn wir mit dem Fahrrad einen sandigen Weg entlang fahren.

> **Reibungskräfte sind immer so gerichtet, dass sie der Bewegung entgegenwirken und diese hemmen oder verhindern.**

1 Reibungskräfte wirken auch, wenn sich Körper in Wasser oder in Luft bewegen.

Dabei wird zwischen der **Haftreibungskraft,** der **Gleitreibungskraft** und der **Rollreibungskraft** unterschieden. Die wesentliche Ursache für das Auftreten von Reibungskräften liegt in der Oberflächenbeschaffenheit der Körper begründet, die sich berühren. Diese Oberflächen sind mehr oder weniger rau. Liegen die Körper aufeinander oder bewegen sie sich gegeneinander, so „verhaken" sich die Unebenheiten der Flächen (Abb. 2). Die Reibungskraft wirkt damit stets parallel zur Berührungsfläche und entgegen der Bewegungsrichtung (Abb. 2).

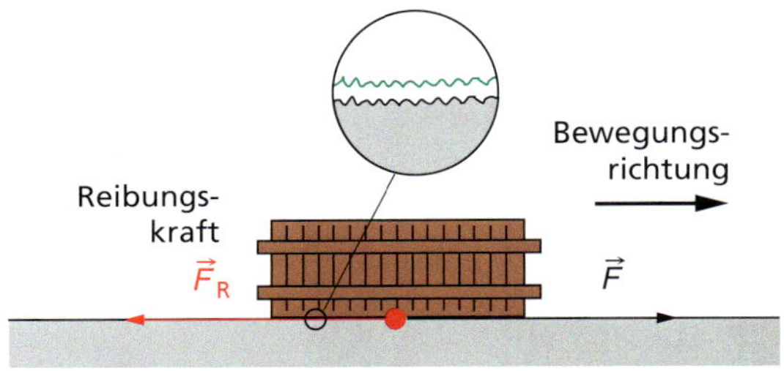

2 Beim Haften oder Gleiten eines Körpers auf einem anderen wird die Reibungskraft durch die Rauheit der Oberflächen hervorgerufen.

Arten der Reibung

Haftreibung	Gleitreibung	Rollreibung
liegt vor, wenn ein Körper auf einem anderen haftet.	liegt vor, wenn ein Körper auf einem anderen gleitet.	liegt vor, wenn ein Körper auf einem anderen abrollt.

Die Kraft, die zwischen Reifen und Straße wirkt und das Rutschen der Räder verhindert, nennt man **Haftreibungskraft.**	Kinder rutschen oder gleiten auf der Rutsche herab. Die bewegungshemmende Kraft nennt man **Gleitreibungskraft.**	Die Kraft, die zwischen rollenden Rädern und dem Weg auftritt, und die Bewegung hemmt, nennt man **Rollreibungskraft.**

Der Betrag der **Reibungskraft** ist umso größer, je größer die Kraft ist, mit der ein Körper senkrecht auf seine Unterlage drückt (Abb. 1). Diese Kraft heißt **Normalkraft** F_N. Bei waagerechten Unterlagen ist die Normalkraft gleich der Gewichtskraft des Körpers.

Bei rauen Oberflächen ist die Reibungskraft größer als bei glatten (Abb. 2). Art und Beschaffenheit der Oberflächen kommen in der Reibungszahl μ zum Ausdruck. Die **Reibungszahl** hängt nicht von der Größe der Berührungsflächen ab.

Für die Reibungskraft gilt:

$F_R = \mu \cdot F_N$

F_R **Reibungskraft**
μ **Reibungszahl**
F_N **Normalkraft**

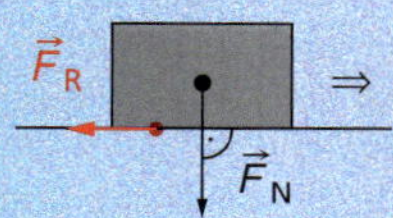

Reibung ist teils erwünscht und teils unerwünscht. Wenn wir gehen, ist eine große Haftreibung zwischen unseren Schuhen und der Straße erwünscht. Das gilt auch für die Reibung zwischen der Straße und den Reifen von Fahrrädern, Motorrädern oder Autos. Erwünscht ist eine geringe Reibung z. B. bei Kugellagern oder beim Bergabfahren mit Schlitten oder Ski.

Unerwünscht ist eine große Rollreibung dagegen bei den Rädern von Fahrzeugen.

Ist die Haftreibung z. B. bei Glatteis oder feuchtem Laub gering, so können wir leicht ausrutschen. In diesem Fall ist die geringe Haftreibung unerwünscht. Besonders im Straßenverkehr sind

Reibungszahlen in Natur und Technik		
Stoff	**Haftreibungszahl**	**Gleitreibungszahl**
Holz auf Holz	0,6	0,5
Reifen auf		
Asphalt nass	0,5	0,3
Asphalt trocken	0,8	0,5
Beton trocken	0,9	0,6
Stahl auf Stahl		
trocken	0,15	0,06
geschmiert	0,11	0,05
Stahl auf Eis	0,03	0,01

die unterschiedlichen Reibungskräfte bei verschiedenen Fahrbahnverhältnissen zu beachten.

Die Reibungskraft kann **vergrößert** werden durch
- Vergrößerung der Normalkraft,
- Aufrauung der Oberflächen.

Die Reibungskraft kann **verringert** werden durch
- Verkleinerung der Normalkraft,
- Glättung der Oberflächen,
- Schmiermittel (Fett, Öl, Wasser).

So wirkt z. B. Wasser bei **Aquaplaning** als Schmiermittel. Aquaplaning tritt auf, wenn Fahrzeuge schnell durch Pfützen fahren und dabei eine Wasserschicht zwischen Reifen und Straße bleibt. Diese Wasserschicht bewirkt, dass sich die Reibungskraft erheblich verkleinert und das Fahrzeug nicht mehr beherrschbar ist.

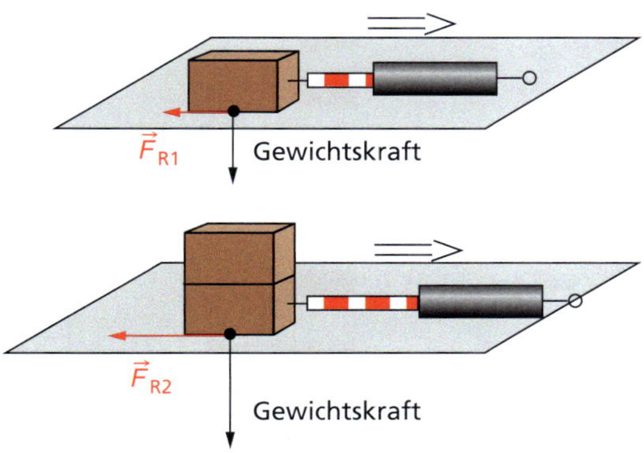

1 Reibungskraft bei unterschiedlicher Gewichtskraft

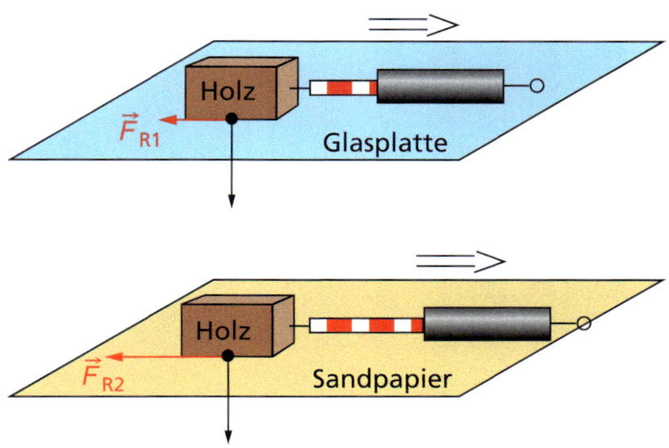

2 Reibungskraft bei unterschiedlichen Oberflächen

Mosaik

Der Strömungswiderstand

Wenn sich ein Auto oder ein Vogel gegenüber Luft bewegen, so wirken jeweils zwei Körper, z. B. das Auto und die umgebende Luft, wechselseitig aufeinander ein. Ähnlich ist das bei einem Fisch im Wasser. Diese Wechselwirkung führt zu einer Kraft, die der Bewegung einen Widerstand entgegensetzt. Man nennt diesen Widerstand **Strömungswiderstand,** die Kraft **Strömungswiderstandskraft** F_W. Ein Strömungswiderstand tritt immer dann auf, wenn sich ein Körper gegenüber Luft, anderen Gasen oder Flüssigkeiten bewegt.
Der Strömungswiderstand entsteht vor allem durch eine Wirbelbildung hinter umströmten Körpern. Bei Körpern, die eine **Stromlinienform** besitzen oder die sich sehr langsam in einer Strömung bewegen, treten kaum Wirbel auf. Der Strömungswiderstand ist in diesem Fall gering.

Der Strömungswiderstand eines Körpers ist umso größer,
- **je größer die Querschnittsfläche des Körpers ist,**
- **je größer die Strömungsgeschwindigkeit zwischen Körper und umgebendem Stoff ist und**
- **je größer die Dichte des Stoffes ist.**

Er ist auch abhängig von der Form und der Oberflächenbeschaffenheit des umströmten Körpers.

1 Im Windkanal wird untersucht, wie die Strömungsverhältnisse bei einem Pkw sind und wo Wirbelbildung erfolgt.

Bewegt sich ein Pkw oder ein anderes Fahrzeug in Luft, so spricht man vom **Luftwiderstand.** Die bewegungshemmende Kraft wird als **Luftwiderstandskraft** bezeichnet.
Für den Luftwiderstand gilt:
- Der Luftwiderstand ist umso größer, je größer die Querschnittsfläche des Körpers ist.
- Der Luftwiderstand wächst mit dem Quadrat der Geschwindigkeit zwischen Luft und Körper. So ist z. B. der Luftwiderstand eines Pkw bei 100 km/h viermal so groß wie bei 50 km/h.
- Der Luftwiderstand hängt von der Form und der Oberflächenbeschaffenheit des Körpers ab. Erfasst werden diese Einflussfaktoren durch eine nur für den jeweiligen Körper geltende Konstante, die als **Luftwiderstandszahl** oder als **Luftwiderstandsbeiwert** c_W bezeichnet wird.

Die Luftwiderstandskraft kann mit folgender Gleichung berechnet werden:

$$F_W = \frac{1}{2} c_W \cdot A \cdot \rho \cdot v^2$$

c_W Luftwiderstandsbeiwert
A Querschnittsfläche des Körpers
ρ Dichte der Luft
v Relativgeschwindigkeit zwischen Luft und Körper

Moderne Pkw haben einen Luftwiderstandswert von etwa 0,3. Bei Stromlinienkörpern liegt er bei 0,06, bei Moped- und Motorradfahrern bei 0,6.

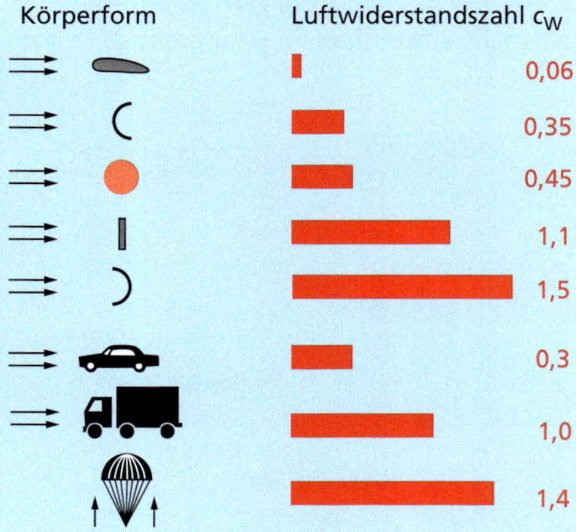

Suche von Informationen im Internet

Das Internet ist eine wichtige Informationsquelle. Auf vielen Millionen Seiten sind für jeden Nutzer eine Vielzahl von Informationen zugänglich, die man über Internet-Adressen, Links oder Suchmaschinen finden kann. Wenn du einen bestimmten Begriff, ein Gesetz, ein technisches Gerät oder eine Biografie eines Wissenschaftlers finden willst, solltest du beachten:

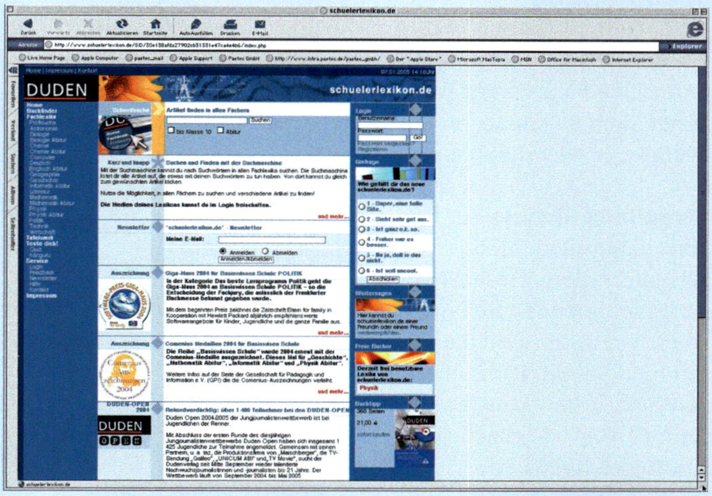

Unter **www.schuelerlexikon.de** kommst du auf die Homepage dieser für Schüler entwickelten Lexika. Dort kannst du z. B. das Lexikon Physik auswählen.

- Zweckmäßig ist die Suche über eine gute **Suchmaschine** (z. B. www.google.de oder www.altavista.de) oder über eine Adresse, unter der für Schüler entwickelte Materialien zur Verfügung stehen.
- Nutze die Suche mit **Suchwörtern!** Überlege dir aber vorher genau, welche Suchwörter du eingibst. Bei einem Suchwort wie „Kraft" bekommst du viele Beiträge angezeigt. Das Suchwort „Gewichtskraft" oder „Reibungskraft" schränkt die Anzahl der angezeigten Seiten deutlich ein.
- Du kannst die Suche auch durch die Eingabe mehrerer Wörter einschränken. Wie dann die Wörter einzugeben sind, hängt von der jeweiligen Suchmaschine ab. Meist sind dazu Hinweise gegeben. Häufig gilt:
  - Werden zwei durch Leerzeichen getrennte Wörter eingegeben, so werden die Beiträge aufgelistet, die mindestens eines der beiden Wörter enthalten. Die Eingabe von „Kraft Reibung" liefert dann alle Beiträge, die die Wörter „Kraft" oder „Reibung" enthalten.
  - Werden zwei durch + verbundene Wörter eingegeben, so werden die Beiträge aufgelistet, die alle beide Wörter enthalten. Eingabe von „Kraft+Reibung" liefert die Beiträge, in denen beide Wörter enthalten sind.
- Prüfe, ob die Informationen, die du gefunden hast, für dich verständlich sind und ob es wirklich die Informationen sind, die du gesucht hast! Dazu musst du versuchen, beim Lesen die wichtigsten Inhalte zu erfassen und zu bewerten.

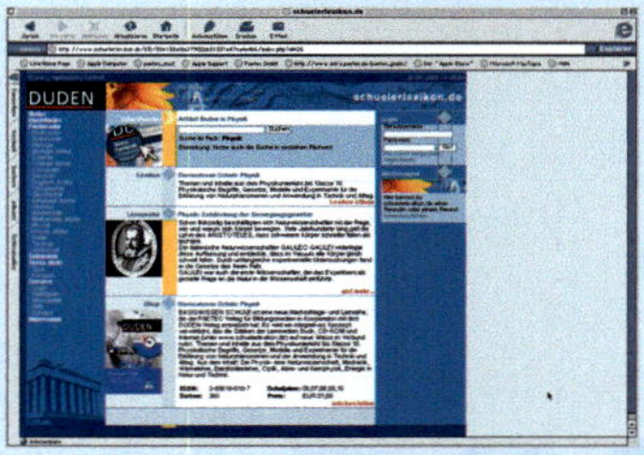

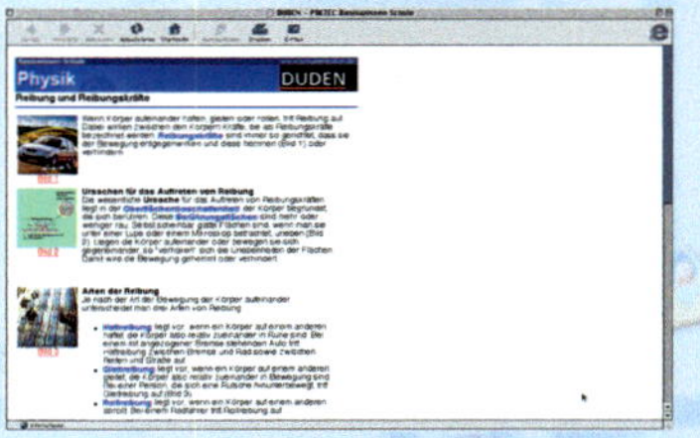

Zum Anfertigen einer Präsentation kann man Bilder und Texte aus dem Schülerlexikon kopieren und nutzen.

Überlege, wie du weiter mit dem Beitrag arbeiten willst! Möglich ist z. B.:

- das Notieren der Adresse, um später noch mal nachzusehen;
- das Ausdrucken des Beitrages;
- das Kopieren und Speichern des Beitrages.

Kräfte bei unterschiedlichen Bewegungen

Bei der Bewegung von Fahrzeugen wirken sehr unterschiedliche Kräfte. Welche Kräfte auftreten, hängt auch davon ab, ob das Fahrzeug auf gerader Strecke oder durch eine Kurve fährt.

Geradlinige Bewegung: Wie sich ein Fahrzeug längs einer geraden Strecke bewegt, hängt vom Verhältnis der Antriebskraft F_A zu den bewegungshemmenden Reibungskräften F_R ab. In der Übersicht unten sind die drei typischen Fälle zusammengestellt. Fährt ein Auto längs einer geraden Strecke mit konstanter Geschwindigkeit, so sind F_A und F_R gleich groß. Es herrscht dann **Kräftegleichgewicht.**

Bewegung durch eine Kurve: Bei einer Kurvenfahrt gelten für die Bewegung längs der Bahn die gleichen Zusammenhänge wie bei einer geradlinigen Bewegung. Hinzu kommen die Kräfte, die bei einer Kreisbewegung auftreten (s. S. 34). Nimmt man an, dass eine Kurvenfahrt eine Bewegung auf einem Teil einer Kreisbahn ist, dann muss eine Radialkraft F_r in Richtung des Kurvenradius wirken (Abb. 1). Für diese Radialkraft gilt:

$$F_r = m \cdot \frac{v^2}{r}$$

Sie wird durch die Haftreibungskräfte zwischen den Reifen und der Fahrbahn aufgebracht.

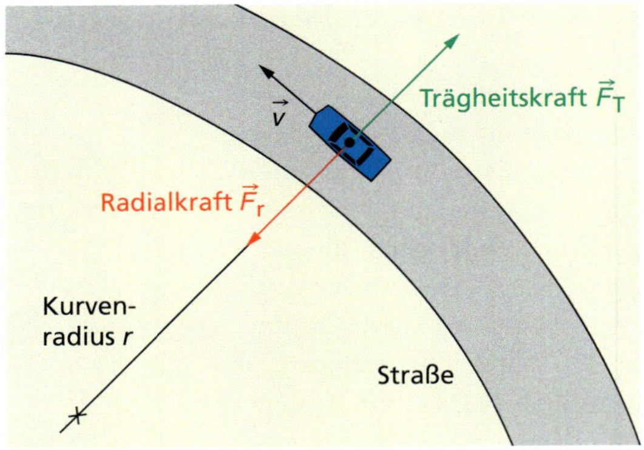

1 Kräfte bei einer Kurvenfahrt

Kräfte in beschleunigten Fahrzeugen: Der Fahrer eines Pkw wird beim Anfahren in den Sitz gedrückt. Steht man in einem Bus, so muss man sich beim Abbremsen oder bei einer Kurvenfahrt festhalten, um nicht umzufallen. Die in beschleunigten Fahrzeugen auf Körper wirkende Kräfte hängen unmittelbar mit der Trägheit von Körpern (s. S. 33) zusammen und werden deshalb als **Trägheitskräfte** bezeichnet.

Bei geradlinigen Bewegungen wirkt eine Trägheitskraft immer entgegen der Richtung der Beschleunigung, also z. B. beim Anfahren entgegen der Bewegungsrichtung,

Bei Kreisbewegungen wirken Trägheitskräfte stets radial nach außen, so wie es in Abb. 1 dargestellt ist. Der Betrag einer Trägheitskraft auf einen Körper ist umso größer, je größer die Masse des Körpers und seine Beschleunigung sind.

Kräfte bei einem Pkw bei geradliniger Bewegung			
Anfahren		Die Antriebskraft ist größer als die Reibungskräfte. $F_A > F_R$	Fahrzeug wird beschleunigt. $F_B = F_A - F_R = m \cdot a$
Fahren mit konstanter Geschwindigkeit		Die Antriebskraft und die Reibungskräfte sind gleich groß. $F_A = F_R$	Fahrzeug bewegt sich gleichförmig. $F_B = 0 \Rightarrow a = 0$
Bremsen		Die Antriebskraft ist kleiner als die Reibungskräfte. $F_A < F_R$	Fahrzeug wird abgebremst (verzögert). $F_B = F_A - F_R = m \cdot a$

Physik in Natur und Technik

Anfahren kostet viel Energie

Beim Anfahren an einer Kreuzung wird ein Lkw, der voll beladen eine Gesamtmasse von 3 800 kg hat, in 18 s aus dem Stand heraus auf 60 km/h beschleunigt.
Wie viel Energie, die durch Verbrennung des Kraftstoffes freigesetzt wird, braucht man allein für die Beschleunigung des Fahrzeugs?

Analyse:
Beim Anfahren wird am Lkw Beschleunigungsarbeit verrichtet. Damit erreicht er eine bestimmte Geschwindigkeit und hat kinetische Energie. Die Beschleunigungsarbeit ist gleich der Änderung seiner kinetischen Energie. Darüber hinaus gilt für den gesamten Vorgang der Energieerhaltungssatz: Die kinetische Energie des Lkw entspricht einer bestimmten Energie, die durch Verbrennung des Kraftstoffs freigesetzt wurde.

$E_{kin} = 0 \Rightarrow W_B = F_B \cdot s \Rightarrow E_{kin} = \frac{1}{2} m \cdot v^2$

1 Beim Anfahren von Fahrzeugen ist der Kraftstoffverbrauch besonders hoch, weil zunächst Beschleunigungsarbeit verrichtet werden muss.

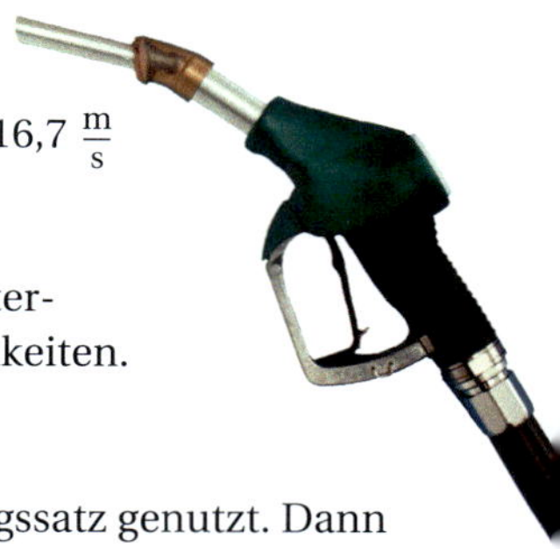

Gesucht: E_{kin}
Gegeben: $m = 3800\ \text{kg}$
$t = 18\ \text{s}$
$v = 60\ \frac{\text{km}}{\text{h}} = 16{,}7\ \frac{\text{m}}{\text{s}}$

Lösung:
Es gibt für diese Aufgabe unterschiedliche Lösungsmöglichkeiten.

1. Lösungsmöglichkeit:
Es wird der Energieerhaltungssatz genutzt. Dann gilt für diesen Fall:

$$E_{Benzin} = E_{kin} \qquad E_{kin} = \frac{1}{2} m \cdot v^2$$

$$E_{Benzin} = \frac{1}{2} m \cdot v^2$$

$$E_{Benzin} = \frac{1}{2} \cdot 3\,800\ \text{kg} \cdot 16{,}7^2\ \frac{\text{m}^2}{\text{s}^2}$$

$$\underline{E_{Benzin} = 530\ \text{kJ}}$$

2. Lösungsmöglichkeit:
Es wird vom Zusammenhang $\Delta E = W$ zwischen Energie und Arbeit ausgegangen.
Bedingung: Kraft in Wegrichtung, gleichmäßig beschleunigte geradlinige Bewegung

$$\Delta E_{Benzin} = W_B \qquad W_B = F_B \cdot s$$

$$\Delta E_{Benzin} = F_B \cdot s \qquad F_B = m \cdot a$$

$$\Delta E_{Benzin} = m \cdot a \cdot s \qquad s = \frac{1}{2} a \cdot t^2$$

$$\Delta E_{Benzin} = m \cdot a \cdot \frac{1}{2} a \cdot t^2$$

$$\Delta E_{Benzin} = \frac{1}{2} m \cdot a^2 \cdot t^2 \qquad a = \frac{v}{t}$$

$$\Delta E_{Benzin} = \frac{1}{2} m \cdot \frac{v^2}{t^2} \cdot t^2$$

$$\Delta E_{Benzin} = \frac{1}{2} m \cdot v^2$$

$$\underline{\Delta E_{Benzin} = 530\ \text{kJ}}$$

Ergebnis:
Für die Beschleunigung des Lkw auf 60 km/h wird eine Energie von ca. 530 kJ benötigt, die bei der Verbrennung von Kraftstoff freigesetzt wird.

Bergauf und bergab

Fährt man mit einem Pkw oder mit dem Fahrrad im Gebirge, so bewegt man sich nur selten in einer Höhe. Es geht ständig bergauf und bergab. Das gilt auch beim Wandern.
Einer der höchsten Pässe der Alpen, auf die man mit dem Auto fahren kann, ist das Stilfser Joch in Südtirol mit einer Höhe von 2 758 m. Die kurvenreiche Bergstraße mit 48 Kehren beginnt im Ort Trafoi, der 1 543 m über NN liegt.
Wie ändert sich die potenzielle Energie eines Pkw mit einer Masse von 1 250 kg, wenn er von Trafoi zum Stilfser Joch fährt?

Analyse:
Für die Änderung der potenziellen Energie ist neben der Masse der Höhenunterschied zwischen Ausgangs- und Endpunkt entscheidend. Zur Berechnung kann man die Gleichung $E_{kin} = m \cdot g \cdot h$ nutzen.

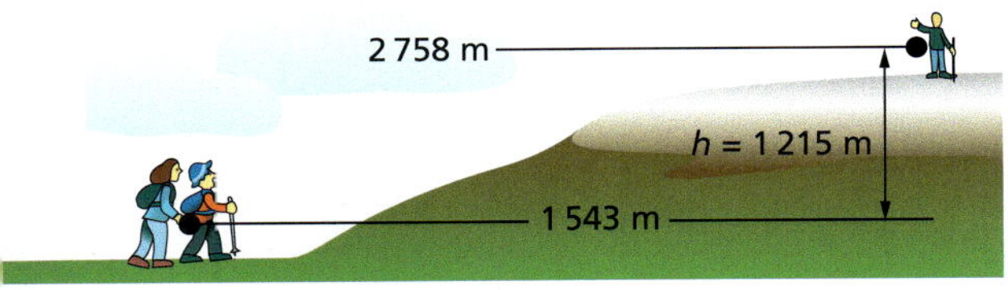

Gesucht: E_{pot}
Gegeben: $m = 1\,250$ kg
$g = 9{,}81$ N/kg
$h = 2\,758 \text{ m} - 1\,543 \text{ m} = 1\,215 \text{ m}$

Lösung:
Für die potenzielle Energie eines Körpers gilt:

$$E_{pot} = m \cdot g \cdot h$$

$$E_{pot} = 1\,250 \text{ kg} \cdot 9{,}81 \,\frac{\text{N}}{\text{kg}} \cdot 1\,215 \text{ m}$$

$$E_{pot} = 14\,900\,000 \text{ Nm}$$

$$\underline{E_{pot} = 14{,}9 \text{ MJ}}$$

Ergebnis:
Bei einem Höhenunterschied von 1 215 m vergrößert sich beim Bergauffahren die potenzielle Energie eines 1 250 kg schweren Pkw um etwa 15 MJ.

Erläutere, was mit dieser Energie geschieht, wenn der Pkw zu seinem Ausgangsort zurückfährt!

Beim Bergabfahren verringert sich die potenzielle Energie eines Pkw. Nach dem Energieerhaltungssatz kann diese Energie aber nicht verloren gehen. Sie wird durch das Abbremsen in andere Energieformen umgewandelt, insbesondere in thermische Energie, die an die Umgebung abgegeben wird.

Wie schnell müsste sich der Pkw bewegen, wenn er eine kinetische Energie von ebenfalls 14,9 MJ haben soll?

Analyse:
Bei gegebener Energie lässt sich die Geschwindigkeit mit der Gleichung für die kinetische Energie berechnen.
Gesucht: v
Gegeben: $E_{kin} = 14{,}9 \text{ MJ} = 14\,900\,000 \text{ Nm}$

Lösung:
Für die kinetische Energie gilt: $E_{kin} = \frac{1}{2}\, m \cdot v^2$
Die Umstellung nach der Geschwindigkeit v ergibt:

$$v^2 = \frac{2}{m} \cdot E_{kin} \quad \text{oder}$$

$$v = \sqrt{\frac{2}{m} \cdot E_{kin}}$$

$$v = \sqrt{\frac{2}{1\,250 \text{ kg}} \cdot 14\,900\,000 \,\frac{\text{kg} \cdot \text{m}^2}{\text{s}^2}}$$

$$\underline{v = 154 \,\frac{\text{m}}{\text{s}} \approx 555 \,\frac{\text{km}}{\text{h}}}$$

Damit der Pkw eine kinetische Energie von 14,9 MJ hat, müsste er mit etwa 555 km/h fahren.
Der Vergleich zeigt: Die Änderung der potenziellen Energie beim Bergauf- und Bergabfahren kann wesentlich größer sein als die kinetische Energie, die ein Pkw bei normaler Geschwindigkeit hat.

Vorsicht bei Kurvenfahrten

Kurvenfahrten sind sehr gefährlich, vor allem deshalb, weil man häufig nicht sehen kann, was hinter einer Kurve kommt (Abb. 1). Deshalb ist das Überholen vor und in Kurven grundsätzlich verboten.
Für einen Fahrzeugführer ist darüber hinaus aber vor allem wichtig, so durch eine Kurve zu fahren, dass das Fahrzeug nicht aus der Kurve getragen wird und von der Fahrbahn abkommt. Hierbei spielt die Radialkraft die entscheidende Rolle. Sie zwingt das Fahrzeug zu einer kreisförmigen Bewegung. Bei Kurvenfahrten wird diese Radialkraft durch die Reibungskraft zwischen Straße und Reifen des Fahrzeuges aufgebracht. Die Gleichung für die Radialkraft lautet:

$$F_r = m \cdot \frac{v^2}{r}$$

Interpretiere diese Gleichung für die Radialkraft! Gehe bei den Folgerungen insbesondere auf Konsequenzen für Kurvenfahrten ein!

Die Gleichung beschreibt Zusammenhänge zwischen der Radialkraft F_r, der Masse m eines Körpers, seiner Geschwindigkeit v und dem Radius r der Kreisbahn. Bei der Anwendung dieser Gleichung ist zu beachten, dass die bewegten Körper näherungsweise als punktförmig betrachtet werden können. Bei der Interpretation der Gleichung sollen drei Fälle unterschieden werden.

1. Unter der Bedingung, dass die Geschwindigkeit und der Radius der Kreisbahn konstant sind, gilt:

$$F_r \sim m$$

1 Bei Kurvenfahrten muss man vorsichtig sein. Bei zu schneller Fahrt besteht die Gefahr, aus der Kurve getragen zu werden.

Das bedeutet: Die erforderliche Radialkraft, um ein Fahrzeug mit einer bestimmten Geschwindigkeit auf einer Kreisbahn mit dem Radius r zu halten, ist umso größer, je größer die Masse des Fahrzeugs ist. Zwischen der Masse eines Körpers und der aufzubringenden Radialkraft besteht direkte Proportionalität.
Fährt also ein Motorradfahrer mit Beifahrer durch eine Kurve, so ist die Masse größer als ohne Beifahrer. Die notwendige Radialkraft für die sichere Kurvenfahrt muss also im gleichen Maße wie die Masse steigen, sonst könnte das Fahrzeug aus der Kurve getragen werden.
Da aber die Reibungskraft ebenfalls mit der Masse des Fahrzeuges wächst, kann die Kurve bei gleichen Bedingungen mit der gleichen Geschwindigkeit sicher durchfahren werden.

2. Unter der Bedingung, dass die Masse des bewegten Fahrzeugs und der Radius der Kreisbahn konstant sind, gilt:

$$F_r \sim v^2$$

Das heißt: Die aufzubringende Radialkraft, um ein Fahrzeug der Masse m auf einer Kreisbahn mit dem Radius r zu halten, ist direkt proportional dem Quadrat der Geschwindigkeit. Verdoppelt man die Geschwindigkeit des Fahrzeugs, so muss die notwendige Radialkraft für die Kreisbewegung bereits viermal so groß sein. Verdreifacht man die Geschwindigkeit, so muss die notwendige Radialkraft neunmal so groß sein.

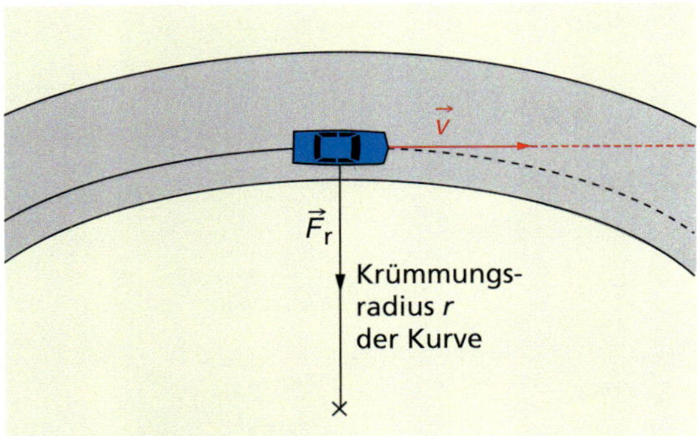

1 Reicht die Radialkraft nicht aus, wird das Fahrzeug aus der Kurve getragen.

Dieser Zusammenhang zeigt, wie wichtig die richtige Wahl der Geschwindigkeit bei Kurvenfahrten ist.
Fährt man mit einer zu hohen Geschwindigkeit in eine Kurve, kann es leicht passieren, dass aufgrund der Abhängigkeit der Radialkraft vom Quadrat der Geschwindigkeit diese Radialkraft durch die Reibungskraft nicht mehr aufgebracht wird und das Fahrzeug tangential und geradlinig aus der Kurve getragen wird (Abb. 1). Häufig kommt es so zu tragischen Unfällen, wenn ein Fahrzeug gegen einen Baum oder gegen ein anderes Fahrzeug fährt.

3. Unter der Bedingung, dass die Masse und die Geschwindigkeit des Körpers konstant sind, gilt:

$$F_r \sim \frac{1}{r}$$

2 Bei Bergstraßen ist der Kurvenradius manchmal sehr klein.

Das bedeutet: Die notwendige Radialkraft, um ein Fahrzeug der Masse m mit der Geschwindigkeit v auf einer Kreisbahn zu halten, ist umgekehrt proportional zum Radius der Kreisbahn. Je kleiner der Radius, umso größer muss die aufzubringende Radialkraft sein.
Für Kurvenfahrten bedeutet dies, dass bei „schärferen" Kurven, also Kurven mit kleinem Radius, die notwendige Radialkraft größer ist als bei Kurven mit größerem Radius (Abb. 2). Auch hier ist zu beachten, ob die Reibungskraft die notwendige Radialkraft aufbringen kann. Sicherheitshalber sollte man bei „scharfen" Kurven mit kleineren Geschwindigkeiten fahren, um die notwendige Radialkraft zu verringern.
Da man aber vor einer Kurve meist den Radius (die Krümmung) nicht einschätzen kann, werden gefährliche Kurven mit kleinem Krümmungsradius meistens durch spezielle Verkehrszeichen kenntlich gemacht.

Was hält einen Satelliten auf seiner Bahn?

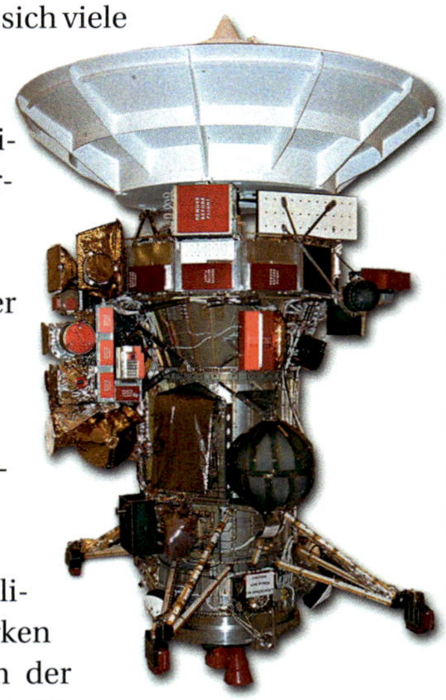

Um die Erde bewegen sich viele künstliche Satelliten, häufig auf näherungsweise kreisförmigen Bahnen mit unterschiedlichen Radien.
Auf einer Kreisbahn bewegt sich ein Körper nur dann, wenn eine Radialkraft wirkt.
Welche Radialkraft wirkt bei einem Erdsatelliten?

Zwischen einem Satelliten und der Erde wirken aufgrund der Massen der Körper Gravitationskräfte.
Der Satellit wird von der Erde angezogen. Die Gravitationskraft wirkt dabei in Richtung Mittelpunkt der Erde und damit in Richtung Zentrum der Kreisbewegung. Die Gravitationskraft zwischen Erde und Satellit ist die Radialkraft, die einen Satelliten auf seine Bahn zwingt.

Bearbeiten eines Projekts

Es geht darum, eigene Ideen zum Thema zu entwickeln und sich eigene Aufgaben zu stellen, die die jeweilige Gruppe möglichst selbstständig bearbeitet. Dabei sollte das Thema von unterschiedlichen Seiten aus betrachtet werden. Wenn ihr ein Thema bearbeitet, ist es zweckmäßig, einige allgemeine Arbeitsschritte zu beachten. Diese Arbeitsschritte sind nachfolgend dargestellt.

1. Arbeitsschritt: Am besten veranstaltet man zuerst einmal einen Markt der Ideen und wählt daraus die Themenbereiche aus, die die jeweilige Gruppe bearbeiten möchte.

2. Arbeitsschritt: Die Gruppe erstellt einen **Arbeitsplan.** Die Punkte, die unbedingt geklärt werden sollten, sind unten zu finden.

3. Arbeitsschritt: Die Umsetzung des Arbeitsplanes erfolgt. Treten Fragen auf, kann man sich an den Lehrer wenden.

4. Arbeitsschritt: Nach Beendigung der Gruppenarbeit werden die Ergebnisse präsentiert. Dabei muss man beachten, dass sich die Mitschüler meistens mit anderen Fragestellungen beschäftigt haben.
Die Art der Darstellung muss also in kurzer und logischer Form erfolgen, sodass alle Mitschüler die Versuche und Ergebnisse verstehen und die gewonnenen Erkenntnisse nachvollziehen können.

5. Arbeitsschritt: Abschließend kann eine Wandzeitung angefertigt werden, die einen Gesamtüberblick über die Arbeit der Klasse gibt. Diese wird an gut sichtbarer Stelle im Schulhaus ausgehängt. Eine andere Möglichkeit ist die Anfertigung einer Präsentation mittels Computer.

Anfahren und Bremsen

Aquaplaning

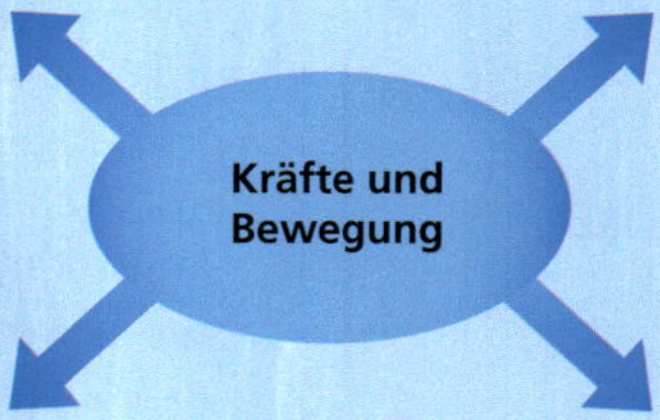

Trägheit im Straßenverkehr

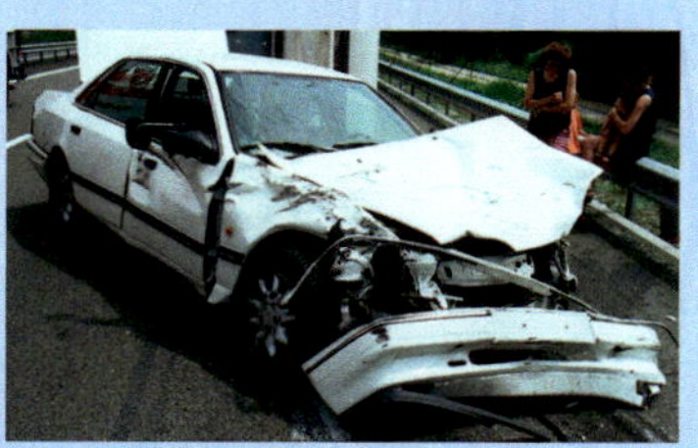

Kurvenfahrten

Arbeitsplan der Gruppe

a) Welche Fragen sollen in der Gruppe zum ausgewählten Themenbereich beantwortet werden?
b) Welche Materialien/Medien sollen genutzt werden?
Welche Methoden sollen bei der Informationsbeschaffung angewendet werden?
c) Welche Experimente möchte die Gruppe durchführen?
d) Wer ist für welchen Bereich bzw. für welche Frage zuständig?
e) Welcher zeitliche Rahmen steht zur Verfügung?
f) Wie sollen die Ergebnisse dargestellt werden?

Kräfte im Straßenverkehr

Reibungskräfte

Wir fahren mit unseren Fahrrädern auf Straßen, Radwegen, Feld- und Waldwegen (Abb. 1). Auf die verschiedenen Fahrbahnen müssen wir uns mit unserem Fahrverhalten einstellen. Besonders wichtig ist das beim Anfahren und Bremsen sowie bei Kurvenfahrten.

Das Fahren auf sandigen Böden strengt uns auch viel mehr an als wenn wir auf einer asphaltierten Straße fahren, weil auf Sandboden die Reibungskraft größer ist.

Straßen sind heute meistens mit Beton oder Asphalt überzogen. Früher wurden Straßen gewöhnlich mit Kopfsteinpflaster gebaut (Abb. 2), was man auch heute gelegentlich in Nebenstraßen noch sehen kann.

1 Auf Sandwegen ist das Fahrradfahren sehr anstrengend.

2 Kopfsteinpflaster findet man heute noch in Nebenstraßen und in Fußgängerzonen.

Die Art des Straßenbelages hat Einfluss auf die Reibung zwischen den Rädern eines Fahrzeuges und der Straße. Besonders vorsichtig muss man auf nassem Kopfsteinpflaster und auf sandigen Wegen fahren.

1. *Erkunde, wie sich der Straßenbelag in den letzten zwei Jahrhunderten verändert hat!*

2. *Welche Arten von Straßenbelag gibt es heute in deiner Umgebung?*

3. *Stelle in einer Übersicht Materialien für Straßen- und Gehwegbeläge zusammen! Erkunde, wie lange der Belag durchschnittlich hält!*

4. *Warum ist das Fahren mit einem Fahrrad auf einem Sandweg viel anstrengender als auf einer Asphaltstraße?*

5. *Vor allem im Herbst und im Winter hört man im Anschluss an den Wetterbericht häufig den Hinweis: Stellen Sie sich mit Ihrem Fahrverhalten auf die veränderten Fahrbahnverhältnisse ein.*
   Welche Veränderungen sind das? Was ändert sich aus physikalischer Sicht? Was bedeutet das für dein Verhalten im Straßenverkehr?

6. *Untersuche in einem Experiment die Abhängigkeit der Haft-, Roll- und Gleitreibung eines Fahrzeugs von der Beschaffenheit des Bodens!*

Vorbereitung:
Die zu untersuchenden Abhängigkeiten sollen mithilfe eines Spielzeugautos als Modell auf verschiedenen Böden untersucht werden.

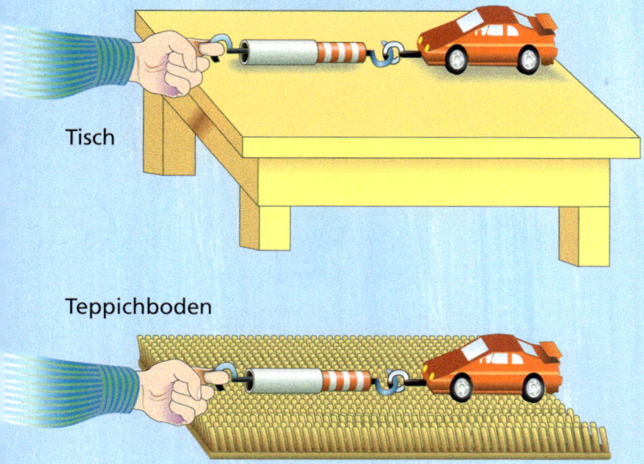

Geräte und Materialien:
- Spielzeugauto
- Federkraftmesser
- verschiedene Unterlagen

Durchführung:
Mit dem Federkraftmesser wird die jeweilige Reibungskraft gemessen.

a) *Bestimme die Haftreibungskraft jeweils dann, wenn sich das Auto zu bewegen beginnt!*
b) *Bestimme die Rollreibungskraft, wenn das Auto gleichmäßig über die Tischplatte bzw. den Teppichboden rollt!*
c) *Bestimme die Gleitreibungskraft! Klebe dazu die Räder so fest an die Karosserie des Autos, dass sie sich nicht drehen können!*
Ziehe das Auto gleitend über die Tischplatte bzw. den Teppichboden und lies jeweils die Kraft ab!
d) *Berechne die jeweiligen Reibungszahlen! Erkunde, welche Größe du dazu messen musst!*

Auswertung:
Vergleiche die Reibungskräfte, die bei der Reibung des Autos auf der Tischplatte und auf dem Teppichboden auftreten!

Welche Schlussfolgerungen können hinsichtlich des Einflusses des Straßenbelages auf die Reibungskraft abgeleitet werden?

Regen, Schnee und Glatteis

Nasse bzw. schnee- oder eisbedeckte Fahrbahnen können die Reibung eines Fahrzeuges auf der Straße erheblich verringern.
Wenn man diese äußeren Bedingungen nicht beachtet, kann es im Straßenverkehr zu schweren Unfällen kommen. Es wird empfohlen, bei Schnee und Eis vor allem Fahrräder und Zweiradfahrzeuge gar nicht erst zu benutzen.

7. *Erkunde, welchen Einfluss Regen, Schnee und Eis auf die Reibung und damit auf den Bremsweg von Fahrzeugen haben!*

8. *Stelle Verhaltensregeln für Fahrzeugführer bei Regen, Schnee und Glatteis auf!*

9. *Welchen Einfluss können verschmutzte Fahrbahnen auf die Reibung haben?*

10. *Untersuche experimentell den Einfluss von Nässe auf die Reibung eines Fahrzeuges mit dem Boden!*
Nutze dazu ein Spielzeugauto als Modell!

Reifenprofile

Räder und Reifen von Fahrzeugen sehen ganz verschieden aus. Allein die Reifen von Fahrrädern, z. B. von Mountainbikes, Citybikes, Rennrädern oder Tourenrädern, unterscheiden sich stark voneinander.
Auch die Reifen von Pkw sind verschieden. Manche Sportwagen haben sehr breite Reifen. Reifen von Rennautos haben kein Profil, sondern drei oder vier Rillen. Gerade bei Autorennen hört man immer wieder, wie wichtig die Wahl der Reifen für den sportlichen Erfolg ist.

11. *Für Pkw gibt es Sommer-, Winter- und Allwetterreifen. Stelle deren Eigenschaften, Profilformen und Einsatzgebiete zusammen!*

12. *Erkunde, welche verschiedenen Arten von Reifen es für Fahrräder gibt! Stelle in einer Übersicht zusammen, mit welchen Reifen Fahrräder für welche Anforderungen besonders geeignet sind! Gehe dabei auf die Eigenschaften der jeweiligen Reifen ein!*

13. *Erkunde, wie der Reifendruck die Reibung zwischen Reifen und Straße beeinflusst! Welche Schlussfolgerungen kann man daraus für einen optimalen Reifendruck ziehen?*

Antischlupf, ABS und Aquaplaning

Damit Fahrzeuge sicher anfahren und bremsen können, müssen Motorkraft und Bremskraft optimal auf die Straße übertragen werden. Ist die Haftreibungskraft zwischen Straße und Reifen zu klein, dann drehen beim Anfahren die Räder durch. Beim Bremsen blockieren sie.

Eine **Antischlupfregelung** sorgt bei modernen Autos dafür, dass die Räder beim Anfahren nicht durchdrehen.

Beim Bremsen wird ein **A**nti-**B**lockier-**S**ystem (ABS) genutzt. Es bewirkt, dass die Räder nicht blockieren. Dadurch bleibt das Fahrzeug auch bei einer Vollbremsung lenkbar. Das ABS wird nur dann wirksam, wenn ein Blockieren der Räder droht.

Besonders gefährlich ist es, wenn bei nasser Fahrbahn Aquaplaning auftritt. Bei Aquaplaning „schwimmen" die Vorderräder auf einem Wasserfilm auf der Fahrbahn. Sie haben also keine Haftung mehr mit der Fahrbahn. Damit ist das Lenken des Fahrzeugs nicht mehr möglich.

14. *Erkunde, wie eine Antischlupfregelung in modernen Pkw funktioniert!*

15. *Warum kann man zügiger anfahren, wenn die Reifen nicht durchdrehen? Warum kommt man schneller zum Stehen, wenn beim Bremsen die Räder nicht blockieren?*

16. *Informiere dich über die Wirkungsweise von ABS! Nutze dazu auch die Betriebsanleitung von Pkw oder informiere dich im Internet! Welche Vorteile hat ein Auto mit ABS gegenüber Autos ohne ABS?*

17. *Wie entsteht das Aquaplaning beim Fahren auf nassen Fahrbahnen? Welchen Einfluss haben Reifenbreite, Reifenprofil und Geschwindigkeit auf das Entstehen von Aquaplaning?*

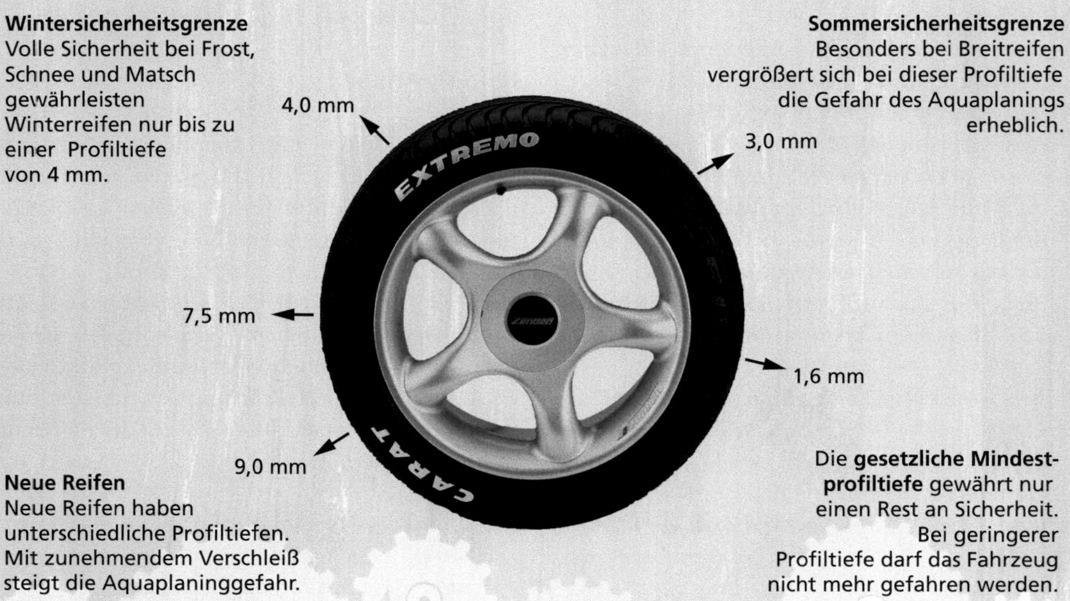

Trägheit im Straßenverkehr

Wenn man mit einem Bus fährt, kann man feststellen, wie träge man aufgrund seiner Masse ist (Abb. 3, 4). Damit ist nicht gemeint, dass man sich müde in einen Sitz fallen lässt, sondern dass jeder Körper aufgrund seiner Masse träge ist, ob er will oder nicht. Die Trägheit ist eine grundlegende Eigenschaft jedes Körpers.

18. Begründe, warum es im Bus sinnvoll ist, sich im Stehen gut festzuhalten!

Besonders bemerkbar macht sich die Trägheit von Körpern bei schnellen Geschwindigkeitsänderungen, also beim scharfen Bremsen oder gar bei Auffahrunfällen.
Um schwere Verletzungen möglichst zu vermeiden, ist es deshalb vorgeschrieben, auf allen Sitzen **Sicherheitsgurte** anzulegen (Abb. 1). Durch die Sicherheitsgurte werden die Körper beim plötzlichen Abbremsen des Fahrzeugs festgehalten. Zusätzlichen Schutz bietet ein **Airbag** (Abb. 2).

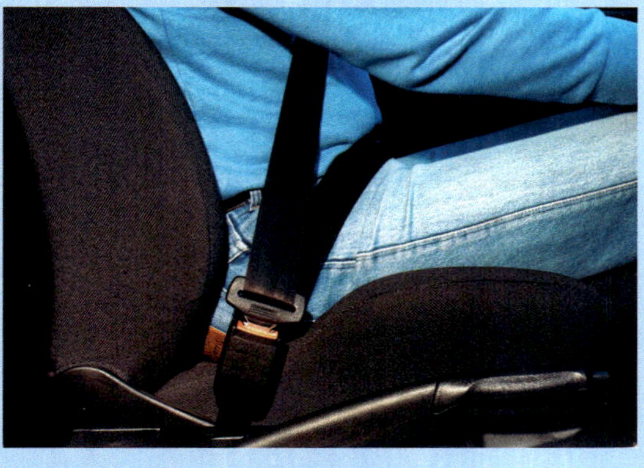

1 Sicherheitsgurte sind Pflicht.

3 Bremsen eines Busses

4 Anfahren eines Busses

Motorradfahrer müssen einen Schutzhelm tragen, für Moped- und Radfahrer ist das ebenfalls zu empfehlen.
Träge sind natürlich auch die Körper, die sich in einem Fahrzeug befinden, z. B. ein Verbandskasten, ein Fotoapparat oder ein Regenschirm auf der hinteren Ablage oder ein Kasten mit Getränken im Kofferraum. Sie können, wenn sie ungesichert abgelegt werden, bei Unfällen zu lebensgefährlichen „Geschossen" werden.

19. Beschreibe und erkläre die Wirkungsweise von Sicherheitsgurt und Airbag in einem Pkw!

20. Warum ist es leichtsinnig und gefährlich, Gegenstände wie z.B. einen Regenschirm unbefestigt auf die hintere Ablage zu legen?

*21. In vielen modernen Pkw befinden sich an den Sicherheitsgurten Gurtstraffer, die bei extremen Verzögerungen wirksam werden.
Welchen Sinn haben solche Gurtstraffer?*

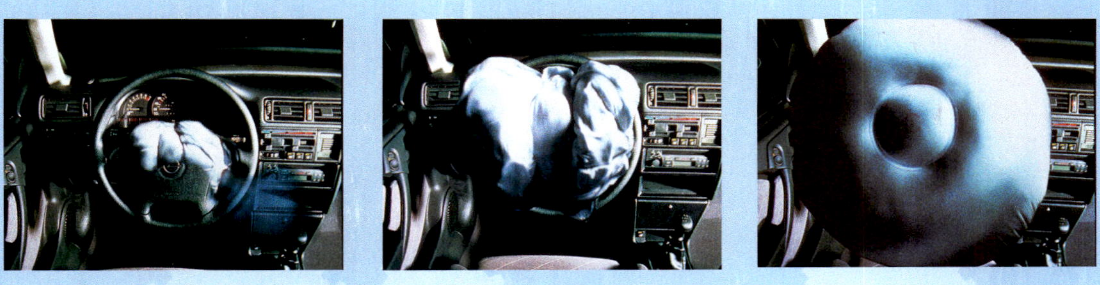

2 Das Füllen eines Airbags mit Gas dauert etwa 50 ms. Unfallfolgen werden durch ihn erheblich gemindert.

1 Crashtest zur Untersuchung von Unfallfolgen

Nach Messungen des Technischen Überwachungsvereins (TÜV) treten je nach Fahrzeugtyp bei einem Frontalaufprall auf ein festes Hindernis mit 48 km/h Verzögerungen zwischen $35 \cdot g$ und $55 \cdot g$ auf, wobei g die Fallbeschleunigung ist. Die Folgen können schwerwiegend sein (Abb. 1).

22. *Welche Kraft wirkt bei einer Verzögerung von $50 \cdot g$ auf einen 1,4 kg schweren Atlas, der auf der hinteren Ablage liegt? Vergleiche diese Kraft mit deiner Gewichtskraft!*

23. *In welche Richtung wirkt die Kraft auf den Atlas? Was könnte sie bewirken?*

Kurvenfahrten

Wenn man mit einem Fahrrad, einem Moped oder einem Auto um eine Kurve fährt, kann es bei überhöhter Geschwindigkeit kritisch werden. Bei Kurvenfahrten können erhebliche Kräfte wirken. Damit ein Fahrzeug sicher durch eine Kurve fahren kann, muss eine Kraft, die Radialkraft F_r, in Richtung Kurvenradius wirken (s. S. 50). Diese Kraft wird durch die Reibung zwischen Reifen und Straße aufgebracht. Der Fahrzeugführer spürt die Gegenkraft, die ihn nach außen drückt, auch Zentrifugalkraft F_Z genannt.
Für die Radialkraft gilt:

$$F_r = m \cdot \frac{v^2}{r}$$

Dabei bedeuten m die Masse des Fahrzeuges, v seine Geschwindigkeit und r der Radius der Kurve.

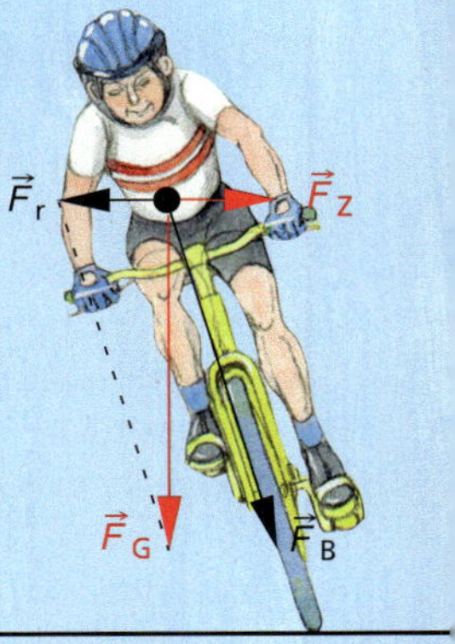

2 Kräfte bei einer Kurvenfahrt

Die Abb. 2 zeigt die wirkenden Kräfte bei einem Radfahrer, der auf einer nicht überhöhten Straße durch eine Kurve fährt.
Es wirken die Gewichtskraft F_G und die Zentrifugalkraft F_Z.
Die Radialkraft F_r und die Kraft auf die Fahrbahn F_B sind Teilkräfte der Gewichtskraft.
Beim sicheren Durchfahren einer Kurve wirken somit die beiden gleich großen Kräfte F_Z und F_r sowie auf die Fahrbahn die Kraft F_B.

24. *Interpretiere die Gleichung für die Zentrifugalkraft! Wie vergrößert sich die Zentrifugalkraft mit Verdopplung der Geschwindigkeit?*

25. *Bei Bergstraßen ist der Kurvenradius manchmal sehr klein. Begründe, warum solche Kurven nur mit geringer Geschwindigkeit sicher durchfahren werden können!*

26. *Ein Radfahrer ist ein instabiler Körper. Das merkt man, wenn man sehr langsam fährt oder gar versucht, auf dem Rad sitzend stehen zu bleiben. Wie erreicht man, dass das Fahrrad trotzdem bei normaler Fahrt stabil bleibt?*

27. *Formuliere Aussagen darüber, unter welchen Bedingungen eine Kurve sicher durchfahren werden kann!*

3 Bei Motorradrennen kann man extreme Kurvenlagen beobachten.

gewusst · gekonnt

1. Ein Pkw und ein voll beladener Lkw fahren mit der gleichen Geschwindigkeit. Welches der beiden Fahrzeuge hat die größere kinetische Energie? Begründe!

2. Ein Radfahrer fährt bergauf mit 10 km/h und bergab mit 20 km/h. In welchem Fall hat er die größere kinetische Energie? Begründe!

3. Ein Lkw hat eine Masse von 32 t, ein Pkw von 1 t.

a) Vergleiche die kinetische Energie der beiden Fahrzeuge bei einer Geschwindigkeit von 80 km/h!

b) Was kann man aus dem Vergleich der kinetischen Energien über mögliche Unfallfolgen bei beiden Fahrzeugen ableiten?

4. Bei einem Unfall fährt ein Pkw mit einer Geschwindigkeit von 50 km/h auf ein Hindernis auf und wird in kürzester Zeit völlig abgebremst.

a) Aus welcher Höhe müsste man frei fallen, um diese Geschwindigkeit zu erreichen und dann auf einer Unterlage aufzuprallen?

b) Aus welcher Höhe müsste man frei fallen, um eine Geschwindigkeit von 100 km/h zu erreichen und dann aufzuprallen?

*c) Vergleiche die beiden Ergebnisse von Aufgabe a und b miteinander und ziehe daraus Schlussfolgerungen!

5. Ein Radfahrer fährt einen Berg hinab und erreicht im Tal eine Geschwindigkeit von 30 km/h.

a) Bis zu welcher Höhe kann er den gegenüberliegenden Berg hinaufrollen, ohne zu treten?

b) Warum ist die erreichte Höhe in Wirklichkeit viel geringer?

6. Ein Pkw ($m = 1\,200$ kg) erreicht innerhalb von 14 s aus der Ruhe heraus eine Geschwindigkeit von 100 km/h.

a) Wie groß ist die Arbeit, die zum Beschleunigen des Pkw erforderlich ist?

b) Welche kinetische Energie hat dann der Pkw?

7. Ein Radfahrer fährt eine bergige Strecke entlang. Das Straßenprofil ist in der Skizze dargestellt.

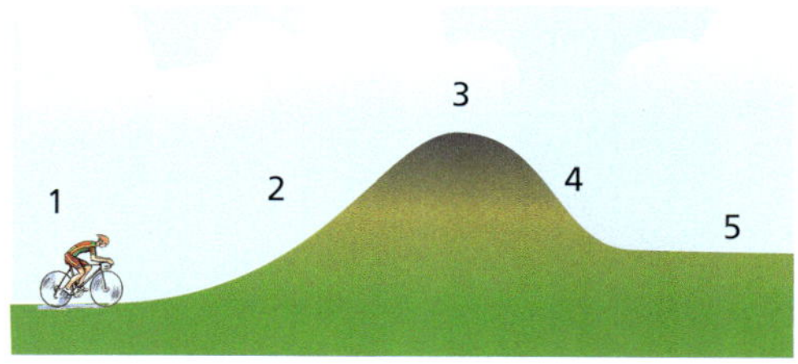

a) Wie verändert sich die potenzielle Energie des Radfahrers?

b) Punkt 5 liegt 25 m höher als der Ausgangspunkt 1 und 25 m niedriger als Punkt 3. Welche Aussagen kann man dann über die potenziellen Energien in den Punkten 1, 3 und 5 treffen?

c) Bei der Fahrt von 1 nach 5 verändert sich die potenzielle Energie des Radfahrers. Ist das mit dem Energieerhaltungssatz vereinbar? Begründe!

***8.** Ein Pkw hat eine Masse von 1200 kg und fährt auf einer bergigen Strecke. Gibt es eine Geschwindigkeit v und eine Höhe h gegenüber dem Ausgangspunkt, bei denen potenzielle und kinetische Energie des Pkw gleich groß sind? Wenn ja, nenne mögliche Werte!

9. Bei einem Crashtest werden Sicherheitseinrichtungen eines Pkw getestet.

a) Beschreibe die Energieumwandlungen bei einem Frontalcrash!

b) Energie ist die Fähigkeit, Arbeit zu verrichten. Welche Arten von Arbeit werden durch die ursprünglich vorhandene kinetische Energie verrichtet?

10. Nenne Beispiele aus Natur, Technik und Alltag für das Auftreten von Reibungskräften! Erläutere, wie durch diese Kräfte Bewegungen beeinflusst werden!

11. Die Fotos zeigen Beispiele für die Nutzung von Reibungskräften in der Technik. Wo wirken Reibungskräfte? Was bewirken sie?

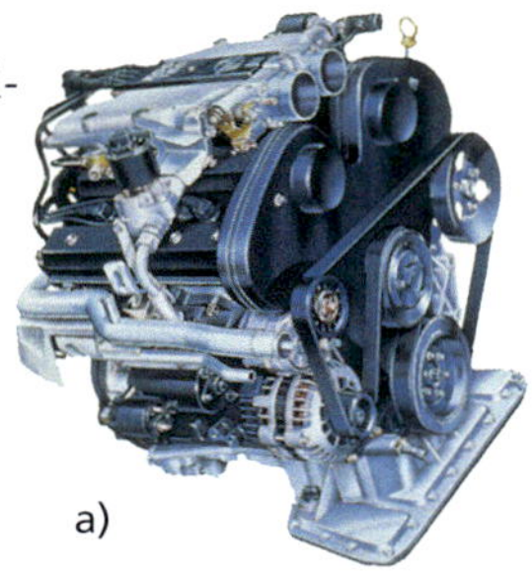

a)

b)

12. Ein für die Verkehrssicherheit wichtiges Teil am Fahrrad ist die Felgenbremse.

a) Welche Art von Reibung wird bei einer Felgenbremse genutzt?
b) Wie kann man die Bremskraft einer Felgenbremse verändern?
c) Warum sollen die Felgen für eine sichere Bremswirkung sauber sein?
d) Warum lässt die Bremswirkung bei Regen nach?

13. Eine Schlittschuhfahrerin ($m = 52$ kg) bewegt sich auf dem Eis. Wie groß ist die bewegungshemmende Gleitreibungskraft?

***14.** Ein Pkw mit einer Masse von 1000 kg fährt auf einer trockenen Asphaltstraße. Der Fahrer muss plötzlich bremsen.
Wie groß ist die maximale Bremskraft?

15. Die Breite von Reifen bei Pkw kann sehr unterschiedlich sein. Welchen Einfluss haben Breitreifen auf die Reibungskraft?

16. Warum kann man schneller anfahren, wenn die Reifen nicht durchdrehen, und schneller bremsen, wenn die Reifen nicht blockieren?

17. Informiere dich über die Wirkungsweise von ABS! Nutze dazu auch Betriebsanleitungen von Pkw! Welche Vorteile hat ein Auto mit ABS gegenüber Autos ohne ABS?

18. Ein Lkw hat Öl verloren und auf der Straße eine Ölspur hinterlassen.
Warum ist eine solche Ölspur für andere Fahrzeuge, insbesondere für Motorradfahrer und Radfahrer, sehr gefährlich?

19. Beim Inline-Skating ist die Rollreibung relativ klein. Zum schnellen Abbremsen ist aber eine möglichst große Reibungskraft erforderlich. Diskutiere Möglichkeiten, wie man eine große Reibungskraft hervorrufen und damit schnell abbremsen kann!

20. Quietschende Türscharniere ölt man, quietschende Bremsen aber nicht. Begründe!

21. Informiere dich im Internet über den Aufbau und die Wirkungsweise einer Scheibenbremse, wie sie bei Pkw genutzt wird! Bereite dazu einen Kurzvortrag vor!

22. Der gesamte Bremsweg eines Fahrzeuges setzt sich zusammen aus dem Weg, der während der „Schrecksekunde“, und dem Weg, der ab Beginn des Bremsens zurückgelegt wird.

a) Wie groß ist der gesamte Bremsweg für ein Auto, das mit 50 km/h fährt? Als „Schrecksekunde“ kann man eine Sekunde annehmen, als Bremsverzögerung $7\ \text{m} \cdot \text{s}^{-2}$.

b) Um wie viele Meter vergrößert sich der Bremsweg, wenn das Auto in einem Ort statt mit den erlaubten 50 km/h mit 60 km/h fährt?

c) Welche Folgerungen kann man aus dem Ergebnis von Teilaufgabe b ableiten?

23. Ein Pkw-Fahrer will mit seinem Pkw ($m = 1\,000$ kg) auf trockener Asphaltstraße nach einem Ampelstopp mit größtmöglicher Beschleunigung anfahren.

a) Welche Beschleunigung könnte er erreichen?

* b) In welcher Zeit würde er die ersten 20 m zurücklegen?

24. Rücksichtslose Kraftfahrer „schneiden“ Kurven. Das bedeutet, sie bleiben nicht in ihrer Fahrbahnhälfte (s. Abb.).

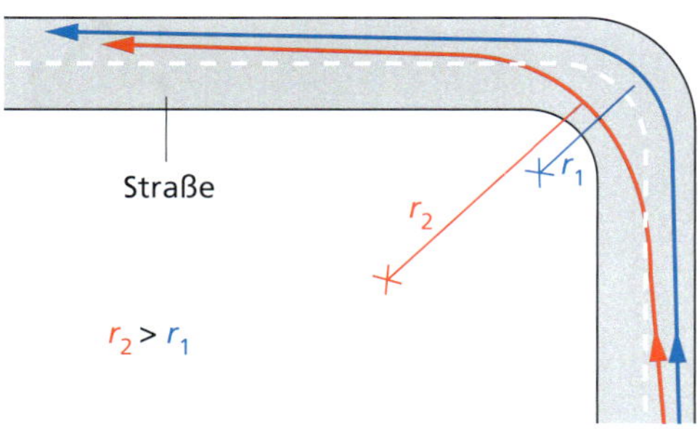

a) Was wird physikalisch mit einem solchen „Schneiden“ der Kurve erreicht?

b) Warum neigen vor allem Fahrer bei hoher Geschwindigkeit dazu, Kurven zu schneiden?

c) Warum ist das „Schneiden“ von Kurven streng verboten?

25. Ein Radfahrer fährt mit 18 km/h durch eine Kurve mit dem Krümmungsradius 40 m (entspricht etwa einer Stadionkurve). Radfahrer und Fahrrad haben zusammen eine Masse von 90 kg.

a) Welche Radialkraft muss durch die Reibung zwischen Reifen und Straße aufgebracht werden, damit der Radfahrer nicht aus der Kurve getragen wird?

b) Kann der Radfahrer die Kurve mit einer Geschwindigkeit von 36 km/h durchfahren, wenn die maximale Reibungskraft zwischen Straße und Reifen in diesem Fall 200 N beträgt?

***26.** Ein Autofahrer durchfährt an einem Autobahnkreuz verschiedene Kurven. Er besitzt zusammen mit dem Auto eine Masse von 1 000 kg. Die maximale Reibungskraft zwischen Straße und Reifen beträgt 1 700 N.

Mit welcher Geschwindigkeit darf er in eine Kurve mit dem Radius 60 m fahren?

***27.** Ein Pkw der Masse 1,5 t will eine Kurve mit dem Radius 30 m durchfahren. Die maximale Reibungskraft zwischen Straße und Reifen beträgt in diesem Fall 4 500 N. Mit welcher Geschwindigkeit darf der Pkw höchstens die Kurve durchfahren? Was würde passieren, wenn er schneller fahren würde?

Kräfte und Energien im Straßenverkehr

Durch Kräfte können Körper gehoben oder beschleunigt werden. Dabei wird mechanische Arbeit verrichtet.

Hubarbeit führt zu einer Änderung der potenziellen Energie E_{pot}.

$$E_{pot} \sim h \qquad E_{pot} = m \cdot g \cdot h$$

Beschleunigungsarbeit führt zu einer Änderung der kinetischen Energie E_{kin}.

$$E_{kin} \sim v^2 \qquad E_{kin} = \frac{1}{2} \cdot m \cdot v^2$$

Die Bewegung von Körpern wird vor allem durch **beschleunigende Kräfte, Gewichtskräfte** und **Reibungskräfte** beeinflusst.

Beschleunigende Kräfte	**Gewichtskräfte**	**Reibungskräfte**
führen zu einer Änderung der Geschwindigkeit von Körpern. $F_B = m \cdot a$	können die Bewegung von Körpern bewirken oder beeinflussen. $F_G = m \cdot g$	hemmen oder verhindern die Bewegung von Körpern. $F_R = \mu \cdot F_N$
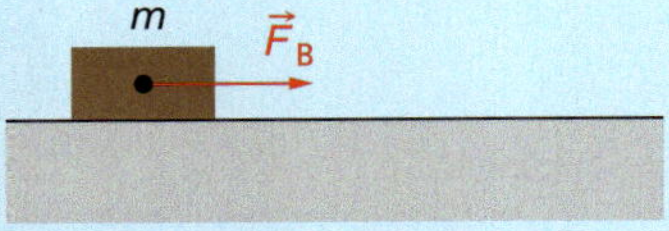	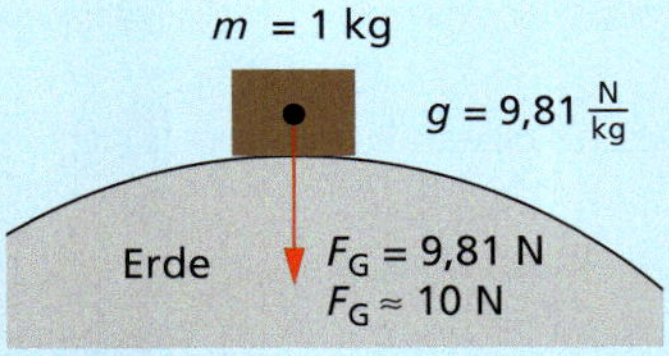	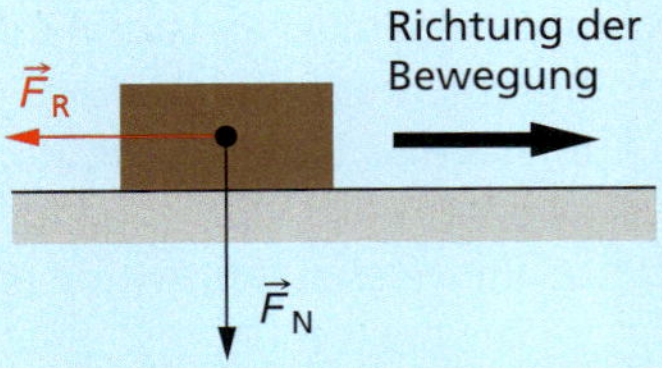
Es erfolgt eine beschleunigte Bewegung in Kraftrichtung.	Die Gewichtskraft ist ortsabhängig.	Eine spezielle Reibungskraft ist die **Luftwiderstandskraft.**

Damit sich ein Fahrzeug auf einer Kreisbahn bewegt, ist eine Kraft in Richtung des Mittelpunktes der Kreisbahn erforderlich. Diese **Radialkraft** ist umso größer,
- je größer die Masse des Körpers ist,
- je größer die Geschwindigkeit des Körpers ist,
- je kleiner der Radius der Kreisbahn ist.

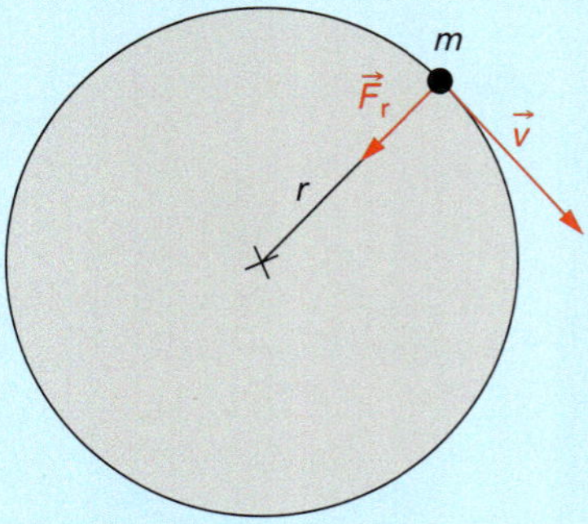

$$F_r = m \cdot \frac{v^2}{r}$$

In beschleunigten Fahrzeugen treten **Trägheitskräfte** auf. Diese Kräfte sind besonders groß, wenn die Beschleunigung oder Verzögerung des Fahrzeugs sehr groß ist, z. B. bei Unfällen.

Elektrizitätslehre 2

2.1 Elektromagnetische Induktion – Erzeugung und Verteilung elektrischer Energie

Generator als Energiequelle

Für den Betrieb der meisten Geräte und Anlagen reicht die elektrische Energie, die in Batterien oder Akkumulatoren gespeichert ist, nicht aus. Erst mithilfe von Generatoren als elektrische Quelle kann ausreichend elektrische Energie zur Verfügung gestellt werden.

Wie sind Generatoren aufgebaut und wie funktionieren sie?

Fahrraddynamo als Energiewandler

Wenn es dunkel wird, muss am Fahrrad die Beleuchtungsanlage angeschaltet werden. Dazu wird der Dynamo an den Reifen gebracht. Danach muss man wesentlich kräftiger in die Pedale treten, um mit der gleichen Geschwindigkeit zu fahren.

Wie ist das zu erklären? Warum geht es wieder leichter, wenn man am Dynamo den Draht abklemmt?

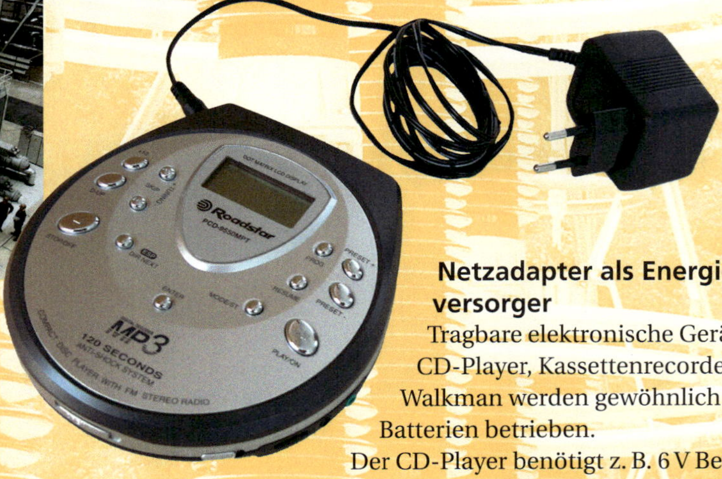

Netzadapter als Energieversorger

Tragbare elektronische Geräte wie CD-Player, Kassettenrecorder oder Walkman werden gewöhnlich mit Batterien betrieben.

Der CD-Player benötigt z. B. 6 V Betriebsspannung. Zu Hause kann man jedoch einen solchen CD-Player auch mit einem Netzadapter an 230 V Netzspannung anschließen, ohne dass er kaputtgeht. Im Stecker des Adapters ist ein Transformator eingebaut, der die Netzspannung auf die erforderliche Betriebsspannung heruntertransformiert.

Wie sind Transformatoren aufgebaut und wie funktionieren sie?

Das Induktionsgesetz

Bewegt man einen elektrischen Leiter senkrecht zu den Feldlinien in einem Magnetfeld, so entsteht im Leiter ein Stromfluss. Dieser Stromfluss ist durch Kräfte auf die Elektronen im Leiter bedingt (Abb. 1).

Zwischen den Enden des Leiters entsteht eine Spannung, die **Induktionsspannung U_i** genannt wird. Der Vorgang heißt **elektromagnetische Induktion.**

Diese von dem englischen Physiker MICHAEL FARADAY (1791–1867) entdeckte elektromagnetische Induktion ist eine entscheidende Grundlage der gesamten Elektrotechnik.

Größere Induktionsspannungen entstehen dann, wenn anstelle eines Leiters eine Spule benutzt wird (Abb. 2). Dabei ist es egal, ob man den Magneten oder die Spule bewegt. Entscheidend ist die Relativbewegung zwischen Spule und Magnet. Genauere Untersuchungen haben ergeben, dass das Entstehen einer Induktionsspannung nicht an die Bewegung eines Leiters im Magnetfeld gebunden ist, sondern an die Änderung des von der Spule bzw. von dem Leiter umfassten Magnetfeldes (Abb. 3). Diese Erkenntnisse lassen sich zusammenfassen zu einer Aussage darüber, unter welchen Bedingungen eine Induktionsspannung entsteht.

In einer Spule wird eine Spannung induziert, wenn sich das von der Spule umfasste Magnetfeld ändert.

Ändern kann sich dabei die Stärke des Magnetfeldes oder der räumliche Anteil, den die Spule umfasst. Das Magnetfeld kann sowohl durch Dauermagnete als auch durch Elektromagnete erzeugt werden. Um Induktionsspannungen zu erhalten, kann man verschiedene Anordnungen nutzen. Einige mögliche Anordnungen sind in Abb. 3 dargestellt. Dabei ist zu beachten: Nicht jede Relativbewegung zwischen einer Induktionsspule und einem Magnetfeld führt zu einer Induktionsspannung. Entscheidend ist die Änderung des umfassten Magnetfeldes.

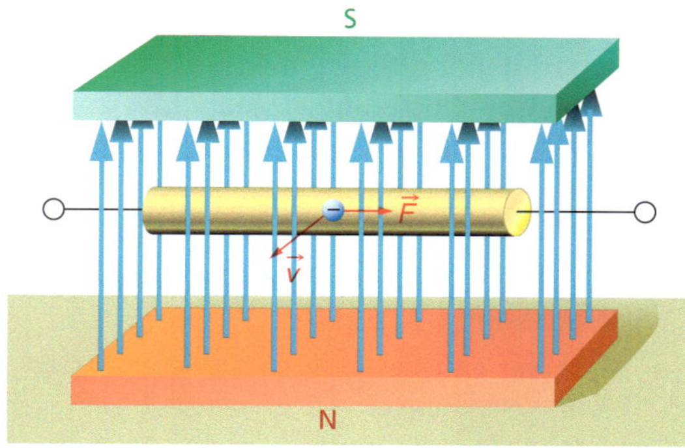

1 Kraft auf Elektronen bei der Bewegung eines Leiters im Magnetfeld

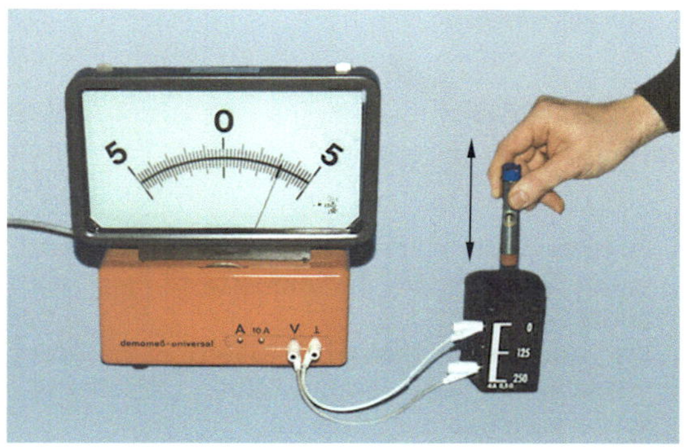

2 Erzeugen einer Induktionsspannung durch Bewegen des Magneten

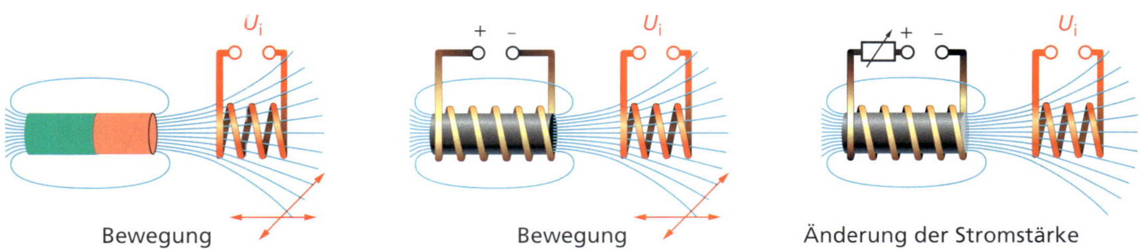

3 Anordnungen zur Erzeugung von Induktionsspannungen

Der Betrag der Induktionsspannung ist davon abhängig, wie schnell und wie stark sich das von der Spule umfasste Magnetfeld ändert. Experimentelle Untersuchungen ergeben:

Die in einer Spule induzierte Spannung ist umso größer,
- **je stärker sich das von der Spule umfasste Magnetfeld ändert,**
- **je schneller die Änderung des von der Spule umfassten Magnetfeldes erfolgt.**

Auch der Bau der Spule hat Einfluss auf die Größe der Induktionsspannung. Insbesondere hängt die Induktionsspannung in einer Spule von ihrer Windungszahl und davon ab, ob sie einen Eisenkern besitzt.

Die in einer Spule induzierte Spannung ist umso größer, je größer die Windungszahl der Spule ist.
Bei einer Spule mit Eisenkern ist die induzierte Spannung größer als in einer Spule ohne Eisenkern.

Alle diese Erkenntnisse lassen sich zum **Induktionsgesetz** zusammenfassen.

In einer Spule wird eine Spannung induziert, wenn sich das von ihr umfasste Magnetfeld ändert.
Die Induktionsspannung hängt von der Schnelligkeit und Stärke dieser Änderung sowie vom Bau der Spule ab.

Entdeckt wurde dieses grundlegende Gesetz und seine Gültigkeitsbedingungen nach mehrjährigen Untersuchungen im Jahr 1831 von dem englischen Physiker MICHAEL FARADAY (1791–1867, s. S. 70). Es wird deshalb auch als faradaysches Induktionsgesetz bezeichnet.
Den durch eine Induktionsspannung hervorgerufenen Strom nennt man **Induktionsstrom.** Die Richtung des Induktionsstromes ist davon abhängig, in welcher Weise sich das von der Spule umfasste Magnetfeld ändert.

Das lenzsche Gesetz

Durch elektromagnetische Induktion entsteht elektrische Energie. Nach dem Gesetz von der Erhaltung der Energie kann diese nur durch Umwandlung anderer Energien, z. B. der Bewegungsenergie, entstehen. Diese Erkenntnis wird im **lenzschen Gesetz** beschrieben.

Ein Induktionsstrom ist stets so gerichtet, dass er der Ursache seiner Entstehung entgegenwirkt.

Entdeckt wurde dieses Gesetz von dem deutschen Physiker HEINRICH FRIEDRICH EMIL LENZ (1804–1865), der in St. Petersburg wirkte.
Das Gesetz zeigt sich z. B. bei einer Spule, die sich in einem Stromkreis befindet.
Wird ein solcher Stromkreis, in dem sich eine Spule befindet, geschlossen, so steigt die Stromstärke an. Um die Spule wird damit ein Magnetfeld aufgebaut. Dieses sich ändernde Magnetfeld umfasst die Spule selbst und induziert in der Spule eine Spannung und einen Strom. Diesen Vorgang nennt man **Selbstinduktion.**
Nach dem lenzschen Gesetz ist der Induktionsstrom so gerichtet, dass er beim Einschalten dem ursprünglichen Strom entgegenwirkt, diesen also schwächt. Dadurch steigt die Stromstärke in einem solchen Stromkreis nur allmählich an.
Beim Ausschalten dagegen sinkt die Stromstärke aufgrund der Selbstinduktion in der Spule nur allmählich ab. Für die Stromstärke ergibt sich beim Ein- und Ausschalten ein charakteristischer Verlauf (Abb. 1).

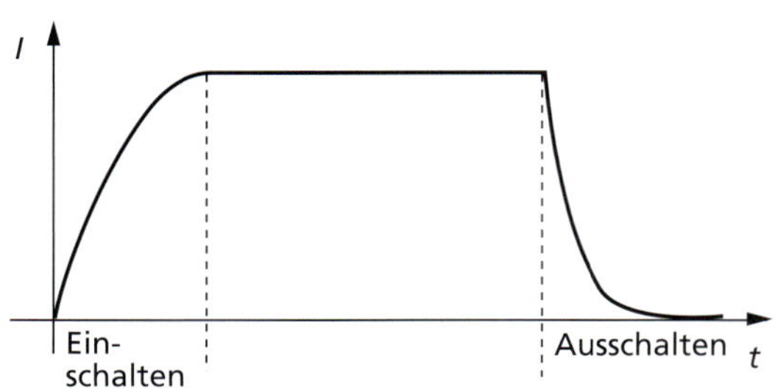

1 Für einen Stromkreis mit Spule ergibt sich ein charakteristisches Stromstärke-Zeit-Diagramm.

Die Richtung des Induktionsstroms

Im lenzschen Gesetz ist bereits eine Aussage zur Richtung des Induktionsstroms enthalten. Diese Aussage ergibt sich aus energetischen Betrachtungen, erlaubt es aber nicht, die tatsächliche Richtung des Induktionsstroms bei einem konkreten Experiment anzugeben. Das ermöglicht aber eine Regel, die als **UVW-Regel** bezeichnet wird. Mitunter nennt man sie auch **Linke-Hand-Regel,** weil sich die Aussagen auf diese Hand beziehen.

Linke-Hand-Regel (UVW-Regel):

Daumen:	**Richtung der Kraft (Bewegung) (Ursache U)**
Zeigefinger:	**Richtung des Magnetfeldes vom Nordpol zum Südpol (Vermittlung V)**
Mittelfinger:	**Richtung des Elektronenstromes von – nach + (Wirkung W)**

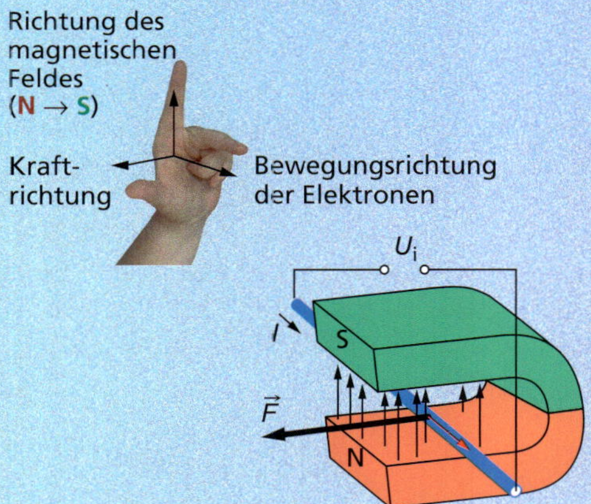

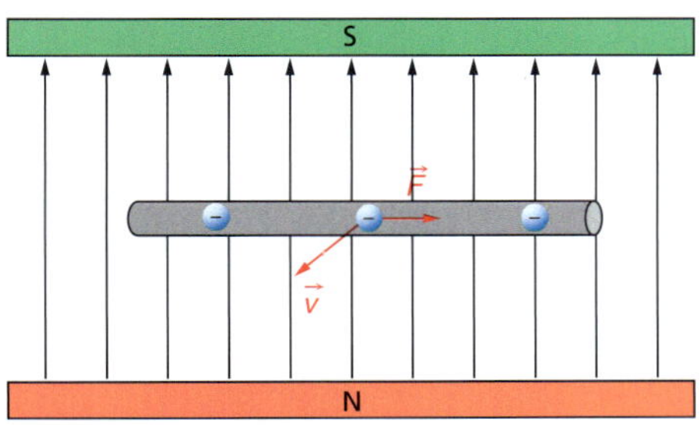

1 Kraft auf Elektronen bei der Bewegung eines Leiters im magnetischen Feld

Mosaik

Wirbelströme

Spannungen werden nicht nur in Spulen induziert, sondern auch in anderen Leitern, wenn sich das von ihnen umfasste Magnetfeld ändert. Bringt man z. B. metallische Platten oder Stäbe in ein sich veränderndes Magnetfeld, so werden in diesen Körpern Spannungen induziert. Diese Spannungen rufen Ströme hervor, die nach ihrer Form als Wirbelströme bezeichnet werden (Abb. 2).

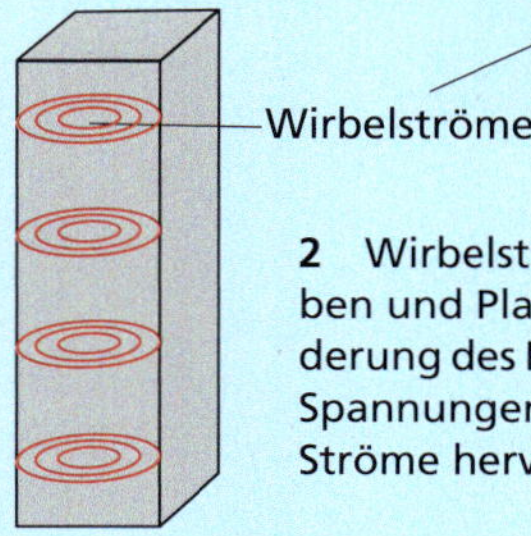

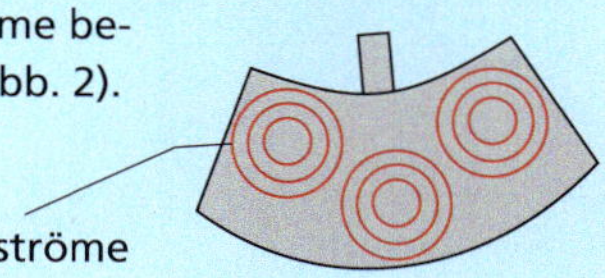

2 Wirbelströme in massiven Stäben und Platten: Durch eine Änderung des Magnetfeldes werden Spannungen induziert, die solche Ströme hervorrufen.

Diese Wirbelströme sind Induktionsströme. Sie sind demzufolge nach dem lenzschen Gesetz so gerichtet, dass sie der Ursache ihrer Entstehung entgegenwirken. Das wird z. B. bei Wirbelstrombremsen genutzt (Abb. 3).

Durch die Bewegung einer Scheibe im Magnetfeld werden in ihr Wirbelströme erzeugt. Nach dem lenzschen Gesetz wirkt das mit diesen Wirbelströmen verbundene Magnetfeld so, dass die Bewegung gehemmt wird.

Weitgehend vermeiden kann man Wirbelströme, wenn man massive Teile, z. B. die Kerne von Transformatoren, aus dünnen und gegeneinander isolierten Blechen (Dynamoblechen) zusammensetzt.

3 Modell einer Wirbelstrombremse

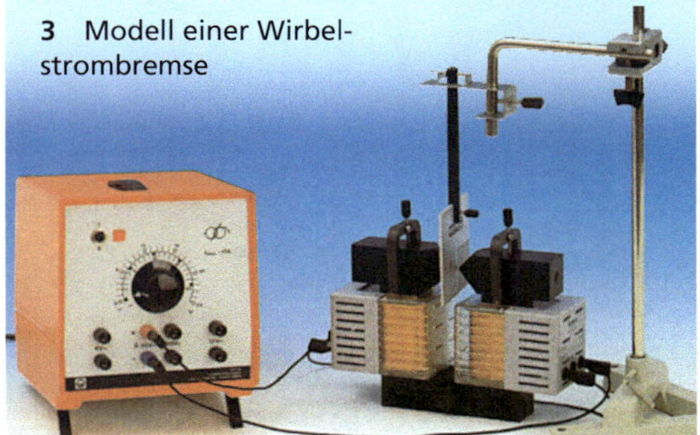

Mosaik

Die Entdeckung der elektromagnetischen Induktion

1 MICHAEL FARADAY (1791–1867) entdeckte die elektromagnetische Induktion.

Durch die Entdeckungen von LUIGI GALVANI (1737–1798) und ALESSANDRO VOLTA (1745 bis 1827) konnten erstmals leistungsfähige elektrische Quellen entwickelt werden. Mit diesen elektrischen Quellen wurden ab dem Jahre 1800 viele Untersuchungen zu Wirkungen des elektrischen Stromes durchgeführt.
Zu dieser Zeit waren Vorstellungen von der *Einheit der Naturkräfte* in der Wissenschaft weit verbreitet. Auch zwischen Elektrizität und Magnetismus vermutete man Zusammenhänge, gab es doch auffällige Analogien zwischen elektrischen und magnetischen Erscheinungen, wie z. B. die Polarität oder die Anziehung und Abstoßung zwischen Polen bzw. elektrischen Ladungen.
Der dänische Physiker HANS CHRISTIAN OERSTED (1777–1851) war ein Anhänger der Auffassung vom Zusammenhang zwischen Elektrizität und Magnetismus. Er versuchte, an galvanischen Elementen Magnetismus nachzuweisen.
1820 wollte er in einer Vorlesung vor Studenten einen Draht durch elektrischen Strom zum Glühen bringen. Beim Einschalten des Stromes bemerkte er bei einem zufällig in der Nähe liegenden Kompass, dass die Kompassnadel abgelenkt wurde. Nach Ausschalten des Stromes drehte sich die Kompassnadel in die ursprüngliche Nord-Süd-Richtung zurück (Abb. 2).
OERSTED hatte damit die magnetische Wirkung des elektrischen Stromes, d. h. die Erzeugung von Magnetismus durch elektrischen Strom, entdeckt. Die Entdeckung von OERSTED wurde von anderen Wissenschaftlern aufgegriffen und weiterentwickelt. So entdeckte ANDRÉ MARIE AMPÈRE (1775 bis 1836) die Kräfte zwischen stromdurchflossenen Leitern und schuf die Grundlagen für den Elektromotor und das Stromstärkemessgerät.

Auch MICHAEL FARADAY (Abb. 1) baute die Experimente von OERSTED nach. OERSTEDS Entdeckung veranlasste FARADAY zur Umkehrung der Fragestellung, zur Suche nach der Erzeugung von elektrischem Strom durch Magnetismus. 1822 schrieb FARADAY in sein Tagebuch *„Verwandlung von Magnetismus in Elektrizität"* als Aufgabe. Zehn Jahre benötigte FARADAY, bis er 1831 die elektromagnetische Induktion entdeckte und das Induktionsgesetz formulierte.

2 OERSTED führt seinen Versuch über die Ablenkung einer Magnetnadel durch.

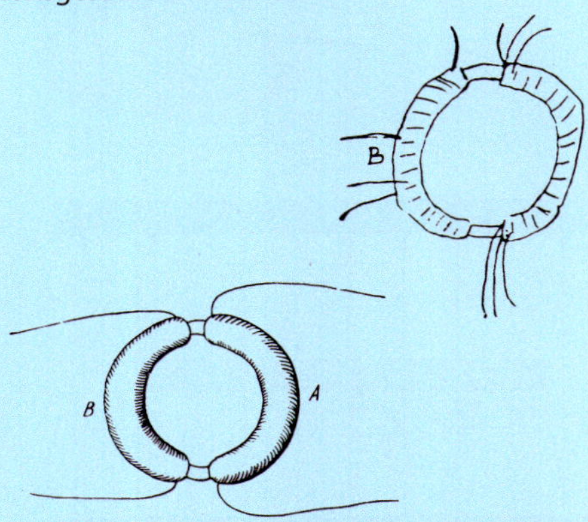

3 Versuchsgeräte FARADAYS: Zwei Spulen befinden sich auf einem eisernen Ring.

Mosaik

1 MICHAEL FARADAY in seinem Laboratorium

Innerhalb von drei Monaten entwickelte FARADAY alle wichtigen Grundversuche zur elektromagnetischen Induktion und eine Urform eines Generators. Insbesondere fand er, dass die Ursache für die Entstehung einer Induktionsspannung in einer Spule die Änderung des von ihr umschlossenen Magnetfeldes ist. Er entdeckte damit physikalische Zusammenhänge, die eine Grundlage der gesamten Elektrotechnik sind.
MICHAEL FARADAY leistete auch in anderen Bereichen der Physik Hervorragendes. So entwickelte er eine anschauliche Darstellung von magnetischen Feldern mithilfe von Feldlinien. Er fand grundlegende Gesetze zum Stromfluss in leitenden Flüssigkeiten (faradaysche Gesetze) und prägte solche Begriffe wie Elektrode, Elektrolyt, Anode, Katode oder Ion. FARADAY entwickelte Vorstellungen über das Wesen des Lichtes, die sich erst lange Zeit nach seinem Tod als weitgehend zutreffend erwiesen.

2 FARADAY trägt die Ergebnisse seiner Untersuchungen vor.

Der Transformator

Ein Transformator dient der Umwandlung von elektrischen Spannungen und Stromstärken. Dabei wird die elektromagnetische Induktion genutzt. Es gilt das Induktionsgesetz.
Ein Transformator besteht aus zwei Spulen, die sich auf einem **geschlossenen Eisenkern** befinden (Abb. 3). Die Spulen sind miteinander nicht elektrisch leitend verbunden. An die eine Spule, die **Primärspule,** wird eine elektrische Wechselspannung angelegt, die in der Spule ein ständig wechselndes Magnetfeld erzeugt. Über den geschlossenen Eisenkern wird das magnetische Wechselfeld in die andere Spule, die **Sekundärspule,** übertragen (Abb.3).
Die Sekundärspule umfasst also ein sich ständig änderndes Magnetfeld. Nach dem Induktionsgesetz wird deshalb in der Sekundärspule eine Wechselspannung induziert (Abb. 4).

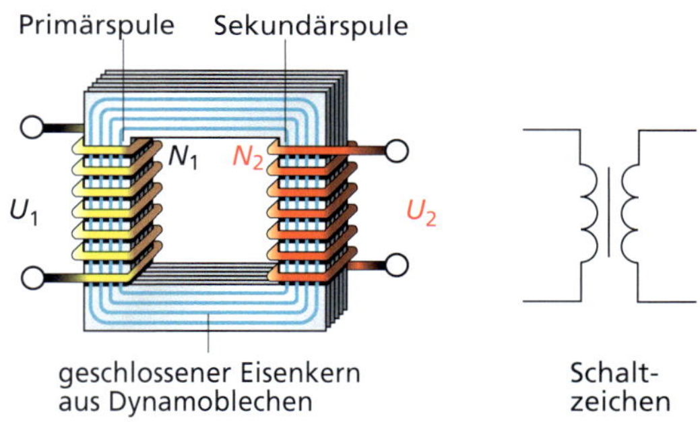

3 Aufbau eines Transformators

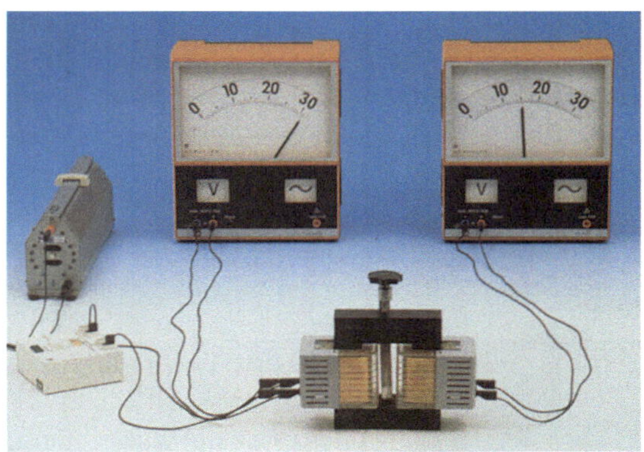

4 Mit einem Transformator kann der Wert einer Wechselspannung verändert werden.

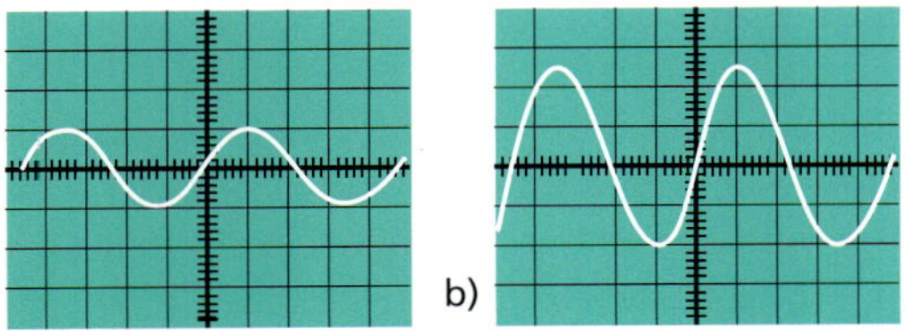

a) b)

1 Mit einem Transformator kann eine kleine Wechselspannung (a) in eine große Wechselspannung (b) umgewandelt werden.

Der Stromkreis, in dem sich die Primärspule mit der Windungszahl N_1 befindet, heißt **Primärstromkreis.** In ihm fließt ein Strom der Primärstromstärke I_1. Die Spannung an der Primärspule ist die Primärspannung U_1. Im **Sekundärstromkreis** wird in der Sekundärspule mit der Windungszahl N_2 die Sekundärspannung U_2 induziert.

Wird an die Sekundärspule kein Gerät angeschlossen und ist der Stromkreis nicht geschlossen, so fließt auch kein Sekundärstrom. Der Transformator befindet sich im **Leerlauf.** Da kein Strom fließt, wird der Transformator nicht belastet. Man spricht deshalb von einem **unbelasteten Transformator.** Wird ein Verbraucher in den Sekundärstromkreis geschaltet, so fließt ein Strom der Sekundärstromstärke I_2. Durch den Sekundärstrom wird der Transformator belastet. Man nennt ihn deshalb **belasteten Transformator.**

Je größer die Sekundärstromstärke ist, desto größer ist auch die Belastung des Transformators. Am größten ist sie, wenn beide Enden der Sekundärspule miteinander verbunden werden, also ein Kurzschluss vorliegt. Ein Transformator wandelt elektrische Energie des Primärkreises in elektrische Energie des Sekundärkreises um. Dabei entstehen im geschlossenen Eisenkern Wirbelströme, die zu einer Erwärmung des Eisenkerns führen. Ein Teil der elektrischen Energie wird in thermische Energie umgewandelt. Im Idealfall nimmt man an, dass die gesamte elektrische Energie des Primärkreises in elektrische Energie des Sekundärkreises umgewandelt wird. Einen solchen Transformator nennt man einen **idealen Transformator.**

Gute Transformatoren erreichen heute jedoch schon einen Wirkungsgrad von 99 %. In welcher Weise sich die Werte von Wechselspannungen und Wechselstromstärken mit einem Transformator ändern, hängt von den Windungszahlen der Primär- und Sekundärspule sowie von der Belastung des Transformators ab.

Für den unbelasteten Transformator gilt das **Gesetz für die Spannungsübersetzung.**

Für einen unbelasteten idealen Transformator (Leerlauf) gilt:

$$\frac{U_1}{U_2} = \frac{N_1}{N_2}$$

U_1, U_2 Spannungen
N_1, N_2 Windungszahlen

Ein Transformator befindet sich dann im Leerlauf, wenn der Sekundärstromkreis nicht geschlossen ist.

Für den belasteten Transformator (Abb. 2) gilt das **Gesetz für die Stromstärkeübersetzung.**

Für einen stark belasteten idealen Transformator (Kurzschluss) gilt:

$$\frac{I_1}{I_2} = \frac{N_2}{N_1}$$

I_1, I_2 Stromstärken
N_1, N_2 Windungszahlen

Dieses Gesetz gilt nur für den Kurzschluss. Diese Bedingung des Gesetzes ist umso besser erfüllt, je größer die Belastung des Transformators, je größer also I_2 ist. Mit einem Transformator können je nach Bauart sehr hohe Wechselspannungen oder sehr hohe Wechselströme erzeugt werden.

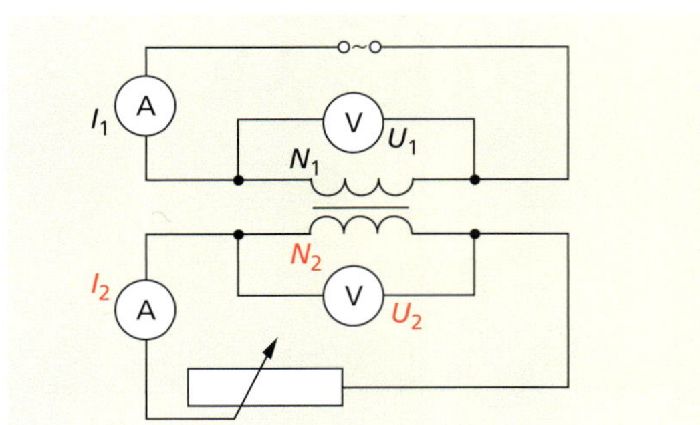

2 Schaltung eines belasteten Transformators: Im Sekundärstromkreis befindet sich ein Verbraucher.

Gleichspannung und Wechselspannung, Gleichstrom und Wechselstrom

Batterien und Akkumulatoren liefern eine **Gleichspannung.** Sie ist dadurch charakterisiert, dass sich ihre Polarität nicht ändert und darüber hinaus die Spannung meist konstant ist (Abb. 1). Entsprechendes gilt für **Gleichstrom** (Abb. 3): Die Richtung des Stromflusses ändert sich nicht, die Stromstärke ist meist konstant.

Im Unterschied dazu ändern sich bei **Wechselspannung** (Abb. 2) und **Wechselstrom** (Abb. 4) der Betrag und die Polung von Spannung und Stromstärke zeitlich periodisch. Das kann man z. B. an einem Zeigerinstrument beobachten, wenn man eine Leiterschleife gleichmäßig in einem Magnetfeld bestimmter Stärke dreht. Auch die in Kraftwerken erzeugte Spannung, die wir im Haushalt nutzen, ist Wechselspannung, die einen Wechselstrom bewirkt.

Der Kurvenverlauf von Wechselspannung und Wechselstromstärke ist sinusförmig. Die Frequenz der Netzwechselspannung beträgt in Deutschland 50 Hz. Bei der Deutschen Bahn wird mit 16 ²/₃ Hz gearbeitet.

1 Gleichspannung: Die Polarität bleibt gleich, der Betrag der Spannung ist meist konstant.

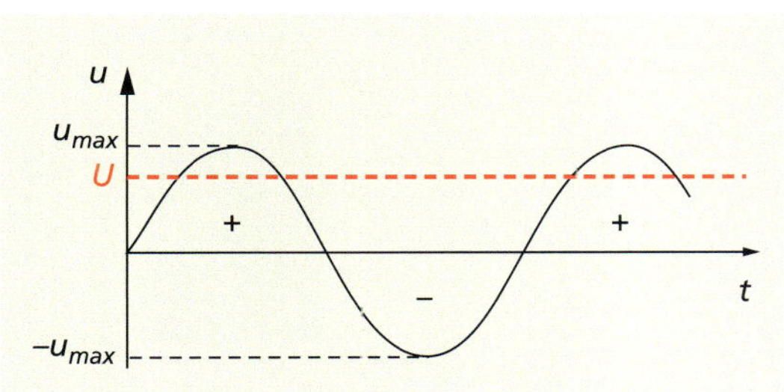

2 Wechselspannung: Die Polarität ändert sich periodisch, ebenso der Betrag der Spannung.

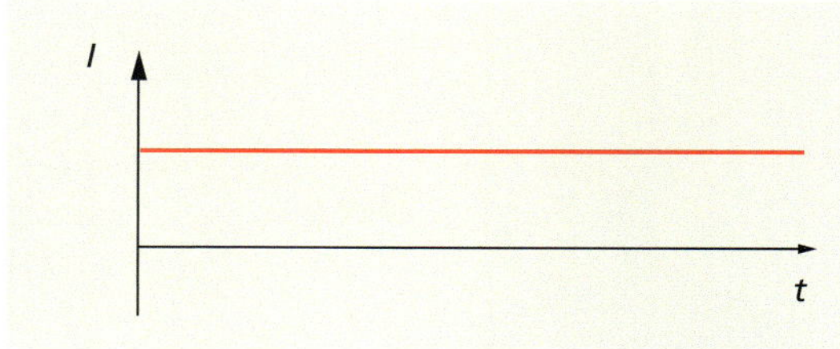

3 Gleichstrom: Der Strom fließt immer in einer Richtung. Der Betrag der Stromstärke ist meist konstant.

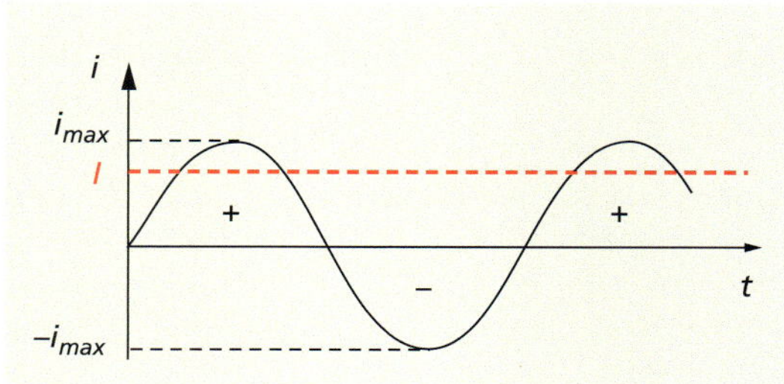

4 Wechselstrom: Die Polarität ändert sich periodisch, ebenso der Betrag der Stromstärke.

Messinstrumente zeigen nicht die **Maximalwerte** u_{max} bzw. i_{max} an, sondern die so genannten **Effektivwerte** U bzw. I (Abb. 2, 4). Für Netzspannung beträgt bei uns der Effektivwert 230 V, der Maximalwert dagegen 325 V.

Der Effektivwert von Wechselspannung oder Wechselstromstärke ist derjenige Wert, der dieselben Wirkungen wie eine Gleichspannung oder Gleichstromstärke desselben Betrages hervorrufen würde.

Das bedeutet: Netzwechselspannung von 230 V ruft die gleiche Wirkung wie Gleichspannung von 230 V hervor. Es ist deshalb üblich, bei Wechselspannungen bzw. -stromstärken stets die von Messgeräten angezeigten Effektivwerte anzugeben. Zwischen Maximal- und Effektivwerten von sinusförmigem Wechselstrom gibt es einfache mathematische Zusammenhänge. Es gilt:

$$U = \frac{u_{max}}{\sqrt{2}} \approx 0{,}7 \cdot u_{max} \quad \text{bzw.} \quad u_{max} = \sqrt{2} \cdot U$$

$$I = \frac{i_{max}}{\sqrt{2}} \approx 0{,}7 \cdot i_{max} \quad \text{bzw.} \quad i_{max} = \sqrt{2} \cdot I$$

1 MICHAEL FARADAY (1791–1867)

MICHAEL FARADAY– der Entdecker der elektromagnetischen Induktion

Das **Internet** ist auch für die Schule zum unentbehrlichen Arbeitsmittel geworden. Es enthält eine riesige Informationsfülle über alle Bereiche des Lebens.

Du kannst dir Informationen aus dem Internet zur Vorbereitung von Prüfungen, zur Anfertigung eines Vortrages, zur Lösung komplexer Aufgaben oder auch zur Vorbereitung auf ein bestimmtes physikalisches Thema beschaffen.

Dazu kannst du am Computer verschiedene **Suchmaschinen** nutzen. Du solltest aber auch unter der Adresse **www.schuelerlexikon.de** Informationen suchen, da diese Adresse besonders für Schüler entwickelte und aufbereitete Artikel enthält.

Willst du dir Informationen aus dem Internet, z. B. über das Leben und Wirken sowie die Bedeutung von M. FARADAY holen, musst du am Computer bestimmte **Schritte ausführen**.

1. Gib zuerst über einen Web-Browser eine Internetadresse (Suchmaschine) ein, z. B. **www.schuelerlexikon.de**!
2. Gib in das speziell vorgesehene Suchfenster dein **Suchwort** „faraday“ ein und frage die Informationen aus der Datenbank ab! Das Suchprogramm durchsucht die Datenbank nach deinem eingegebenen Suchwort. Das Ergebnis der Suche ist eine Liste von Artikeln.
3. Öffne die einzelnen Artikel und verschaffe dir einen Überblick über deren Inhalt!

Beispiele für Suchmaschinen

www.google.de
www.yahoo.de
www.web.de
www.msn.de
www.schuelerlexikon.de

Tipps für die Suche im Internet

- Verwende klare und treffende Suchwörter!
- Schreibe die Suchwörter klein, dann werden sowohl die groß als auch klein geschriebenen Wörter gefunden!
- Achte darauf, in welcher Sprache die Suchmaschine suchen soll!
- Achte darauf, ob der Informationsabruf kostenpflichtig oder kostenfrei ist!

Beachte dabei: Im Internet kann jeder etwas veröffentlichen. Ob die Inhalte von Artikeln richtig sind, muss der einzelne Nutzer kritisch bewerten.

Physik-Klick

Findest du mit einer Suchmaschine keine ausreichenden Informationen, so kannst du mit weiteren Suchmaschinen arbeiten, z. B. www.yahoo.de, www.google.de.

1. Gib die Suchmaschine www.google.de und anschließend das Suchwort „faraday“ ein! Frage die Informationen aus der Datenbank ab! Du erhältst ca. 36 900 Dokumente in deutscher Sprache zum Suchwort „faraday“.
2. Schränke die Suche ein, indem du die Suchwörter faraday induktion (getrennt durch ein Leerzeichen) eingibst! Du erhältst noch ca. 2200 Dokumente zum gewählten Thema.
3. Eine weitere Einschränkung erhältst du, wenn du beide Suchwörter durch ein Minuszeichen trennst (ca. 485 Dokumente. Aufgelistet werden alle Artikel, die „faraday“, aber **nicht** „induktion“ enthalten).

Mithilfe der im Internet gesuchten Informationen kannst du folgende **Aufgaben** beantworten:

1. *Wann lebte und wirkte MICHAEL FARADAY?*
2. *Wie gelangte MICHAEL FARADAY zur Entdeckung der elektromagnetischen Induktion und des Induktionsgesetzes?*
3. *Womit beschäftigte sich MICHAEL FARADAY noch?*

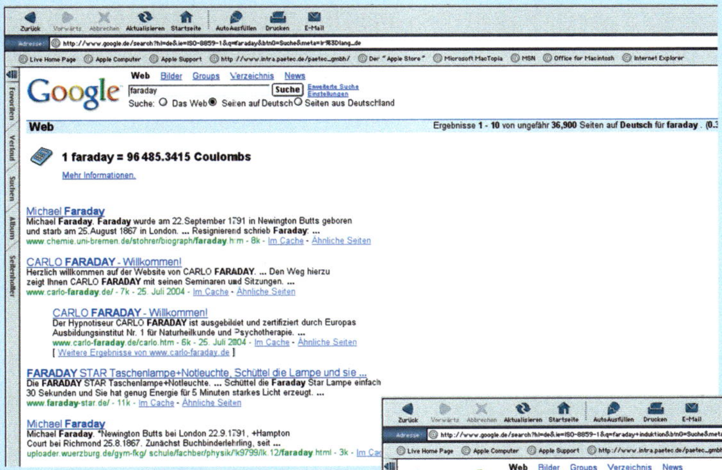

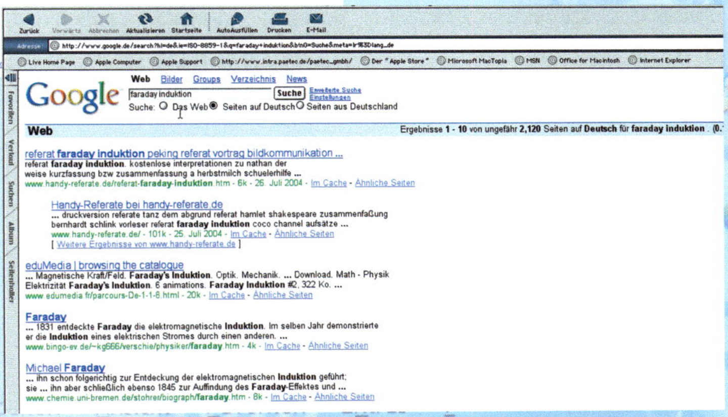

Tipps für die Suche im Internet

1. Bei einer sehr großen Anzahl von angezeigten Dokumenten kannst du die Informationssuche einschränken
   – durch Eingabe mehrerer Wörter, die durch ein Leerzeichen getrennt werden oder durch ein direkt vor das Suchwort gesetztes Pluszeichen,
   – durch ein direkt vor das zweite Suchwort gesetztes Minuszeichen.
2. Nutze die Hinweise, die bei einzelnen Suchmaschinen gegeben sind! Mit der erweiterten Suche kann das Suchfeld deutlich eingeschränkt werden.
3. Die Anzahl der angezeigten Dokumente ist oftmals sehr groß. Die besten „Treffer“ stehen in der Regel am Anfang.

Physik in Natur und Technik

Der Wechselstromgenerator

In Kraftwerken werden mithilfe von riesigen Generatoren (Abb. 2) Wechselspannungen bis zu 20 000 V und Wechselströme bis zu 50 000 A erzeugt. Auch die Lichtmaschine eines Pkw oder der Dynamo eines Fahrrades sind kleine Wechselstromgeneratoren. Obwohl mit einem Fahrraddynamo wesentlich kleinere Wechselspannungen und Wechselströme erzeugt werden, besitzt er einen analogen Aufbau und eine ähnliche Wirkungsweise wie ein großer Generator im Kraftwerk.

Beschreibe den Aufbau und erkläre die Wirkungsweise eines Wechselstromgenerators!

Ein Wechselstromgenerator dient zur Erzeugung von Wechselspannungen und Wechselströmen. Es gibt sie in unterschiedlichen Größen und Bauformen. Allen Wechselstromgeneratoren ist aber gemeinsam, dass in ihnen Bewegungsenergie einer Drehbewegung in elektrische Energie umgewandelt wird.

Die wesentlichen Teile eines Wechselstromgenerators sind der Rotor, der Stator und die Schleifringe (Abb. 1, S. 77).

2 Läufer eines Generators in einem Kraftwerk. Seine Abmessungen kann man anhand der Person abschätzen.

Der **Rotor** ist über die **Schleifringe** mit einer Gleichspannungsquelle verbunden. Fließt Strom durch die Spulen des Rotors, so wird er zu einem Elektromagneten. Der Rotor besitzt somit ein magnetisches Feld, das auch die Spulen des Stators durchsetzt.

Beim Drehen des Rotors ändert sich ständig das Magnetfeld, das von den Statorspulen umfasst wird. Damit wird nach dem Induktionsgesetz in

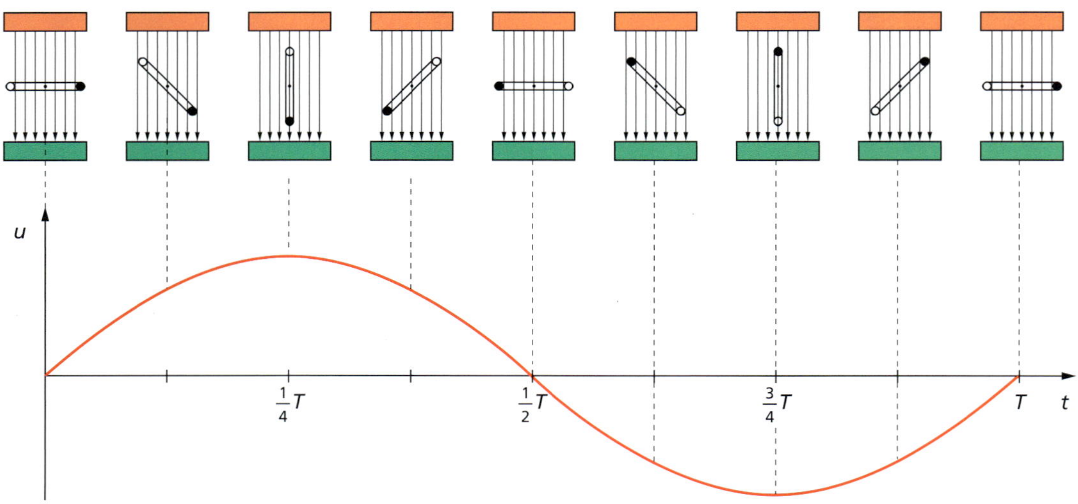

1 Induktion einer Wechselspannung: Die Spannung verläuft wie eine Sinusfunktion.

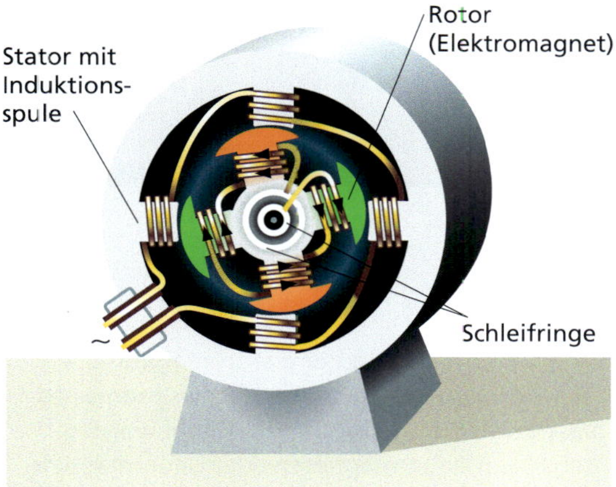

1 Aufbau eines Wechselstromgenerators

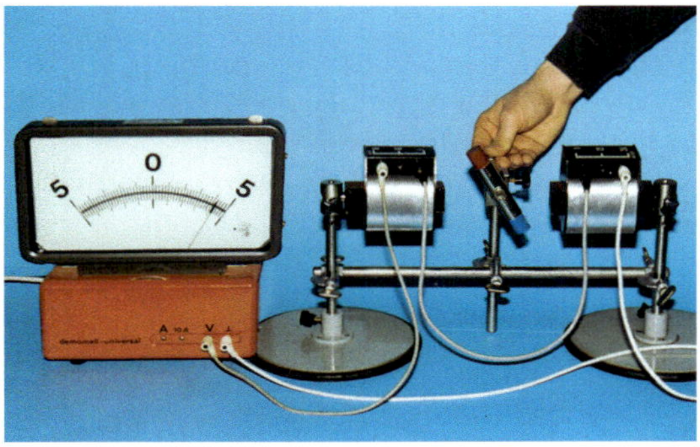

2 Modell eines Wechselstromgenerators

ihnen eine Spannung induziert. Da die Änderung des Magnetfeldes im Stator in Abhängigkeit von der Stellung des Rotors unterschiedlich ist, entsteht eine sinusförmige Wechselspannung.

Zur Vereinfachung ist in Abb. 1, S. 76, statt des relativ kompliziert aufgebauten Rotors eine Leiterschleife dargestellt.

Bei einer **Wechselspannung** ändern sich ständig Polung und Betrag der Spannung.

Der Rotor eines Wechselspannungsgenerators kann statt eines Elektromagneten auch ein Dauermagnet sein (Abb. 2). Dies ist z.B. bei einem Fahrraddynamo der Fall. Dort rotiert ein tonnenförmiger Dauermagnet, die Induktionsspulen sind innen am Gehäuse des Dynamos angebracht. Es entsteht eine Wechselspannung, die aber nur näherungsweise sinusförmig ist.

Das Mikrofon

Um Sprache und Musik aufzunehmen und über Lautsprecher verstärkt wiederzugeben, benutzt man Mikrofone. Auch für die Aufzeichnung von Sprache und Musik auf Tonbandgeräten oder für das Telefonieren benötigt man Mikrofone.

Wie ist ein Mikrofon aufgebaut und wie funktioniert es?

Ein Mikrofon dient der Umwandlung von Schall (z. B. Sprache, Musik) in elektrische Spannungsschwankungen, die verstärkt oder aufgezeichnet werden können. Dabei wird die elektromagnetische Induktion genutzt. Die wesentlichen Teile eines Mikrofons sind die Membran, die Spule und ein Dauermagnet (Abb. unten). Die Membran ist an Federn leicht beweglich aufgehängt. Gleichzeitig ist die Membran mit einer leicht beweglichen Spule verbunden, die im magnetischen Feld eines Dauermagneten hin- und herschwingen kann. Schall trifft auf die Membran und lässt diese im Takt der Sprache und der Musik schwingen. Dadurch schwingt auch die Spule im Feld des Dauermagneten in diesem Takt. Das von der Spule umfasste Magnetfeld ändert sich dabei im Takt der Sprache und der Musik. Nach dem Induktionsgesetz wird damit in der Spule eine Spannung induziert, die sich in diesem Takt ändert. Die induzierte Wechselspannung kann zu einem elektrischen Verstärker weitergeleitet werden. Mikrofone, die nach diesem Prinzip funktionieren, nennt man **dynamische Mikrofone.**

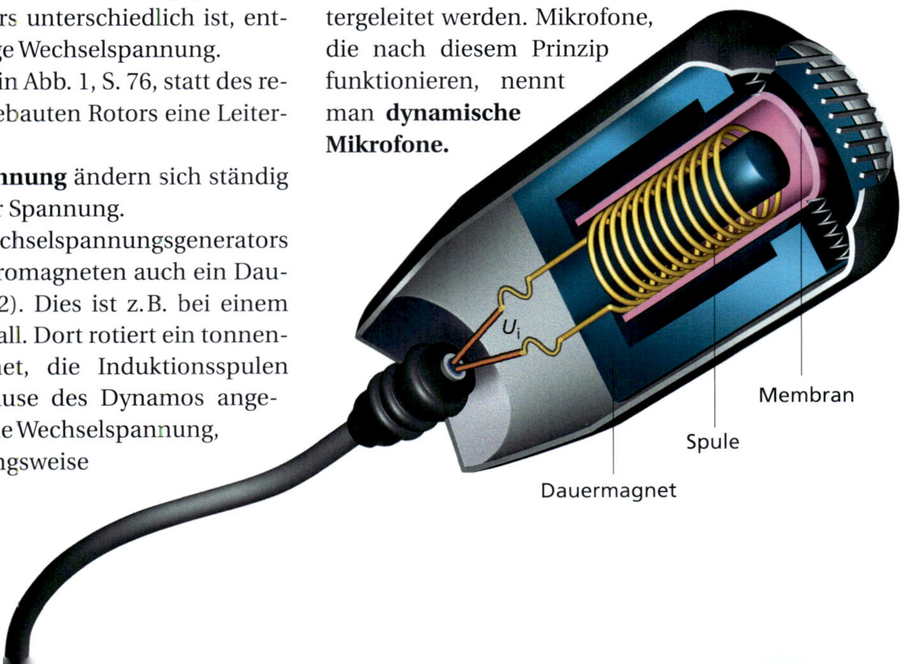

Aus der Entwicklung der Elektrotechnik

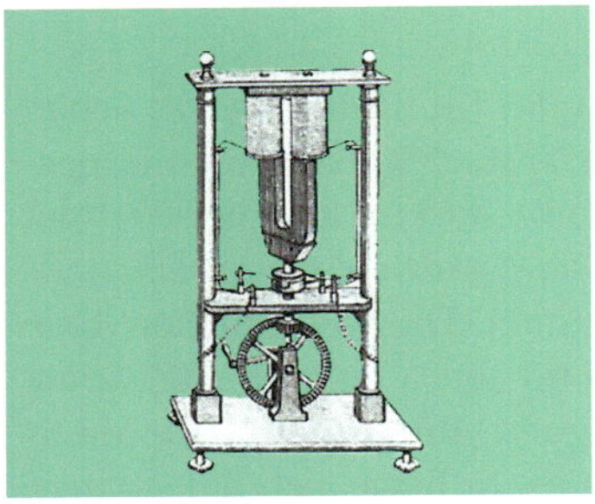

1 Generator von Hippolyte Pixii (1832)

Die ersten Generatoren

Bald nach Michael Faradays Entdeckung der elektromagnetischen Induktion und des Induktionsgesetzes im Jahre 1831 wurden erste Geräte gebaut, die diese Entdeckung ausnutzten. Dabei wurden z. B. Spulen vor fest stehenden Dauermagneten oder Dauermagnete vor fest stehenden Spulen gedreht. Einen ersten handbetriebenen **Generator** baute 1832 Hippolyte Pixii, der Mechaniker von Ampère. Bei diesem Generator wurde ein Hufeisenmagnet vor zwei Spulen mit einer Handkurbel gedreht (Bild 1).
Die ersten Generatoren hatten kaum praktische Bedeutung. Vor allem war ihre Leistung für praktische Anwendungen zu gering. Die Magnetfelder für die Induktion wurden zumeist durch Dauermagnete erzeugt, die relativ schwach waren und deren Stärke durch die ständigen Erschütterungen der Generatoren noch abnahm.

2 Werner von Siemens mit seiner Dynamomaschine

Ein neues technisches Prinzip

Um stärkere Magnetfelder und größere Leistungen der Generatoren zu erhalten, brauchte man Elektromagnete. Diese mussten aber durch Batterien oder durch einen zweiten Generator erzeugt werden. Man sprach auch von **Fremderregung der Elektromagnete.** Das war insgesamt sehr aufwändig, und so wurden solche Anordnungen vor allem in Forschungslabors verwendet.

Für eine breite Anwendung der elektromagnetischen Induktion war vor allem eine Erfindung des Technikers und Unternehmers Werner von Siemens (1816–1892) von ausschlaggebender Bedeutung. Siemens entdeckte 1866 das **dynamoelektrische Prinzip** und trug dieses am 17. Januar 1867 der Berliner Akademie der Wissenschaften vor. Er erkannte, dass der Eisenkern eines Elektromagneten nach Abschalten des Stromes ein Restmagnetfeld behält. Dieses Magnetfeld reicht aus, um in einem Generator eine kleine Spannung zu induzieren. Diese Spannung kann man nutzen, um den Elektromagneten zu betreiben und das Magnetfeld zu verstärken. Dadurch wird eine größere Spannung induziert. So schaukeln sich das Magnetfeld des Elektromagneten und die induzierte Spannung wechselseitig bis zur vollen Leistung des Generators hoch.

... und mehr

Informiere dich auch unter: *Dynamoelektrisches Prinzip, Fahrraddynamo, Fehlerstromschutzschalter, elektromagnetische Induktion, Induktionshärten, Induktionsherd, Induktionsschleife, Induktivität, ...*

Ein universelles Netzgerät

Verschiedene elektrische Geräte, wie Kassettenrecorder, CD-Player oder Radios, haben unterschiedliche Betriebsspannungen. Um diese trotzdem mit ein und demselben Netzgerät an eine 230-V-Steckdose anschließen zu können, gibt es Universalnetzgeräte (Abb. 1). Mit einem solchen Netzgerät kann man wahlweise 3 V; 4,5 V; 6 V; 7,5 V; 9 V und 12 V Betriebsspannung erhalten. Im Netzgerät befindet sich ein Transformator, dessen Primärspule 5 000 Windungen hat. Die Sekundärspule hat mehrere Abgriffe nach unterschiedlicher Anzahl von Windungen (Abb. 2).
Berechne die Anzahl der Windungen der Sekundärspule für die verschiedenen Sekundärspannungen des Universalnetzgerätes!

Analyse:
Der Transformator des Netzgerätes hat eine Sekundärspule mit mehreren Abgriffen.

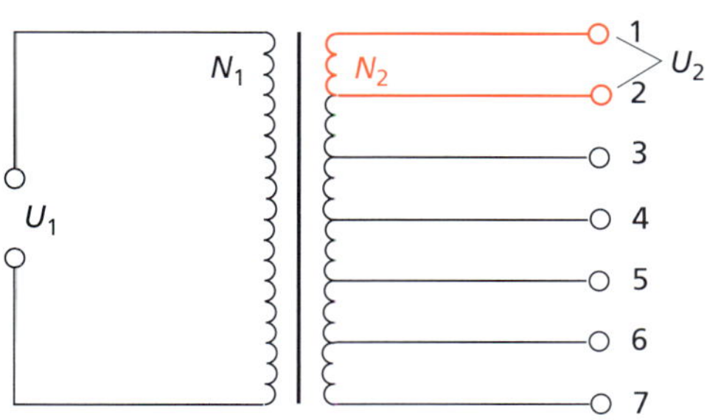

Um verschiedene Betriebsspannungen zu erhalten, müssen vom Abgriff 1 aus verschiedene Windungszahlen durch einen Schalter eingestellt

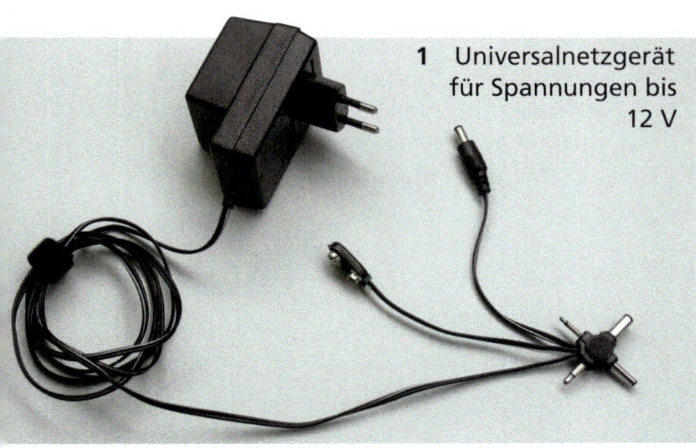
1 Universalnetzgerät für Spannungen bis 12 V

2 Transformator des Universalnetzgerätes

werden. Die jeweilige Windungszahl N_2 kann man nach dem Gesetz für die Spannungsübersetzung am unbelasteten Transformator berechnen, da die gewünschten Betriebsspannungen Leerlaufspannungen sind. Man geht dabei von der vereinfachenden Annahme aus, dass ein idealer Transformator vorhanden ist und damit keine Energieverluste auftreten.

Gesucht: N_2 für verschiedene U_2
Gegeben: $U_1 = 230\,\text{V}$
$N_1 = 5\,000$
$U_2 = 3\,\text{V}$ (4,5 V; 6 V; 7,5 V; 9 V; 12 V)

Lösung:
Für einen unbelasteten idealen Transformator gilt das Gesetz für die Spannungsübersetzung:

$$\frac{U_1}{U_2} = \frac{N_1}{N_2} \quad | \cdot N_2 \quad | \cdot \frac{U_2}{U_1}$$

$$N_2 = \frac{N_1 \cdot U_2}{U_1}$$

$$N_2 = \frac{5\,000 \cdot 3\,\text{V}}{230\,\text{V}}$$

$$\underline{N_2 = 65}$$

Analog kann man die anderen Windungszahlen berechnen.

Ergebnis:
An der Sekundärspule müssen für die gewünschten Betriebsspannungen folgende Windungszahlen abgegriffen werden:

U_2 in V	3	4,5	6	7,5	9	12
N_2	65	98	130	163	196	261

Gleich- oder Wechselspannung?

Aus Glühlampen sowie aus Spulen mit Eisenkern sind zwei gleiche Stromkreise aufgebaut (Abb. 1). Ein Stromkreis wird mit Gleichspannung betrieben, der andere mit gleich großer Wechselspannung. In einem Stromkreis leuchtet die Glühlampe, in dem anderen nicht.
Welcher Stromkreis wird mit Gleichspannung und welcher mit Wechselspannung betrieben?
Erkläre die beobachteten Erscheinungen!

Der Stromkreis oben, in dem die Glühlampe leuchtet, wird mit Gleichspannung betrieben, der Stromkreis unten mit Wechselspannung.
In einem Gleichstromkreis besitzt eine Spule einen elektrischen Widerstand, der sich nach dem Widerstandsgesetz aus der Länge des aufgewickelten Drahtes, seiner Querschnittsfläche und dem Material ergibt. Dieser elektrische Widerstand behindert den Stromfluss. Er lässt aber noch eine Stromstärke zu, bei der die Glühlampe leuchtet. Eine Spule im Gleichstromkreis wirkt also wie ein elektrischer Widerstand.

In einem Wechselstromkreis wird der Stromfluss ebenfalls durch den elektrischen Widerstand des Spulendrahtes behindert. Zusätzlich wirkt aber in diesem Falle noch die elektromagnetische Induktion. Durch den Stromfluss wird um die Spule ein Magnetfeld erzeugt, das auch die Spule selbst durchsetzt. Bei Wechselspannung ändern sich ständig Richtung und Stärke dieses Magnetfeldes. Dadurch wird nach dem Induktionsgesetz in der Spule ständig eine Wechselspannung induziert, die einen Wechselstrom antreibt.
Nach dem lenzschen Gesetz ist dieser Induktionsstrom stets so gerichtet, dass er der Ursache für seine Entstehung, also dem ursprünglichen Wechselstrom, entgegenwirkt. Der Strom im Wechselstromkreis wird somit zusätzlich behindert. Die Stromstärke sinkt dadurch insgesamt so stark, dass die Glühlampe nicht mehr leuchtet. Mit einer solchen Drosselspule kann man im Wechselstromkreis die Stromstärke begrenzen.

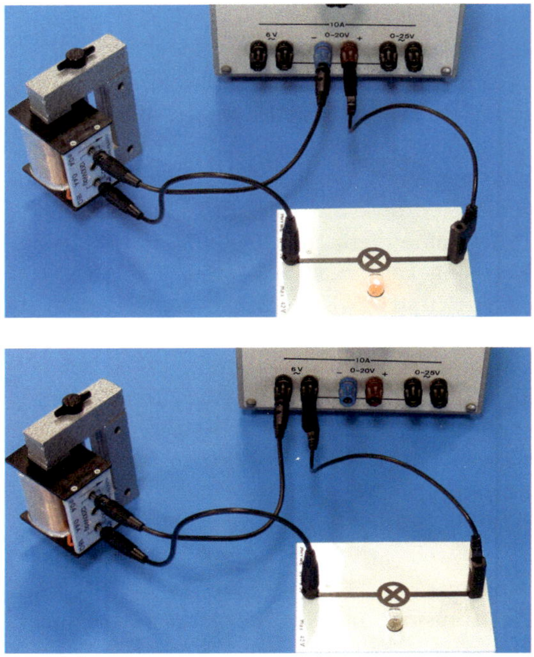

1 Zwei gleiche Stromkreise mit unterschiedlichen Wirkungen

Erklären physikalischer Erscheinungen

Beim Erklären wird zusammenhängend und geordnet dargestellt, warum eine Erscheinung in Natur und Technik so und nicht anders auftritt. Dabei wird die *einzelne* Erscheinung auf das Wirken *allgemeinerer* Gesetze zurückgeführt, indem dargestellt wird, dass die Wirkungsbedingungen bestimmter Gesetze in der Erscheinung vorliegen. Auch Modelle können zum Erklären herangezogen werden.

Beim Erklären sollte man deshalb folgendes darstellen:

1. Beschreibe die für das Wirken von Gesetzen und Anwenden von Modellen wesentlichen Seiten in der Erscheinung! Lasse unwesentliche Seiten unberücksichtigt!
2. Nenne Gesetze und Modelle, mit denen die Erscheinung erklärt werden kann, weil deren Wirkungsbedingungen vorliegen!
3. Führe die Erscheinung auf das Wirken physikalischer Gesetze bzw. auf das Anwenden von Modellen zurück!

Eine Lampe mit Spätzündung

Ein elektrischer Stromkreis ist nach dem abgebildeten Schaltplan (Abb. 1) aufgebaut. Der Schalter ist zunächst geöffnet.
Sage voraus, was passiert, wenn der Schalter geschlossen wird!
Prüfe deine Voraussage experimentell nach!

Es liegt ein verzweigter Stromkreis mit zwei gleichartigen Glühlampen vor. Abb. 2 zeigt den Aufbau des Experiments. Die Anordnung der Bauteile entspricht der im Schaltplan (Abb. 1).
In einem Zweig befindet sich die Glühlampe L_1 mit einem technischen Widerstand in Reihe. Im anderen Zweig befindet sich die Glühlampe L_2 mit einer Spule mit Eisenkern in Reihe.
Nach Schließen des Schalters liegt an beiden Zweigen des Stromkreises dieselbe Gleichspannung und treibt einen Strom an. Die Stromstärke steigt sehr schnell an. Die Lampe L_1 leuchtet sofort auf. Die Stromstärke wird durch den elektrischen Widerstand der Lampe L_1 und den des technischen Widerstandes in diesem Zweig begrenzt.
Im anderen Zweig steigt nach Schließen des Schalters ebenfalls die Stromstärke an. Durch den Stromfluss wird um die Spule ein Magnetfeld aufgebaut. Durch den Anstieg der Stromstärke ändert sich das von der Spule umfasste Magnetfeld und induziert nach dem Induktionsgesetz in der Spule selbst eine Spannung und einen Strom. Nach dem lenzschen Gesetz ist dieser Induktionsstrom so gerichtet, dass das Ansteigen der Stromstärke gehemmt wird.

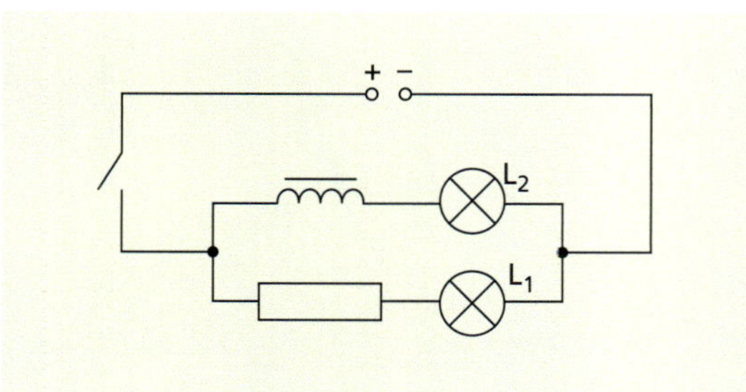

1 Schaltplan für das Experiment: Verwendet werden zwei gleichartige Glühlampen.

2 Experimentieraufbau zur Untersuchung des Verhaltens von Glühlampen in verschiedenen Stromkreisen

Die Lampe L_2 leuchtet dadurch nicht sofort auf, sondern etwas später als die Lampe L_1.
Diese Voraussage kann man experimentell mithilfe des in Abbildung 2 dargestellten Aufbaus prüfen. Im Foto ist der Moment vor Schließen des Schalters dargestellt.

Voraussagen physikalischer Erscheinungen

Beim Voraussagen wird auf der Grundlage von Gesetzen und Modellen eine Folgerung in Bezug auf eine Erscheinung in Natur und Technik abgeleitet und zusammenhängend dargestellt. Dabei muss von den Wirkungsbedingungen der Gesetze ausgegangen werden.

Beim Voraussagen sollte man deshalb wie folgt vorgehen:

1. Beschreibe die für das Wirken von Gesetzen und Anwenden von Modellen wesentlichen Seiten in der Erscheinung! Lasse unwesentliche Seiten unberücksichtigt!
2. Nenne Gesetze und Modelle, die der Erscheinung zugrunde liegen, weil deren Wirkungsbedingungen vorliegen!
3. Leite Folgerungen für die Erscheinung ab!

Wird die Voraussage auf der Grundlage eines vielfach bestätigten Gesetzes unter Beachtung der Wirkungsbedingungen getroffen, so ist sie höchstwahrscheinlich wahr.
Sind aber z. B. nicht alle Wirkungsbedingungen bekannt, muss der Wahrheitswert einer Voraussage experimentell geprüft werden.

Mosaik

Stromverbundnetze in Europa

Um eine stabile Versorgung von Haushalten und Wirtschaft mit elektrischer Energie zu sichern, sind die Kraftwerke und die Verbraucher in großen Stromverbundsystemen in Europa miteinander verbunden (Abb. 1).

Durch diesen europaweiten Stromverbund können unterschiedliche Spitzenbelastungszeiten in verschiedenen Ländern bei einem gleich bleibenden Betrieb der Kraftwerke ausgeglichen und alle Verbraucher stabil mit elektrischer Energie versorgt werden.

Kraftwerksgeneratoren liefern sehr hohe Spannungen von ca. 20 kV. Wenn man die vom Generator gelieferte 20-kV-Spannung direkt in das Netz einspeisen würde, dann hätte man in den Leitungen allerdings eine Stromstärke von ca. 50 000 A.

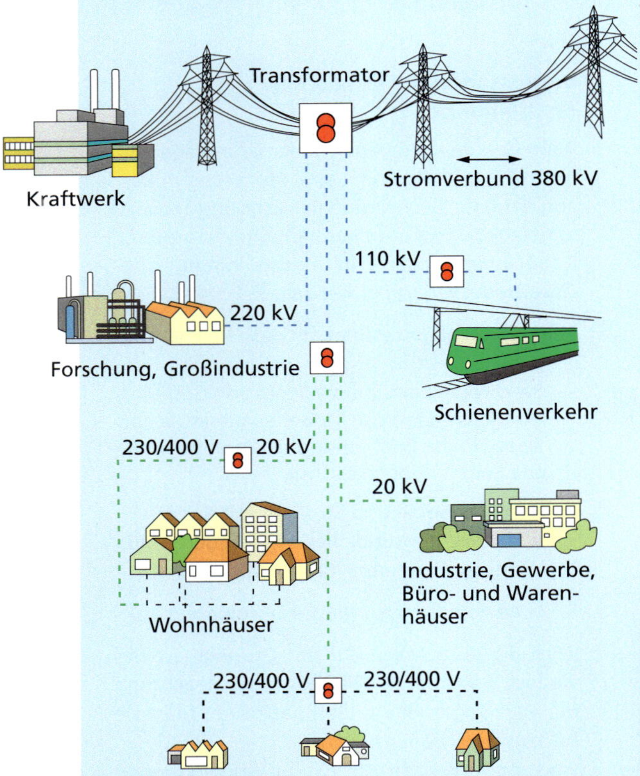

1 Aufbau eines Stromverbundnetzes

2 Hochspannungsleitung (380 kV)

Selbst auf mehrere Leitungen verteilt würden sich diese stark erwärmen. Durch die Erwärmung und Wärmeabgabe an die Umgebung würde wertvolle elektrische Energie verloren gehen. Deshalb überträgt man die elektrische Leistung bei einer noch höheren Spannung bis 380 kV (Abb. 2) und einer geringeren Stromstärke von etwa 2500 A, um die Energieverluste durch Wärmeabgabe zu verringern, und nutzt dazu Hochspannungsleitungen (Abb. 2). Es gibt auch Hochspannungsleitungen mit Spannungen von 220 kV und mit 110 kV. In der Nähe der Verbraucher wird die Hochspannung in Umspannwerken auf 20 kV umgewandelt (Abb. 3).

Für Haushalte wird in Transformatorenstationen in der Nähe von Wohnhäusern diese Spannung auf 230 V bzw. 400 V umgewandelt und an die Haushalte und andere Verbraucher verteilt.

3 Transformator in einem Umspannwerk

gewusst · gekonnt

1. Untersuche experimentell, unter welchen Bedingungen in einer Spule mithilfe eines Dauermagneten eine Spannung induziert wird!

Durchführung:

Eine Spule wird mit einem Spannungsmesser (Messbereich 1 V, Zeiger in Mittellage) verbunden (s. Abb.).

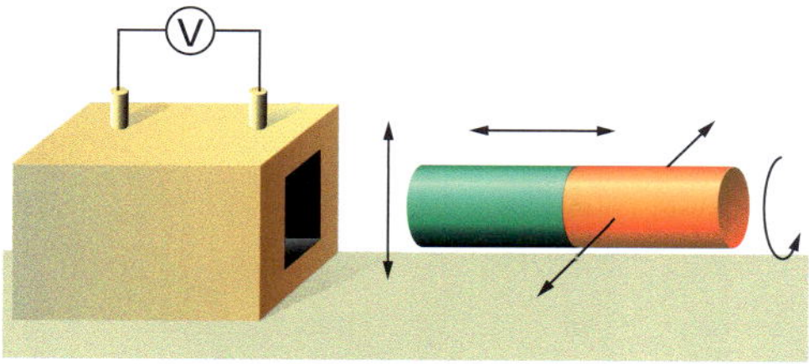

Der Dauermagnet wird in unterschiedlicher Weise bewegt.

Auswertung:

Bei welchen Bewegungen zwischen Spule und Magnet entsteht eine Induktionsspannung?

Trage deine Untersuchungsergebnisse in eine Tabelle ein!

2. In einem Magnetfeld wird eine Spule bewegt (s. Abb.).

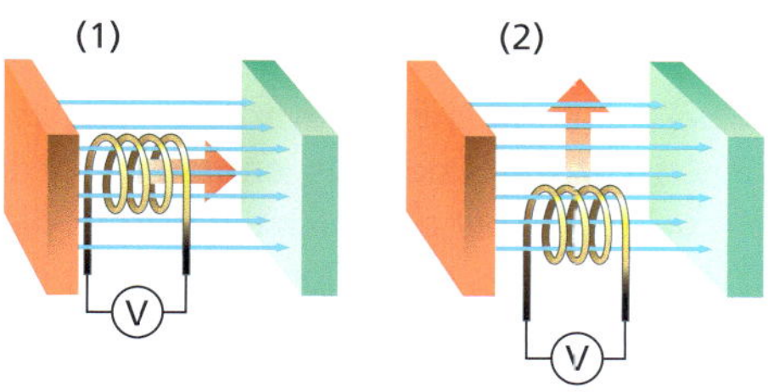

a) Was kann aus den Feldlinienbildern über die Stärke des Magnetfeldes zwischen den Polen abgeleitet werden?

b) Gib an, ob im Fall 1 bzw. 2 in der Spule eine Spannung induziert wird!
Begründe deine Antwort!

* c) Gib eine weitere Variante an, bei der keine Spannung induziert wird!

3. Eine Spule wird neben einen Elektromagneten gestellt. Gib für jeden der folgenden Fälle an, ob in der Spule eine Spannung induziert wird! Begründe!

a) Der Elektromagnet wird eingeschaltet.

b) Im Elektromagneten fließt ein Gleichstrom.

c) Im Elektromagneten fließt ein Wechselstrom.

d) Der Elektromagnet wird ausgeschaltet.

4. Gib für jeden der folgenden Fälle an, ob in der Spule eine Spannung induziert wird! Begründe deine Antwort!
Prüfe deine Voraussagen experimentell!

a) In eine Spule wird ein Dauermagnet eingeführt.

b) In einer Spule befindet sich ein Dauermagnet in einer bestimmten Stellung.

c) Ein Dauermagnet wird aus der Spule herausgezogen.

5. In der Abbildung ist eine Experimentieranordnung dargestellt, mit der in der fest stehenden Spule 2 eine Spannung induziert werden soll.

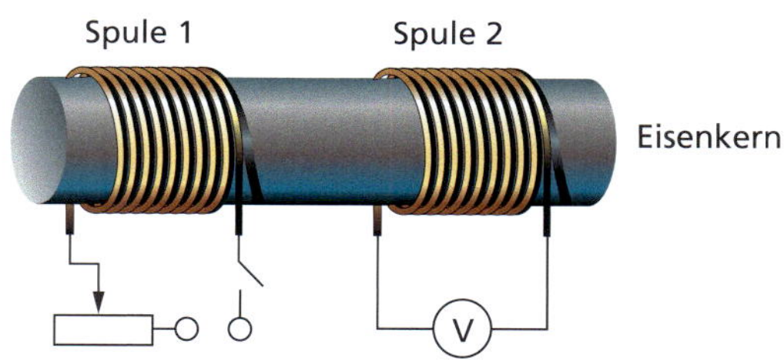

a) Beschreibe mehrere experimentelle Möglichkeiten, wie mit dieser Anordnung in der Spule 2 eine Spannung induziert werden kann!
Begründe deine Vorschläge!

b) Durch welche experimentellen Maßnahmen kann die in der Spule 2 induzierte Spannung vergrößert werden? Begründe!

6. Entsprechend der Abbildung in Aufgabe 5 werden Experimentieranordnungen aufgebaut.

Entscheide für jeden der folgenden Fälle, ob mit Experiment I oder II bei sonst gleichem Aufbau des Experiments eine größere Spannung induziert wird!
Begründe deine Entscheidung!

	Experiment I	**Experiment II**
a)	Spule 2 hat 750 Windungen.	Spule 2 hat 1 000 Windungen.
b)	Stromstärke in Spule 1 ändert sich in 1 s von 0 A auf 2 A.	Stromstärke in Spule 1 ändert sich in 2 s von 0 A auf 2 A.
c)	Stromstärke in Spule 1 ändert sich in 1 s von 0 A auf 1 A.	Stromstärke in Spule 1 ändert sich in 1 s von 0 A auf 3 A.
d)*	Spule 2 hat 60 cm^2 Querschnittsfläche.	Spule 2 hat 40 cm^2 Querschnittsfläche.

7. In Elektromotoren, Transformatoren und Generatoren existieren sich ändernde magnetische Felder. Dadurch können in massiven Teilen dieser Geräte Spannungen induziert werden und Ströme (Wirbelströme) entstehen. Um das zu vermeiden bzw. um die Wirbelströme zu verringern, verwendet man für die entsprechenden Teile, z. B. für Eisenkerne, dünne, gegeneinander isolierte Bleche, die so genannten Dynamobleche.

a) Erläutere, warum Wirbelströme in den genannten Geräten unerwünscht sind!
b) Erläutere, wie mit den speziell gefertigten Teilen dieser Geräte Wirbelströme vermieden bzw. verringert werden können!

***8.** Für spezielle Anwendungen müssen Werkstücke aus Metall sehr hart sein. Dazu werden sie zum Glühen gebracht und anschließend in Wasser oder Öl abgekühlt. Um sie zum Glühen zu bringen, stellt man sie in eine Spule (s. Abb.) und nutzt die elektromagnetische Induktion aus.

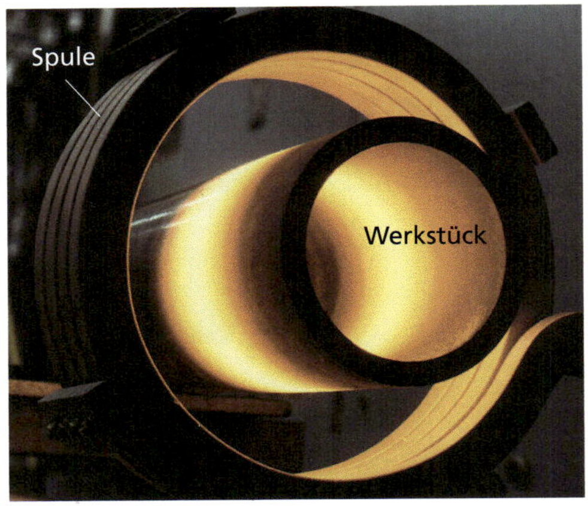

Wie funktionieren solche Anlagen zum Induktionshärten?

9. In Wechselstromkreisen werden Spulen häufig auch als zusätzliche Widerstände genutzt, um den Stromfluss zu drosseln. Man nennt sie deshalb auch „Drosselspule“ oder „Drossel“. Erkläre, wie durch eine Drossel der Strom in einem Wechselstromkreis begrenzt werden kann!

10. Bei Induktionsherden wird die elektromagnetische Induktion ausgenutzt. Unter der Kochfläche befindet sich eine Spule, die von Wechselstrom durchflossen wird.

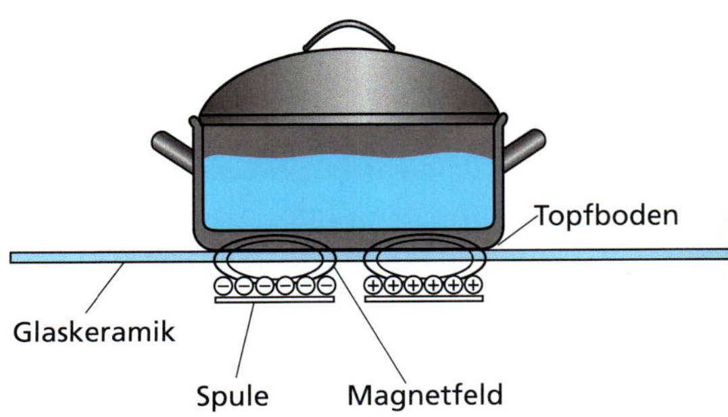

a) Erkläre die Wirkungsweise eines solchen Induktionsherdes!

b) Warum können auf Induktionsherden nur Metalltöpfe genutzt werden?

*c) Welche Vorteile bzw. Nachteile haben Induktionsherde gegenüber herkömmlichen Herden?

11. Bei Schienenfahrzeugen mit einem Elektromotor als Antrieb, z. B. Straßenbahnen oder U-Bahnen, kann zum Bremsen der Motor umgeschaltet und als Generator betrieben werden. Er gibt dann elektrische Energie an das Netz ab.

a) Warum kann man mit einer solchen Umschaltung das Fahrzeug bremsen?

b) Man nennt eine solche Bremsung auch „Nutzbremsung“. Warum?

12. Beschreibe die Energieumwandlungen bei einem

a) Elektromotor,

b) Wechselstromgenerator,

c) Transformator!

***13.** Mithilfe einer in einer Straße verlegten Induktionsschleife (s. Abb. unten) kann der Straßenverkehr überwacht und gesteuert werden. Es können einzelne Fahrzeuge oder die Anzahl der Fahrzeuge in einer bestimmten Zeit registriert werden.

a) Erkläre, wie mit einer Induktionsschleife Fahrzeuge registriert werden können!

b) Erkunde, wo Induktionsschleifen genutzt werden!

c) Mithilfe von zwei Induktionsschleifen kann man die Geschwindigkeit eines Fahrzeuges messen. Erläutere das Messverfahren!

d) Die Entfernung zwischen zwei Induktionsschleifen beträgt 50 m. Wie groß ist die Zeit zwischen den Spannungsimpulsen, wenn ein Fahrzeug mit einer Geschwindigkeit von 100 km/h darüberfährt?

14. Bei einem Tonbandgerät wird ein leicht magnetisierbares Band vor einem Tonkopf bewegt. Der Tonkopf ist eine Spule mit einem Eisenkern (s. Abb.).
Erkläre die Wirkungsweise der Tonaufzeichnung und der Tonwiedergabe bei einem Tonbandgerät!

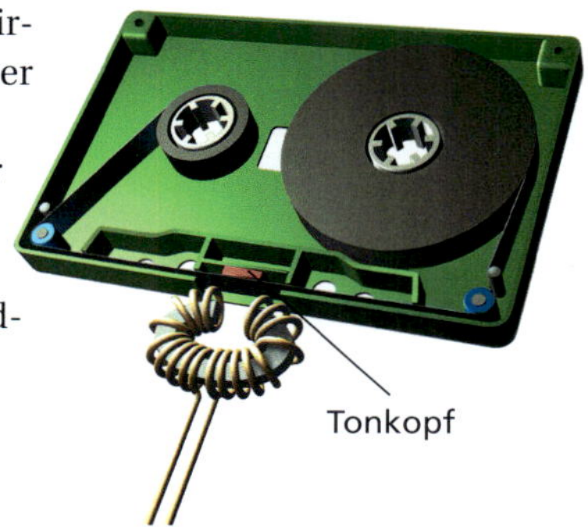

***15.** Um in Pkw-Motoren das Kraftstoff-Luft-Gemisch zu zünden, benutzt man Zündkerzen, an denen bei einer Spannung von etwa 15 000 V ein Funke zwischen zwei Elektroden überspringt. Die Lichtmaschine des Pkw liefert aber nur 12 V. Deshalb schaltet man die Zündkerze in einen Stromkreis mit einer Zündspule und einen Unterbrecher.

a) Skizziere die Anordnung!

b) Wie kann mit einer solchen Schaltung die für die Zündung erforderliche Spannung erzeugt werden?

16. Mit einem Transformator kann man entweder hohe Spannungen (Hochspannungstransformatoren) oder hohe Stromstärken (Hochstromtransformatoren) erzeugen.

a) Wie müssen Transformatoren gebaut sein, damit sie eine hohe Spannung bzw. eine große Stromstärke liefern?

b) Warum kann man nicht gleichzeitig eine hohe Spannung und eine große Stromstärke erhalten?

c) Nenne Beispiele für die Anwendung von Hochspannungs- bzw. Hochstromtrafos!

17. Der abgebildete Transformator ist sekundärseitig (rechts) durch eine Windung (Schmelztiegel) kurzgeschlossen. Erkläre die Funktionsweise eines solchen Schmelztiegels!

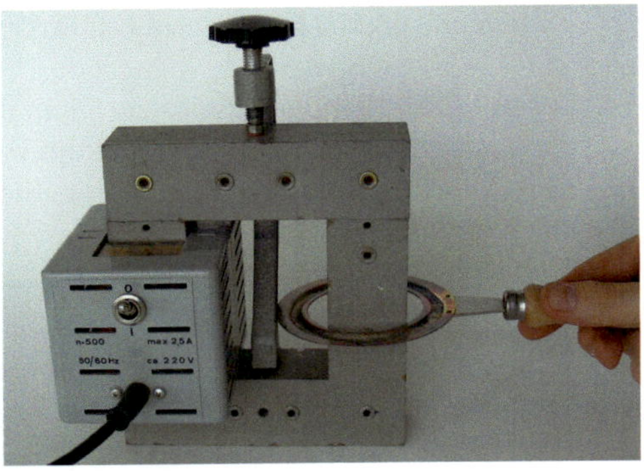

18. Gute Transformatoren haben heute einen Wirkungsgrad von 98 % bis 99 %.
Was bedeutet diese Angabe?

19. Bestimme experimentell den Wirkungsgrad eines vorgegebenen Transformators bei einer bestimmten Belastung!

20. Eine elektrische Klingel, die eine Betriebsspannung von 8 V benötigt, wird über einen Transformator an die Netzspannung angeschlossen. Die Primärspule hat 5 500 Windungen.

a) Wie viele Windungen muss die Sekundärspule haben?

b) Beim Klingeln fließt ein Sekundärstrom von 0,6 A. Wie groß ist in diesem Fall die Primärstromstärke?

21. Für eine elektrische Modelleisenbahn wird eine Spannung von bis zu 12 V benötigt.
Gib einige Kombinationen von Spulen an, mit denen diese Spannung durch einen Transformator aus der Netzspannung gewonnen werden kann!

22. Beim elektrischen Schweißen wird mit einem Strom der Stromstärke 100 A in einem Lichtbogen eine solche Hitze erzeugt, dass Metallteile schmelzen. Ein solches Schweißgerät kann man an 230 V Netzspannung (Absicherung 16 A) anschließen. Dazu benutzt man einen Schweißtrafo, der eine Sekundärspannung von 25 V liefert.
Erkläre, warum man trotz hoher Stromstärke beim Schweißen dieses Gerät an das übliche Haushaltsnetz anschließen kann!

23. Die Abbildung zeigt das Modell einer Fernübertragungsanlage für elektrische Energie.

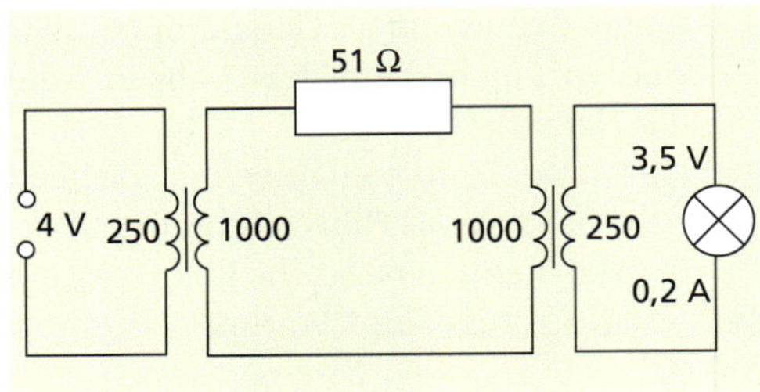

a) Erläutere anhand der Abbildung das Prinzip der Fernübertragung der elektrischen Energie!

b) Baue das Experiment auf und probiere die Funktionstüchtigkeit des Modells aus!

24. Generatoren in einem Kraftwerk liefern eine Spannung von 20 kV. Für die Fernleitung muss diese Spannung auf 380 kV hochtransformiert werden. Gib an, in welchem Verhältnis die Windungszahlen des entsprechenden Hochspannungstransformators stehen müssen! Wie verändert sich aufgrund der Transformation die Stromstärke?

***25.** Ein Transformator hat einen Wirkungsgrad von 97 %. Wie groß ist die Primärstromstärke, wenn die Primärspannung 220 kV beträgt und auf der Sekundärseite eine Leistung von 15 MW entnommen wird?

Elektromagnetische Induktion

Verändert sich das von einer Spule umfasste Magnetfeld, so wird in der Spule eine Spannung induziert. Es fließt ein Induktionsstrom.

Änderung des Magnetfeldes durch Änderung der Stromstärke

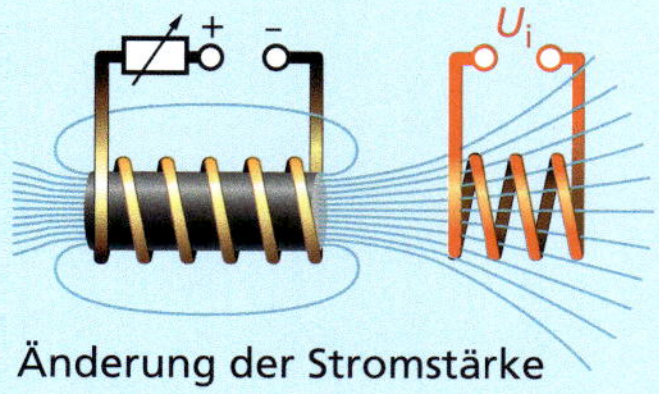

Änderung des Magnetfeldes durch Relativbewegung

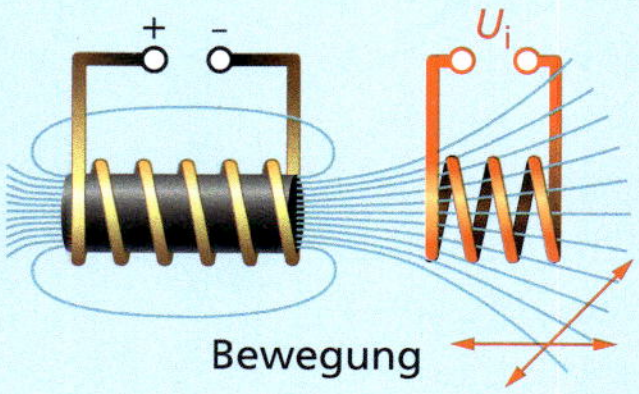

Die Erkenntnisse über die elektromagnetische Induktion sind im **Induktionsgesetz** zusammengefasst.

In einer Spule wird eine Spannung induziert, wenn sich das von ihr umfasste Magnetfeld ändert. Die Induktionsspannung hängt von der Schnelligkeit und Stärke dieser Änderung sowie vom Bau der Spule (Windungszahl, Eisenkern) ab.

Wichtige Anwendungen der elektromagnetischen Induktion sind der **Transformator** und der **Generator.** Ein Generator hat den gleichen prinzipiellen Aufbau wie ein Elektromotor.

Transformator

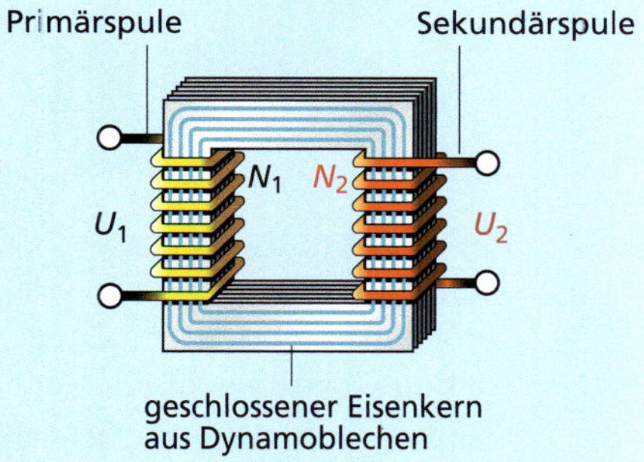

Durch die Änderung des Magnetfeldes der Primärspule wird in der Sekundärspule eine Spannung induziert.

Für einen **unbelasteten idealen Transformator** gilt:

$$\frac{U_1}{U_2} = \frac{N_1}{N_2}$$

Generator

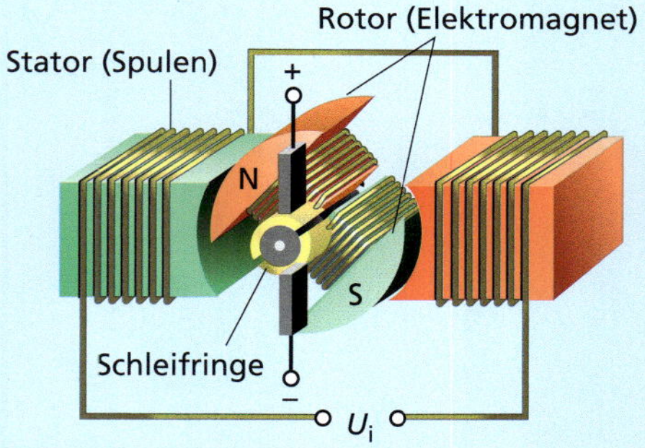

Durch die Drehung eines Magneten wird in den Statorspulen eine Spannung induziert.

Für einen **stark belasteten idealen Transformator** gilt:

$$\frac{I_1}{I_2} = \frac{N_2}{N_1}$$

2.2 Elektrische Leitungsvorgänge

Hell und sparsam

Mit der Entwicklung der Glühlampe in der zweiten Hälfte des 19. Jahrhunderts begann das Zeitalter der elektrischen Beleuchtung. Allerdings haben auch Glühlampen modernerer Bauart nur einen Wirkungsgrad von etwa 5 %. Wesentlich höher ist mit etwa 25 % der Wirkungsgrad von Leuchtstofflampen, die für den Haushalt auch als Energiesparlampen angeboten werden.

Wie ist eine solche Lampe aufgebaut?

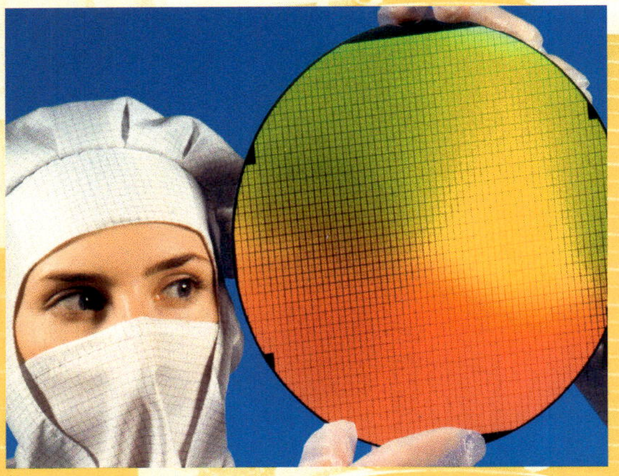

Silicium – ein besonderer Stoff

Halbleiterscheiben (Waver) aus Silicium sind das Ausgangsmaterial für Chips, die man heute nicht nur in Computern, sondern auch in vielen anderen Geräten und Anlagen findet.

Was unterscheidet Silicium von anderen Stoffen? Warum stellt man die Siliciumscheiben in Reinsträumen her?

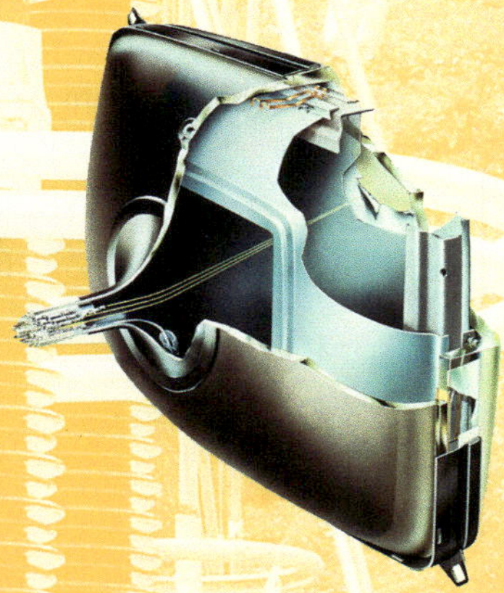

Elektronenstrahlen erzeugen Bilder

Um Fernsehbilder zu erhalten, werden Elektronenstrahlen erzeugt, die sehr schnell über den gesamten Bildschirm geführt werden. Beim Auftreffen eines Elektronenstrahls auf den Bildschirm wird der Bildpunkt zum Leuchten angeregt. In der Fernsehbildröhre fließt ein elektrischer Strom.

Unter welchen Bedingungen kommt im Vakuum der Fernsehbildröhre ein Stromfluss zustande?

Der elektrische Leitungsvorgang

Fließt in einem Stoff (Metall, Flüssigkeit, Gas, Halbleiter) oder im Vakuum ein Strom, so spricht man von einem elektrischen Leitungsvorgang.

> **Ein elektrischer Leitungsvorgang ist eine gerichtete Bewegung von Ladungsträgern, z. B. von Elektronen oder Ionen.**

Vergleicht man das Zustandekommen und den Verlauf von elektrischen Leitungsvorgängen in verschiedenen Stoffen, dann lassen sich einige allgemein gültige Aussagen treffen. Sie gelten für beliebige Stoffe und auch für das Vakuum.

Voraussetzungen für einen elektrischen Leitungsvorgang sind:
(1) das Vorhandensein beweglicher (wanderungsfähiger) Ladungsträger,
(2) die Existenz eines elektrischen Feldes (einer elektrischen Spannung) in dem betreffenden Bereich. Ein solches elektrisches Feld existiert z. B. zwischen den beiden Polen einer elektrischen Quelle.

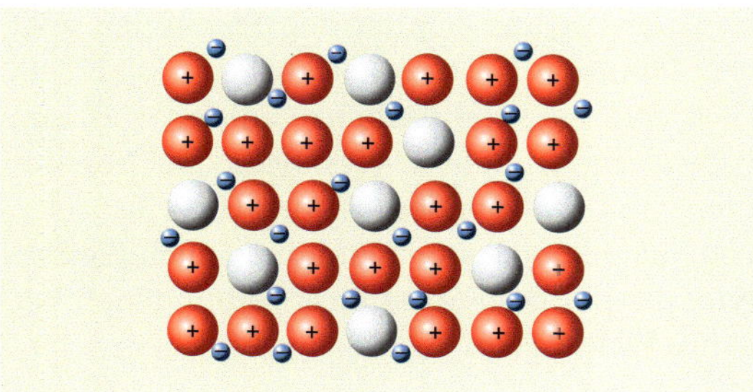

1a Metallischer Leiter ohne Vorhandensein eines elektrischen Feldes

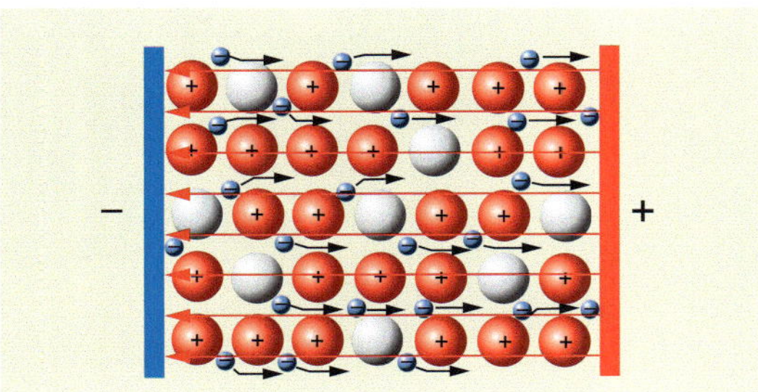

1b Bei Vorhandensein eines elektrischen Feldes bewegen sich die Elektronen in einer Vorzugsrichtung.

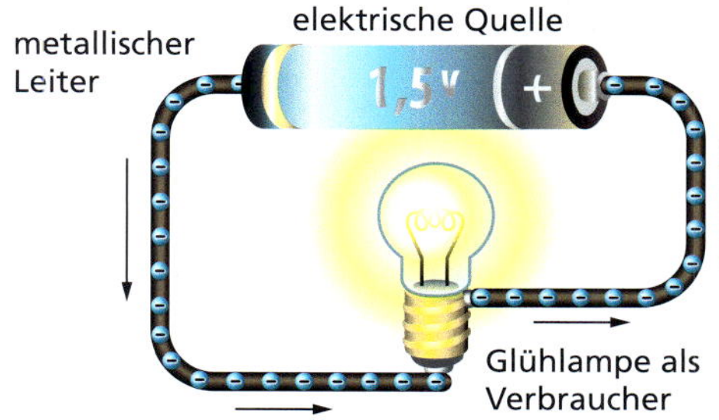

2 Elektronenstrom durch metallische Leiter

Der **Verlauf eines elektrischen Leitungsvorganges** hängt ab von
(1) der Art und der Anzahl der zur Verfügung stehenden beweglichen Ladungsträger,
(2) der Stärke des elektrischen Feldes im betreffenden Raumbereich,
(3) der Behinderung der gerichteten Bewegung der Ladungsträger durch andere Teilchen. Diese Behinderung äußert sich als elektrischer Widerstand des betreffenden Stoffes.

Leitung in Metallen

In einem metallischen Leiter ist ein Teil der negativ geladenen Elektronen nicht an bestimmte Atome gebunden, sondern kann sich frei im Leiter bewegen. Diese freien Elektronen führen im Leiter eine unregelmäßige Bewegung aus (Abb. 1a).
Wird der Leiter mit einer elektrischen Quelle verbunden, so bildet sich in ihm ein elektrisches Feld aus. In dem Feld wird auf die Elektronen eine Kraft ausgeübt. Sie bewegen sich gerichtet.

> **Stromfluss in metallischen Leitern bedeutet die gerichtete Bewegung von Elektronen in diesem Leiter.**

Die negativ geladenen Elektronen bewegen sich gerichtet vom Minuspol zum Pluspol (Abb. 2). Ihre Geschwindigkeit liegt bei etwa 1 mm/s.

Leitung in Flüssigkeiten

In Flüssigkeiten kann eine elektrische Leitung nur stattfinden, wenn frei bewegliche Ladungsträger vorhanden sind und eine Spannung anliegt. Jedoch gibt es nicht in jeder Flüssigkeit frei bewegliche Ladungsträger. So leitet beispielsweise destilliertes Wasser den elektrischen Strom nicht, weil es nur aus elektrisch neutralen Molekülen besteht.

Bringt man in dieses Wasser jedoch Salze, Basen oder Säuren, so entstehen wässrige Lösungen, die den elektrischen Strom leiten. Durch **Dissoziation** von Salzen, Basen oder Säuren in Wasser zerfallen diese in unterschiedlich geladene Ionen. So dissoziiert z.B. das Salz Kupfersulfat ($CuSO_4$) in positive Kupfer-Ionen und negative Sulfat-Ionen:

$$CuSO_4 \rightarrow Cu^{2+} + SO_4^{2-}$$

Das im Haushalt verwendete Kochsalz hat die chemische Formel NaCl (Natriumchlorid). Es dissoziiert in Wasser so:

$$NaCl \rightarrow Na^+ + Cl^-$$

Die elektrisch positiv geladenen Ionen bezeichnet man auch als **Kationen** und die negativ geladenen Ionen als **Anionen.**

Diese Ionen stehen als frei bewegliche Ladungsträger in Flüssigkeiten zur Verfügung.

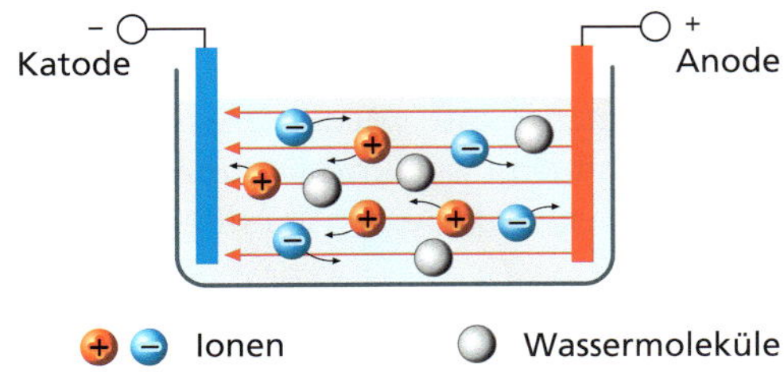

2 In leitenden Flüssigkeiten bewegen sich positiv und negativ geladene Ionen gerichtet.

Wird an zwei **Elektroden** (Stäbe oder Platten) eine Spannung angelegt und damit in der Flüssigkeit ein Antrieb erzeugt (Abb. 1, 2), so bewegen sich die positiv geladenen Kationen zur negativen Elektrode (**Katode**) und die negativ geladenen Anionen zur positiven Elektrode (**Anode**).

Stromfluss in Flüssigkeiten bedeutet die gerichtete Bewegung von positiv und negativ geladenen Ionen.

Mit den Ionen als Ladungsträgern werden Stoffe transportiert, die sich an den Elektroden anlagern können.

Dies wird zur Oberflächenveredlung, z.B. zum Lackieren, Verkupfern, Versilbern oder Verchromen von Gegenständen, genutzt (Abb. 3).

Leitende Flüssigkeiten nennt man auch **Elektrolyte,** die mit dem Stromfluss verbundenen Vorgänge **Elektrolyse.**

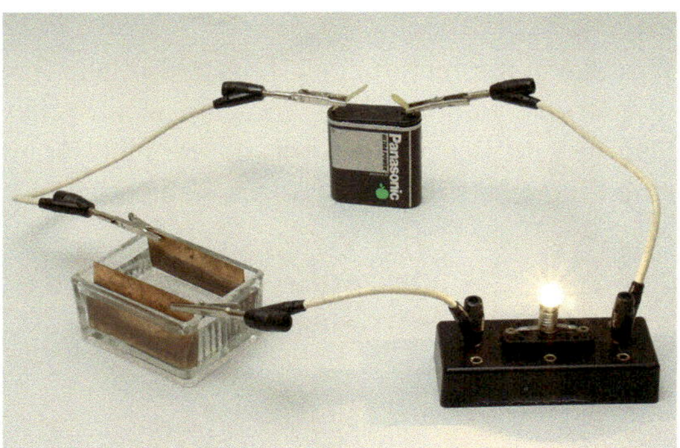

1 Destilliertes Wasser leitet den Strom nicht. Bei Verwendung von Leitungswasser oder Salzwasser fließt ein Strom.

3 Bei der Elektrolackierung lagern sich negativ geladene Wasser-Lack-Teilchen an der als Anode geschalteten Karosserie ab.

Leitung in Gasen

In Gasen unter Normalbedingungen existieren nur sehr wenige frei bewegliche Ladungsträger, sodass kaum Leitungsvorgänge stattfinden können. Das Gasgemisch Luft ist z.B. unter Normalbedingungen ein guter Isolator. Das ist der Grund dafür, dass zwischen den beiden Anschlüssen einer Steckdose oder den offenen Kontakten eines Schalters kein Strom fließt.

Durch äußere Einflüsse können aber in Gasen frei bewegliche Ladungsträger erzeugt werden.

Eine Möglichkeit dafür ist die **Ionisation** des Gases. Durch Energiezufuhr in Form von Wärme oder radioaktiver Strahlung werden einzelne Elektronen aus den Gasmolekülen herausgelöst. Es entstehen Elektronen und positiv geladene Gas-Ionen als frei bewegliche Ladungsträger (Abb. 1). Nach Anlegen eines elektrischen Feldes kann in dem Gas ein Strom fließen.

Eine Ionisation von Gasen kann auch erfolgen, wenn schnelle Elektronen auf Gasmoleküle stoßen und dabei weitere Elektronen aus den Molekülen herauslösen. Diesen Vorgang nennt man **Stoßionisation.** In einem lawinenartigen Prozess entstehen Elektronen und positiv geladene Gas-Ionen als frei bewegliche Ladungsträger (Abb. 2).

Stromfluss in Gasen bedeutet die gerichtete Bewegung von negativ geladenen Elektronen bzw. positiv geladenen Gas-Ionen.

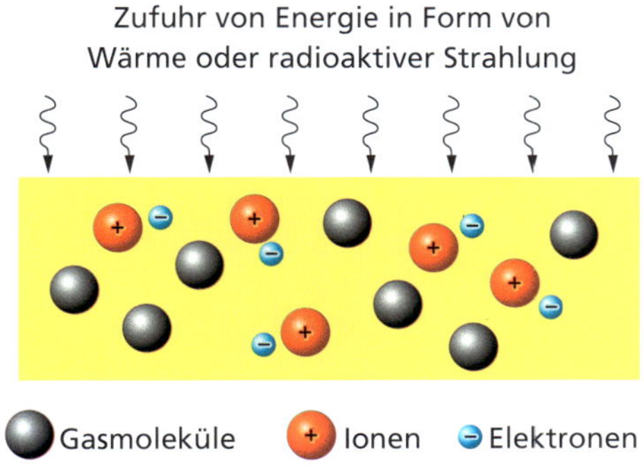

1 Ionisation eines Gases: Durch Energiezufuhr werden Gasmoleküle in Elektronen und positiv geladene Gas-Ionen aufgespalten.

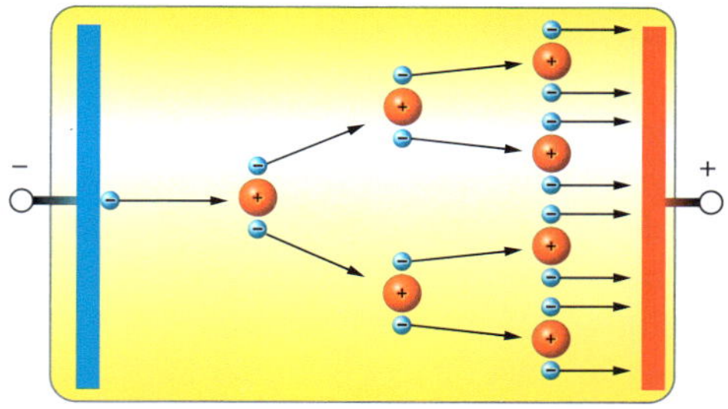

2 Stoßionisation in einem Gas: Als bewegliche Ladungsträger sind dann Elektronen und positiv geladenen Gas-Ionen vorhanden.

Voraussetzung für Stoßionisation ist, dass die Elektronen große Geschwindigkeiten und damit große kinetische Energien besitzen. Das kann man z.B. durch ein starkes elektrisches Feld oder durch geringen Luftdruck erreichen. So kann Luft zwischen Gewitterwolken oder in einer Elektronenröhre (Abb. 4) ionisiert werden. Einzelne Ladungsträger entstehen ständig durch die radioaktive Strahlung in der Luft.

Elektronen als frei bewegliche Ladungsträger können in Gasen auch durch **Emission** erzeugt werden (s. S. 92).

Leitungvorgänge in Gasen sind häufig mit Leuchterscheinungen verbunden (Abb. 3, 4). Dies wird z. B. bei **Leuchtstofflampen** oder **Glimmlampen** genutzt.

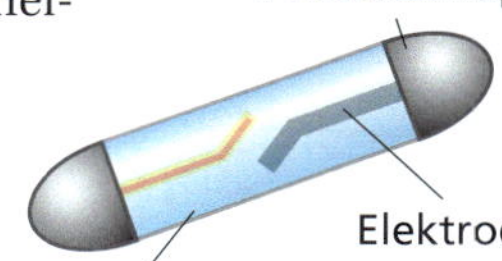

3 Glimmlampe

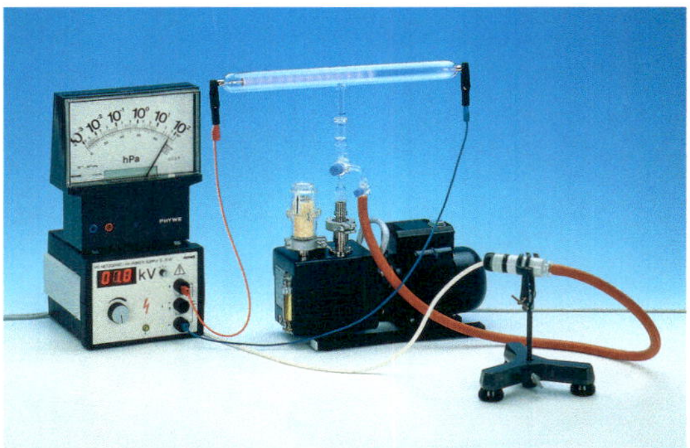

4 Leuchterscheinung eines Gases unter niedrigem Druck bei Anlegen eines elektrischen Feldes: Es entsteht eine leuchtende Säule.

Leitung im Vakuum

In einem Vakuum, einem sehr stark luftverdünnten Raum, kann zunächst kein Leitungsvorgang stattfinden, da keine Ladungsträger vorhanden sind. Ein Leitungsvorgang kann dann erfolgen, wenn ein elektrisches Feld vorhanden ist und in den Raum Ladungsträger gebracht werden. Dazu gibt es zwei Möglichkeiten.

Beim **glühelektrischen Effekt** wird einer Platte aus Metall oder Metalloxid durch Erwärmen so viel Energie zugeführt, dass sich Elektronen aus der Metalloberfläche herauslösen können. Sie werden aus der Metalloberfläche emittiert. Man nennt diesen Vorgang deshalb auch **Glühemission** (Abb. 1). Die Glühemission wurde 1883 von THOMAS ALVA EDISON (1847–1931) bei Experimenten mit Glühlampen entdeckt. Sie wird in Elektronenröhren genutzt, die früher vielfach in Geräten, z. B. in Radios, verwendet wurden. Heute wird die Glühemission vor allem in Elektronenstrahlröhren angewendet, die sich z. B. in Fernsehapparaten oder in Oszillografen befinden (s. S. 104–105).

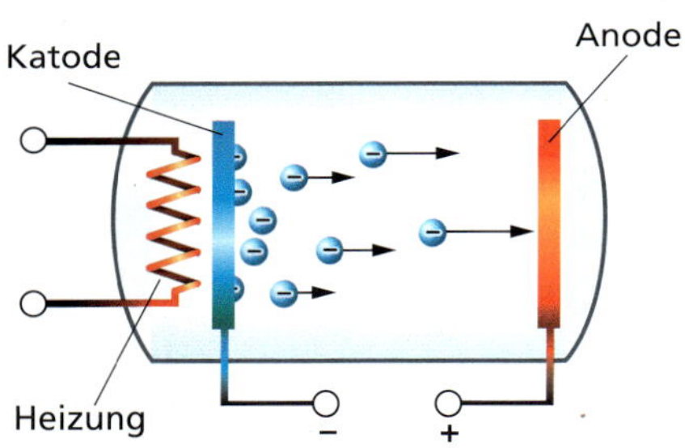

1 Glühemission in einer Vakuumröhre

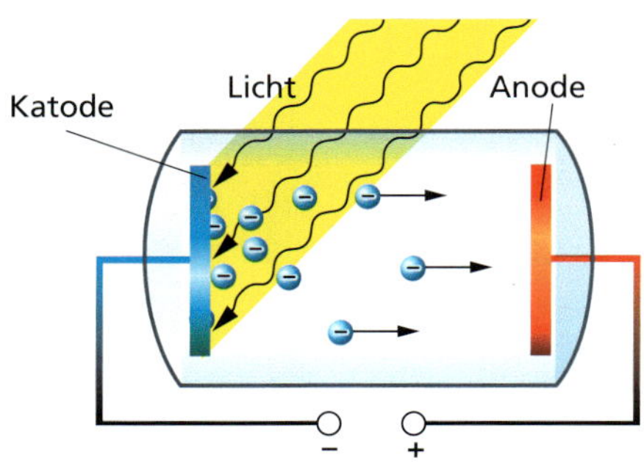

2 Fotoemission in einer Vakuumröhre

Beim **lichtelektrischen Effekt** werden durch Bestrahlung mit Licht Elektronen aus der Oberfläche einer Metall- bzw. Metalloxidplatte emittiert. Diesen Vorgang nennt man **Fotoemission** (Abb. 2). Die Fotoemission wurde 1888 von WILHELM HALLWACHS (1859–1922) erstmals beim Bestrahlen einer Zinkplatte mit Licht beobachtet.

Stromfluss im Vakuum bedeutet die gerichtete Bewegung von Elektronen, die durch Glühemission oder Fotoemission erzeugt werden.

Schon bei einer relativ geringen Spannung erreichen die Elektronen große Geschwindigkeiten.

Mosaik

Die Röntgenröhre

Eine Elektronenstrahlröhre besonderer Art ist die Röntgenröhre. In ihr sind ein Wolframfaden als Glühkatode und eine Metallplatte als Anode eingebaut. Durch Glühemission treten aus der Katode Elektronen aus. Durch ein elektrisches Feld zwischen den Elektroden werden die Elektronen sehr stark beschleunigt und beim Auftreffen auf die Anode abgebremst. Die kinetische Energie der Elektronen wird in thermische Energie und in Strahlungsenergie umgewandelt. Die dabei entstehende unsichtbare Strahlung wird nach ihrem Entdecker WILHELM CONRAD RÖNTGEN (1845–1923) Röntgenstrahlung genannt. Sie hat die besondere Eigenschaft, undurchsichtige Körper zu durchdringen, wobei die Durchdringungsfähigkeit von verschiedenen Stoffen unterschiedlich ist. Dadurch kann auf Leuchtschirmen oder auf Filmen der innere Bau von Körpern sichtbar gemacht werden. Dies wird z. B. für Diagnosen in der Medizin und für Werkstoffprüfungen genutzt.

Da Röntgenstrahlung lebende Zellen abtöten kann, wird sie auch zur Abtötung von Krebszellen in der Medizin angewendet. Röntgenstrahlung kann, ähnlich wie radioaktive Strahlung oder UV-Strahlung, gesundheitsschädigend sein.

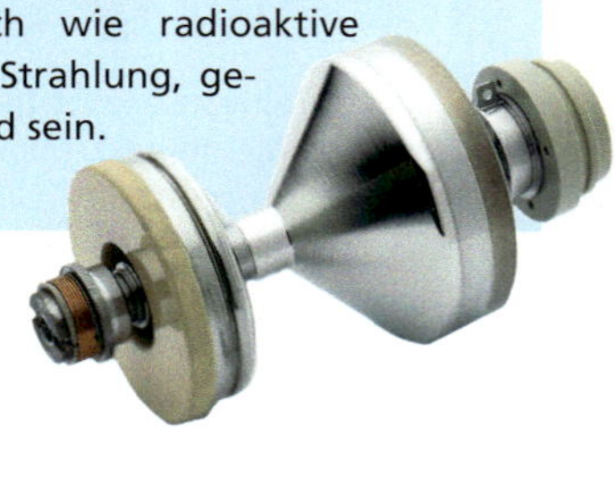

Leitung in Halbleitern

Halbleiter sind Stoffe, deren elektrische Leitfähigkeit zwischen der von Leitern und Isolatoren liegt.

Diese Leitfähigkeit ist bei reinen Halbleitern wie Silicium, Germanium und Selen nur gering und technisch kaum nutzbar. Von reinen Halbleitern spricht man, wenn auf mehr als 10^9 Siliciumatome ein Fremdatom oder ein Gitterfehler kommt.

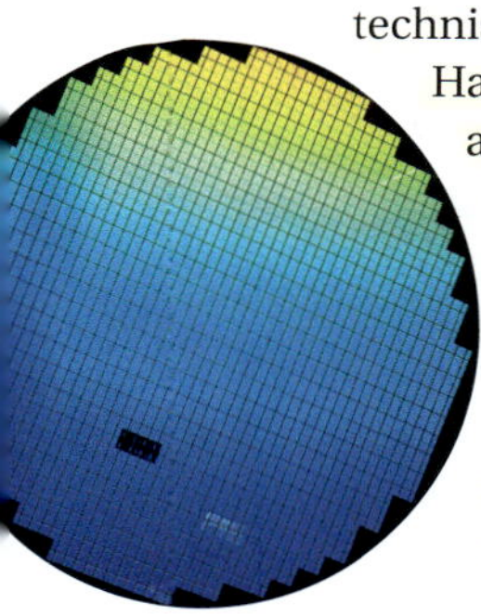

1 Siliciumscheibe mit Bauelementen

Bei Zimmertemperatur sind bei einem reinen Halbleiter fast alle Elektronen im Gitter fest gebunden (Abb. 3). Einzelne Elektronen können aber diese Bindung verlassen. Dabei entsteht jeweils eine Fehlstelle, ein Loch.

Man spricht auch von Defektelektronen. Diese Löcher oder Defektelektronen werden teilweise wieder durch Elektronen besetzt. Man sagt: Die Elektronen und Löcher rekombinieren. Im Mittel sind aber immer ein paar freie Elektronen und Löcher vorhanden.

Wird an einen solchen reinen Halbleiter eine Spannung angelegt, dann gehen parallel zueinander folgende Vorgänge vor sich:

- Die wenigen freien Elektronen bewegen sich in Richtung Pluspol der Spannungsquelle.
- In Löcher springen benachbarte, ursprünglich gebundene Elektronen.

Dadurch erfolgt insgesamt eine Bewegung von Elektronen in der einen Richtung und gleichzeitig von Löchern in der entgegengesetzten Richtung (Abb. 2).

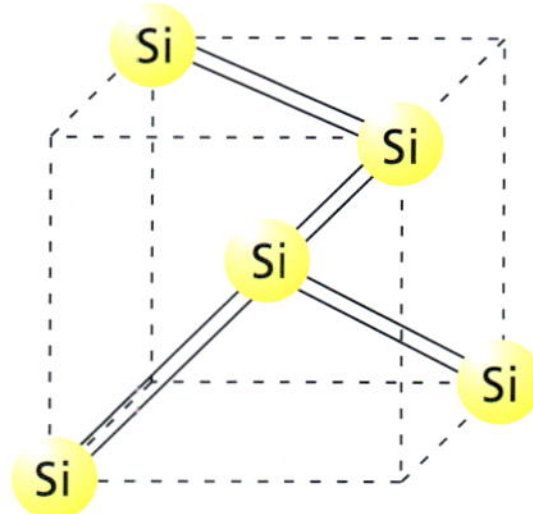

3 Räumliche Darstellung von Silicium: Bei reinem Silicium sind fast alle Elektronen im Gitter fest gebunden. Das Foto rechts zeigt Silicium.

Dieser Leitungsmechanismus wird als **Eigenleitung** bezeichnet. Er hat nur geringe praktische Bedeutung.

Die Leitfähigkeit eines Halbleiters kann gezielt erhöht werden, wenn man Atome anderer Elemente (Fremdatome) einbringt, die mehr oder weniger Außenelektronen haben als die Halbleiteratome. Man nennt diesen Vorgang **Dotieren.** Beim Dotieren entstehen **Störstellen** mit freien Elektronen oder Löchern. Die darauf basierende Leitung wird **Störstellenleitung** genannt.

Bei Halbleitern erfolgt der elektrische Leitungsvorgang durch Elektronen und Löcher (Defektelektronen).
Je nach der Dotierung unterscheidet man zwischen n-Halbleitern und p-Halbleitern.

Die beiden grundsätzlichen Möglichkeiten des Dotierens sind auf S. 94 oben dargestellt. Bewegen sich vorrangig negativ geladene Elektronen, so spricht man von **n-Leitung.** Erfogt die Leitung vor allem durch Löcher, so wird von **p-Leitung** gesprochen.

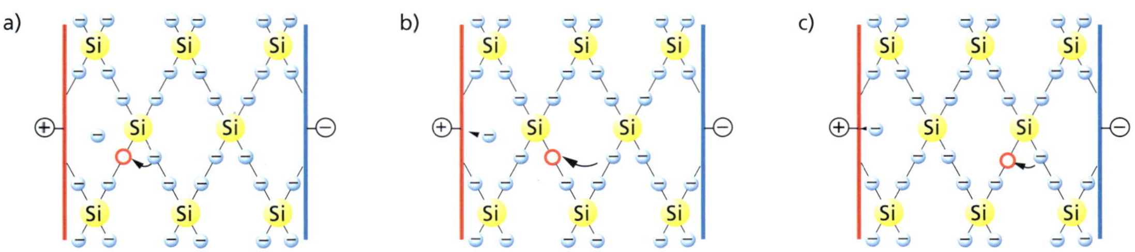

2 Eigenleitung in Silicium: Elektronen bewegen sich nach links, Löcher nach rechts.

n-Halbleiter

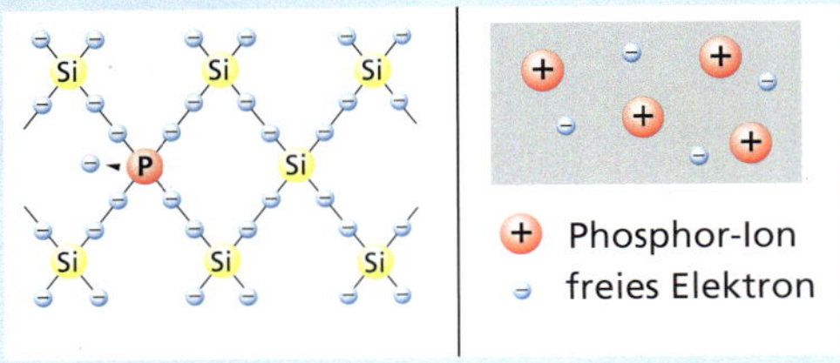

Wird ein Phosphoratom (5-wertig) in Silicium dotiert, kann ein Außenelektron des Phosphors nicht gebunden werden und steht als freies Elektron für eine n-Leitung zur Verfügung.

p-Halbleiter

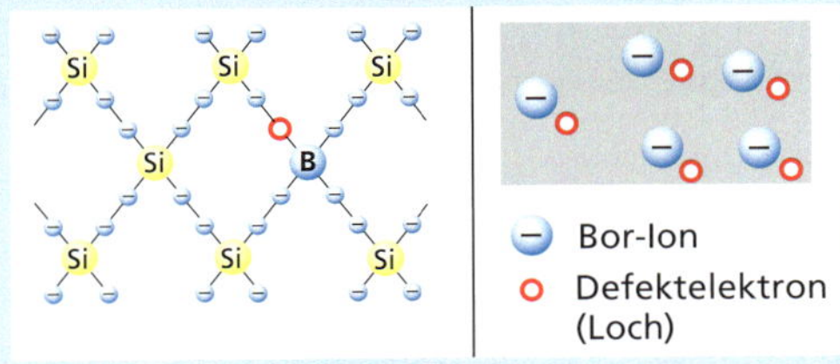

Wird in ein Siliciumkristall ein Boratom (3-wertig) dotiert, kann ein Außenelektron eines Siliciumatoms nicht gebunden werden. Es bleibt ein Loch, das für eine p-Leitung zur Verfügung steht.

Der elektrische Widerstand eines Halbleiters ist von dessen Temperatur abhängig. Dabei wirken zwei gegensätzliche Vorgänge. Einerseits führen bei höherer Temperatur die Atome und Ionen des Halbleiterkristalls stärkere Schwingungen um ihre Ruhelage aus und behindern dadurch stärker die Bewegung der frei beweglichen Elektronen.
Andererseits können sich bei einer höheren Temperatur mehr Außenelektronen aus ihren Bindungen lösen. Somit stehen mehr frei bewegliche Ladungsträger und Löcher zur Verfügung. Je nachdem, welcher dieser Vorgänge überwiegt, steigt oder sinkt der Widerstand eines Halbleiters bei Temperaturerhöhung. Solche temperaturabhängigen Halbleiterwiderstände bezeichnet man als **Thermistoren,** wobei man zwischen Kaltleitern und Heißleitern unterscheidet.

Bei **Kaltleitern** wird der elektrische Widerstand umso größer, je höher die Temperatur ist. Bei **Heißleitern** nimmt der elektrische Widerstand mit steigender Temperatur ab (siehe Übersicht unten).
Die Leitfähigkeit und damit der Widerstand von Halbleitern kann auch durch die Stärke des einfallenden Lichtes beeinflusst werden. Das wird bei **Fotowiderständen** (s. unten) genutzt: Je stärker sie mit Licht beleuchtet werden, umso kleiner ist ihr elektrischer Widerstand.

Thermistoren		Fotowiderstände (LDR)
Heißleiter (NTC-Widerstand)	**Kaltleiter (PTC-Widerstand)**	
Mit steigender Temperatur ϑ verringert sich der Widerstand.	Mit steigender Temperatur ϑ vergrößert sich der Widerstand.	Mit zunehmender Beleuchtungsstärke E verringert sich der Widerstand.
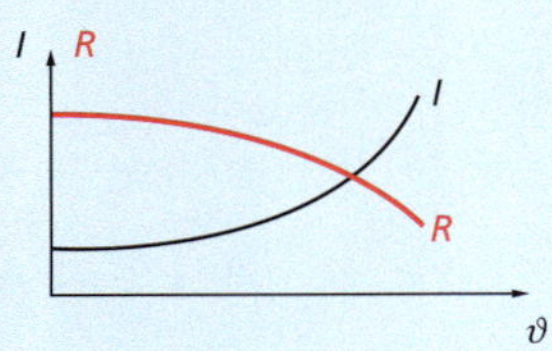	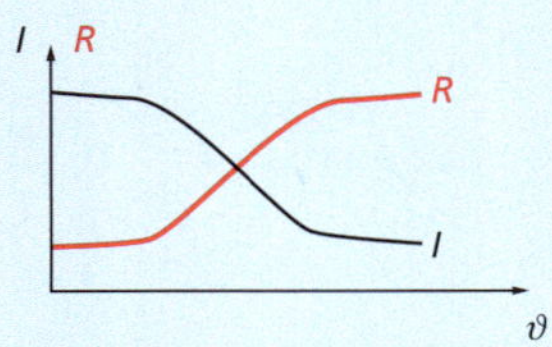	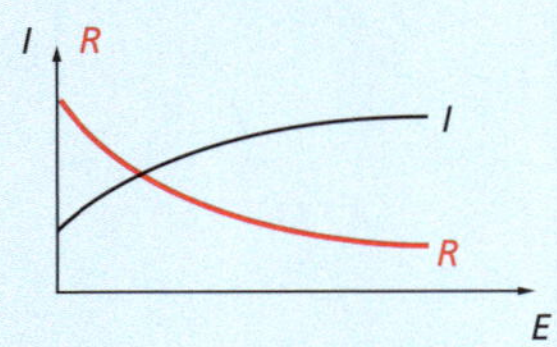

Leuchtdiode

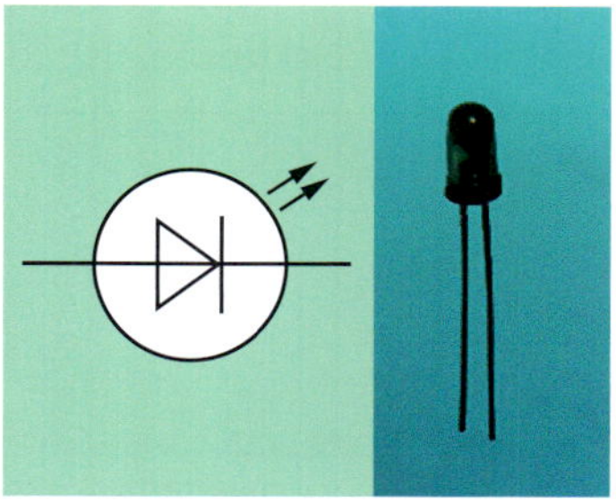

1 Schaltzeichen einer Leuchtdiode

Leuchtdioden, auch **Lumineszenzdiode**n, **Lichtemitterdiode**n oder **LED** (abgeleitet vom englischen **l**ight **e**mitting **d**iode) genannt, sind spezielle **Halbleiterdioden**, die beim Betrieb in Durchlassrichtung Licht in einem bestimmten Wellenlängenbereich aussenden. Die Umkehrung der Leuchtdiode ist die **Fotodiode.**

Aufbau und Wirkungsweise

Leuchtdioden bestehen wie andere Arten von Dioden aus einem **n-Leiter** und einem **p-Leiter** mit einem dazwischen liegenden, sehr dünnen **pn-Übergang.** Als Grundmaterial verwendet man vor allem Galliumarsenid (GaAs) und Galliumphosphid (GaP), wobei unterschiedliche Stoffe zur Dotierung genutzt werden. Diese Stoffe bestimmen die Farbe des Lichtes, das ausgesandt wird.

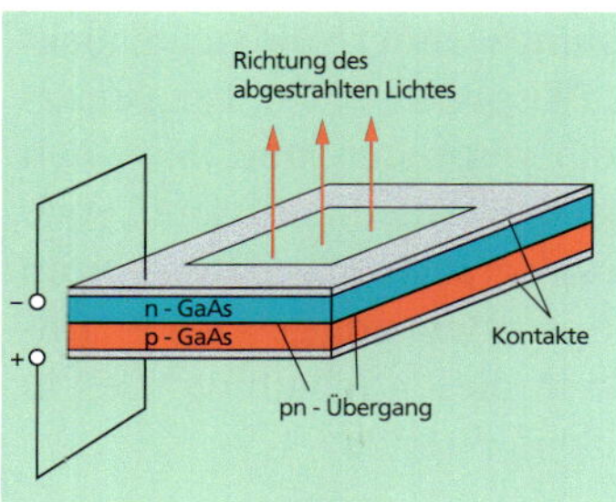

2 Aufbau einer Leuchtdiode

Leuchtdioden sind so gebaut, dass das im pn-Übergang entstehende Licht aus der Diode in einer bestimmten Richtung austreten kann. Abb. 2 zeigt eine verbreitete Bauform, einen Flächenstrahler.

Die Leuchtdiode wird in Durchlassrichtung geschaltet. Dann fließt durch den pn-Übergang ein Strom. Im pn-Übergang kommt es zu einer **Rekombination** von Elektronen und Löchern (Defektelektronen). Bei dieser Rekombination wird Energie frei, die in Form von Licht abgegeben wird. Dabei gilt:

- Die Stoffe, aus denen die Leuchtdiode besteht, bestimmen die Farbe des Lichtes.
- Durch die Form der Diode wird bestimmt, von welcher Fläche Licht abgegeben wird. Die wichtigsten Formen sind Flächenstrahler, halbkugelförmige Strahler und strichförmige Strahler.

Hinweis: Rekombination von Elektronen und Löchern tritt auch bei anderen Dioden in Durchlassrichtung auf. Die dabei frei werdende Energie wird aber im Unterschied zu Leuchtdioden nicht als Licht, sondern in Form von Wärme abgegeben.

3 Leuchtdioden werden u. a. als Anzeigelampen genutzt.

Anwendungen

Wegen ihrer geringen Abmessungen und des relativ geringen Energieverbrauchs eignen sich Leuchtdioden als Lichtquellen für viele Zwecke (Abb. 3).

... und mehr

Informiere dich auch unter: *Fotodiode, Fotowiderstand, Solarzellen, Halbleiterdiode, Laserdiode, Thermistor, Transistor, Alarmanlage, Belichtungsmesser, Darlingtonschaltung, Digitaltechnik, Feuermelder, ...*

Die Halbleiterdiode

Eine **Diode** ist ein elektronisches Bauelement (s. S. 413), das aus zwei unterschiedlich dotierten Schichten desselben Grundmaterials aufgebaut ist. Häufig wird dazu dotiertes Silicium verwendet. Zwischen den beiden Schichten befindet sich ein pn-Übergang (Abb. 2, 3).

Die freien Elektronen bewegen sich zunächst ungeordnet in der Diode und durchdringen so auch den pn-Übergang. Dabei gelangen einzelne Elektronen in den p-Leiter und besetzen dort die Löcher (Defektelektronen). Dies führt dazu, das zwischen dem p-Leiter und dem n-Leiter eine **Grenzschicht** entsteht, in der keine frei beweglichen Ladungsträger vorhanden sind. Vereinfacht erhält man damit einen Aufbau, wie er in Abb. 3 dargestellt ist.

Wird nun der n-Leiter einer Diode mit dem Minus-Pol und der p-Leiter mit dem Pluspol der elektrischen Quelle verbunden (Abb. 1a), so werden die freien Elektronen in die Grenzschicht gedrückt und können ab einer bestimmten Spannung diese überwinden. Die Spannung beträgt bei Siliciumdioden ca. 0,7 V und bei Germaniumdioden ca. 0,35 V. Bei größeren Spannungen wird der Widerstand der Diode sehr klein. Die Diode lässt in dieser Richtung den Strom hindurch. Sie ist in **Durchlassrichtung** gepolt (Abb. 1b).

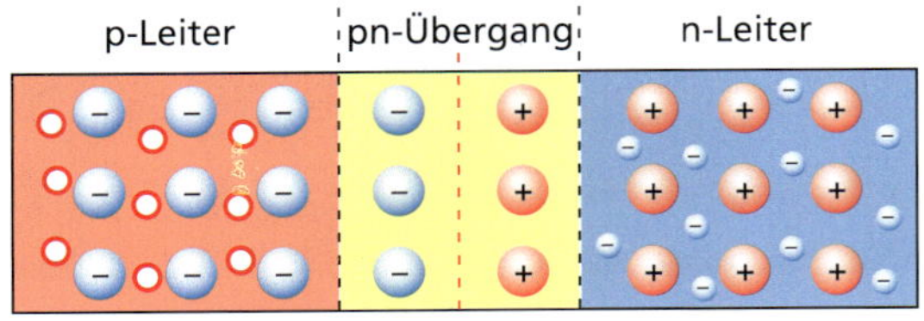

2 Aufbau einer Halbleiterdiode: Die großen Teilchen sind die ortsfesten Ionen der Dotierungsstoffe.

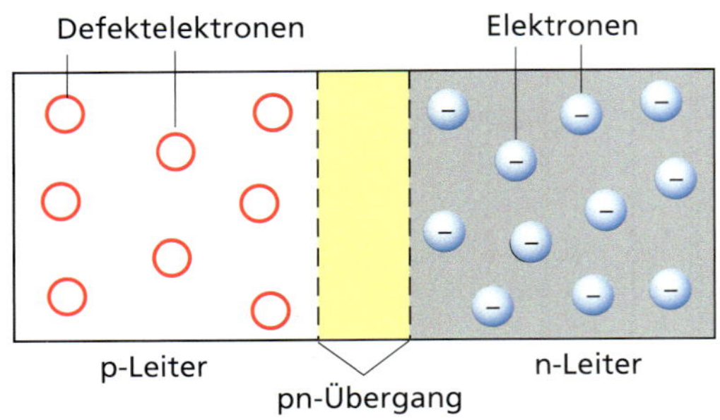

3 Vereinfachte Darstellung des Aufbaus einer Halbleiterdiode

Bei umgekehrter Polung wandern die freien Elektronen in Richtung Pluspol (Abb. 4a). Die Grenzschicht wird dadurch verbreitert und hat einen sehr großen elektrischen Widerstand. Die Diode lässt demzufolge in dieser Richtung keinen Strom hindurch. Sie ist in **Sperrrichtung** geschaltet. Damit wirkt die Diode in dieser Schaltung wie ein Isolator.

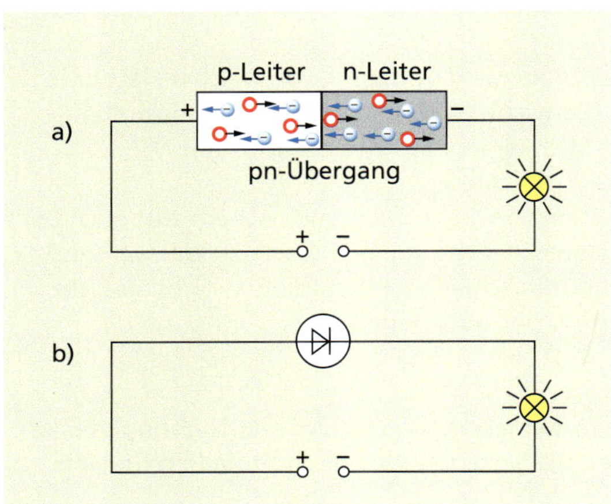

1 Diode in Durchlassrichtung: Der Pluspol der Spannungsquelle liegt am p-Leiter.

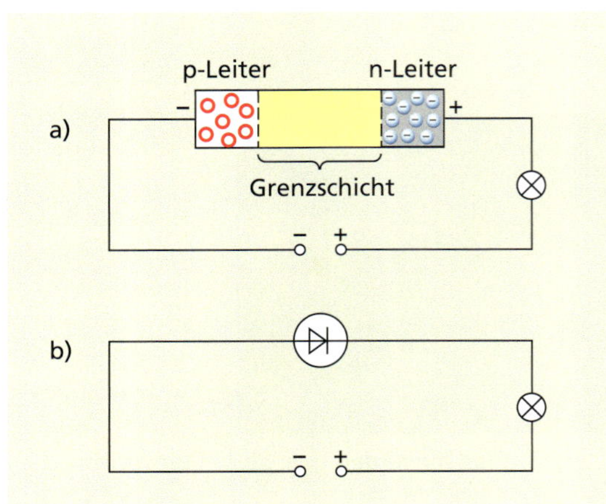

4 Diode in Sperrrichtung: Der Pluspol der Spannungsquelle liegt am n-Leiter.

Ein pn-Übergang lässt den elektrischen Strom nur in einer Richtung hindurch.

Diese Eigenschaft eines pn-Übergangs ist grundlegend für die gesamte Halbleiterelektronik und wird auch bei anderen Halbleiterbauelementen genutzt.

Die Eigenschaften der Diode werden mit der *I-U*-Kennlinie (Abb. 2) beschrieben. Aus dieser Kennlinie ist ablesbar: In Sperrrichtung fließt trotz anliegender Spannung kein Strom. Ursache dafür ist der große Widerstand der Grenzschicht. Auch in Durchlassrichtung fließt bis zu einer Spannung von ca. 0,7 V kein Strom. Erst bei dieser Spannung können Elektronen die Grenzschicht überwinden. Bei Spannungen von mehr als 0,7 V steigt die Stromstärke stark an, da der Widerstand der Diode nun sehr klein ist.

Da eine Diode den Strom nur in einer Richtung hindurchlässt, kann sie zur Gleichrichtung von Wechselströmen genutzt werden. Dabei werden Halbleiterdioden als **Gleichrichter** verwendet.

Abb. 1a zeigt eine einfache Gleichrichterschaltung. Bei einer solchen Gleichrichterschaltung wird eine Halbkurve des Wechselstromes „abgeschnitten" (Abb. 1b).

Will man beide Halbkurven nutzen, so muss man eine Zweiweggleichrichterschaltung anwenden, so wie sie in Abb. 4 dargestellt ist.

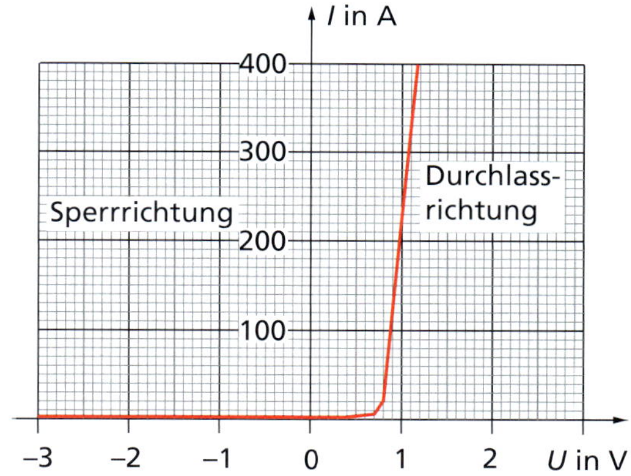

2 *I-U*-Kennlinie einer Siliciumdiode

Beim elektrischen Stromfluss durch Dioden in Durchlassrichtung bewegen sich Elektronen in Löcher und werden wieder zu Außenelektronen in einer Atombindung. Dabei geben sie Energie ab. Diese Energie kann als Wärme abgestrahlt oder als Licht ausgesendet werden. Die Aussendung von Licht wird bei **Leuchtdioden** (Lichtemitterdioden, LED, S. 413) genutzt.

3 Leuchtdioden, die unsichtbares infrarotes Licht aussenden, nutzt man bei Fernbedienungen.

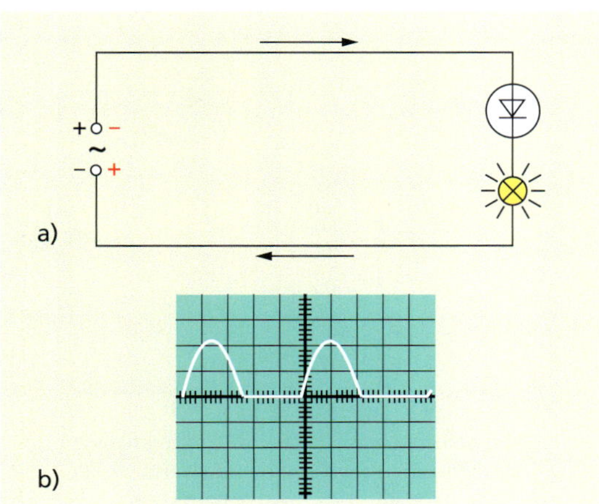

1 Schaltung eines Gleichrichters (a) mit Bild des pulsierenden Gleichstroms (b)

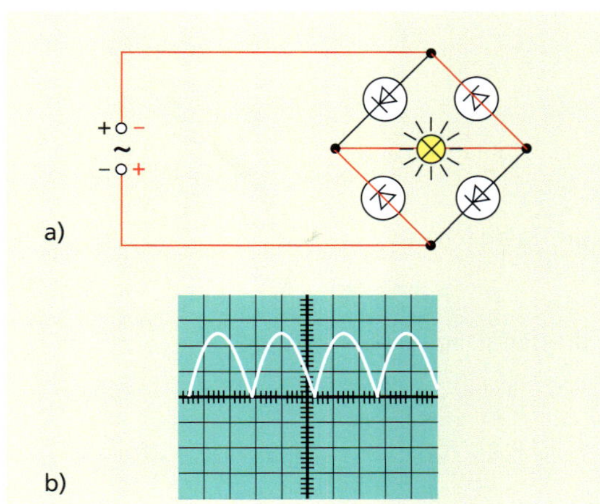

4 Schaltung eines Gleichrichters (a) mit Bild des pulsierenden Gleichstroms (b)

Der Transistor

Ein **Transistor** ist ein Halbleiterbauelement (s. S. 101), das aus drei unterschiedlich dotierten Schichten desselben Grundmaterials, meistens Silicium, besteht. Je nach Dotierung unterscheidet man **npn-Transistoren** und **pnp-Transistoren.** An den Leitungsvorgängen sind sowohl Elektronen als auch Defektelektronen beteiligt. Man nennt diese Art von Transistoren deshalb auch **bipolare Transistoren.** Die drei Schichten dieser Transistoren heißen **Emitter** (E), **Basis** (B) und **Kollektor** (C). Solche Transistoren haben zwei pn-Übergänge (Abb. 1). Mit Spannungen an den drei Anschlüssen eines Transistors können die Widerstände der pn-Übergänge beeinflusst und die elektrischen Ströme durch den Transistor gesteuert werden. Dazu schaltet man den Transistor so, dass zwei Stromkreise entstehen, der **Basisstromkreis** (Steuerstromkreis) und der **Kollektorstromkreis** (Arbeitsstromkreis). Mit dem Basisstromkreis wird der Kollektorstromkreis gesteuert (Abb. 2).

Liegt nur eine Spannung zwischen Emitter und Kollektor an, so ist ein pn-Übergang stets in Sperrrichtung geschaltet. Ein Strom, der **Kollektorstrom** I_C, kann nicht fließen. Durch eine zusätzliche Spannung zwischen Emitter und Basis, der **Basis-Emitter-Spannung** U_{BE}, kann der pn-Übergang bei entsprechender Polung in Durchlassrichtung geschaltet werden. Dann fließt im Basisstromkreis ein Strom, der **Basisstrom** I_B. Beim npn-Transistor bewegen sich Elektronen aus dem Emitter in die Basis. Da die Basisschicht sehr dünn ist, gelangen Elektronen aus dem Emitter in die Nähe des pn-Übergangs von Kollektor und Basis (Abb. 1, S. 99).

Der Kollektor ist mit dem positiven Pol der elektrischen Quelle verbunden. Von diesem Pol werden die Elektronen angezogen und überwinden den vorher gesperrten pn-Übergang von Kollektor und Basis. Dieser pn-Übergang wird leitend und es kann im Kollektorstromkreis der **Kollektorstrom** I_C fließen.

Mit einem Basisstrom I_B bzw. einer Basis-Emitter-Spannung U_{BE} kann also im Kollektorstromkreis ein Strom I_C fließen. Man nennt diesen Effekt auch **Transistoreffekt:**

> **Durch Anlegen einer Basis-Emitter-Spannung wird ein Transistor zwischen Emitter und Kollektor elektrisch leitend. Im Kollektorstromkreis fließt dann ein elektrischer Strom.**

Der Transistoreffekt kommt durch eine spezielle Bauweise zustande (Abb. 1a, S. 99). Die Basis ist sehr dünn. Der Basisanschluss ist seitlich angeordnet. Der Kollektor ist wesentlich breiter als der

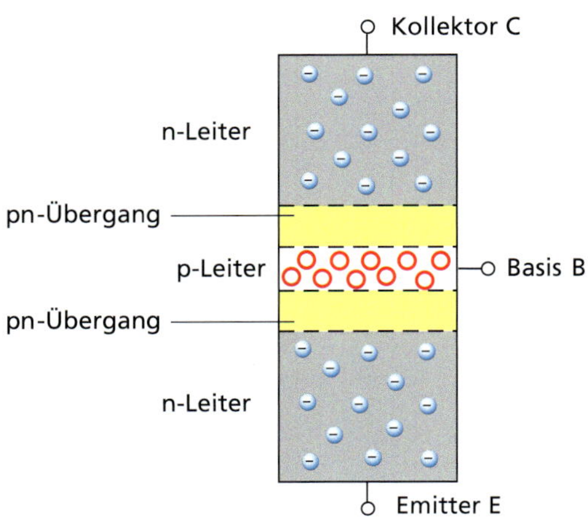

1 Aufbau eines npn-Transistors

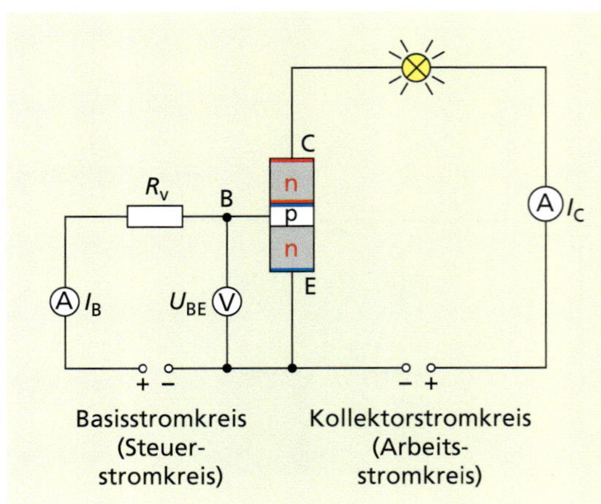

2 Schaltung eines npn-Transistors

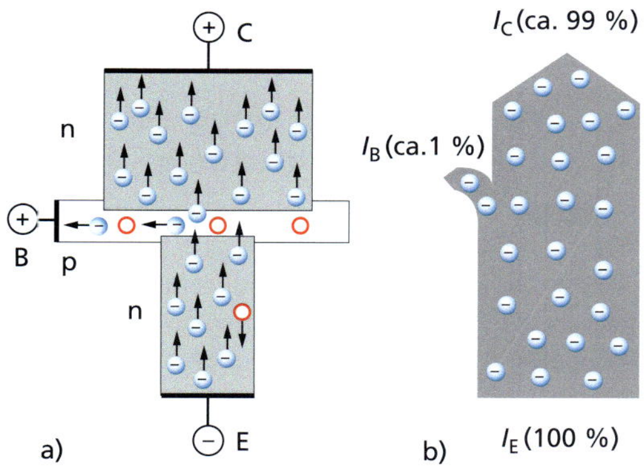

1 Leitungsvorgang im npn-Transistor: Der größte Teil des Stromes fließt vom Emitter zum Kollektor.

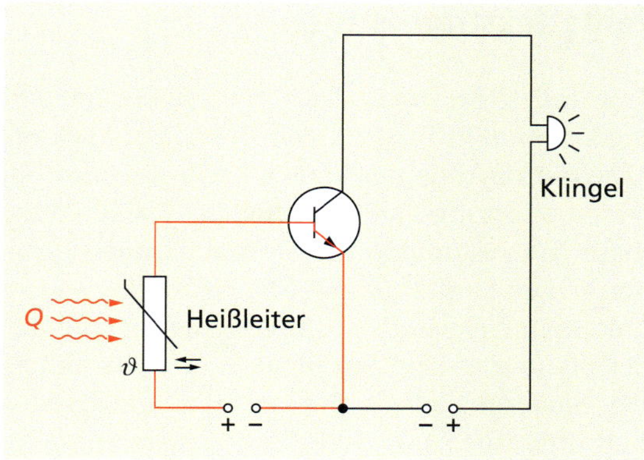

3 Feuermelder mit Heißleiter und Transistor als Schalter

Emitter und hat damit eine größere Berührungsfläche mit der Basis.

Beim Anschluss des Transistors wird die Basis mit Elektronen regelrecht überschwemmt. Bevor diese zum Basisanschluss gelangt sind, haben viele Elektronen den pn-Übergang von Kollektor und Basis erreicht und werden vom Kollektor angezogen. Nur etwa 1 % der Elektronen erreicht den seitlichen Basisanschluss (Abb. 1b). Der Großteil der Elektronen steht für den Kollektorstrom zur Verfügung. Dieser Effekt wird auch mit der I_C-U_{BE}-Kennlinie eines solchen Transistors (Abb. 2) beschrieben. Mit dem Basisstromkreis kann der Kollektorstromkreis ein- bzw. ausgeschaltet werden. Damit kann ein Transistor als **elektronischer Schalter** genutzt werden (Abb. 3).

Eine für Anwendungen sehr interessante Seite des Transistoreffekts zeigt die I_C-I_B-Kennlinie eines Transistors (Abb. 4). Aus dieser Kennlinie wird ersichtlich, dass im Basisstromkreis nur ein sehr geringer Strom fließt, während die Kollektorstromstärke ca. 100-mal so groß ist wie die Basisstromstärke. So wird in einem Transistor mit einem kleinen Basisstrom ein großer Kollektorstrom gesteuert. Eine kleine Änderung der Basisstromstärke bewirkt eine große Änderung der Kollektorstromstärke. Ein Transistor kann somit als **Verstärker** genutzt werden.

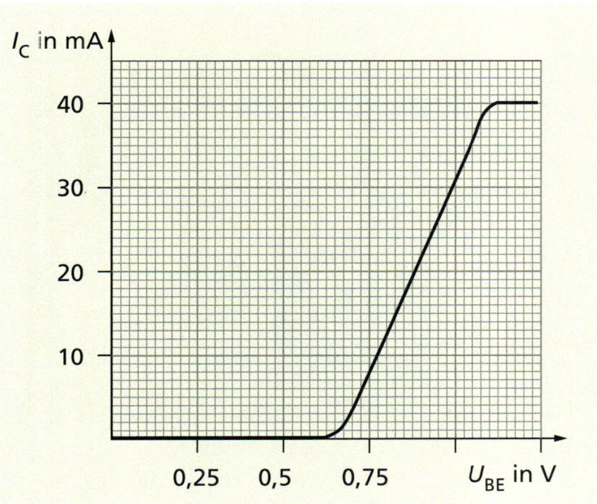

2 I_C-U_{BE}-Kennlinie eines Siliciumtransistors

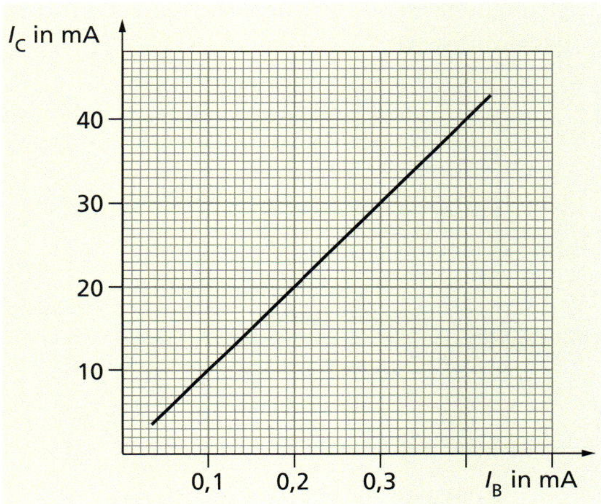

4 I_C-I_B-Kennlinie eines Siliciumtransistors

Feldeffekttransistoren

Eine andere Art von Transistoren sind Feldeffekttransistoren (FET). Bei diesen Transistoren ist im Arbeitsstromkreis nur eine Art von Ladungsträgern am Leitungsvorgang beteiligt, weshalb man diese Transistoren auch **Unipolartransistoren** nennt. Der Stromfluss im Arbeitsstromkreis wird durch ein elektrisches Feld gesteuert, wobei bei der Steuerung kein Strom fließt. Das bedeutet: Die Steuerung dieser Transistoren erfolgt leistungsfrei. Auch ein Feldeffekttransistor besteht aus unterschiedlich dotierten Schichten eines Grundmaterials, meistens Silicium.

Die Anschlüsse heißen **Source** S (Quelle, Zufluss), **Drain** D (Senke, Abfluss) und **Gate** G (Tor). Der Arbeitsstromkreis wird zwischen S und D geschaltet. Im Transistor befindet sich zwischen S und D ein Kanal, dessen Leitfähigkeit durch die Spannung am Gate G beeinflusst wird (Abb. 1).

Feldeffekttransistoren sind der Typ von Transistoren, der seit etwa 1970 für integrierte Schaltungen verwendet wird. Seine Wirkungsweise lässt sich folgendermaßen beschreiben:

- Liegt nur eine Spannung zwischen S und D an, so fließt kein Strom.
- Wird an G eine positive Spannung angelegt, so entsteht ein elektrisches Feld. Es bewirkt, dass Elektronen in den Kanal zwischen S und D gelangen. Der Kanal wird leitend. Es fließt ein Strom, dessen Stärke durch die Gatespannung gesteuert wird.

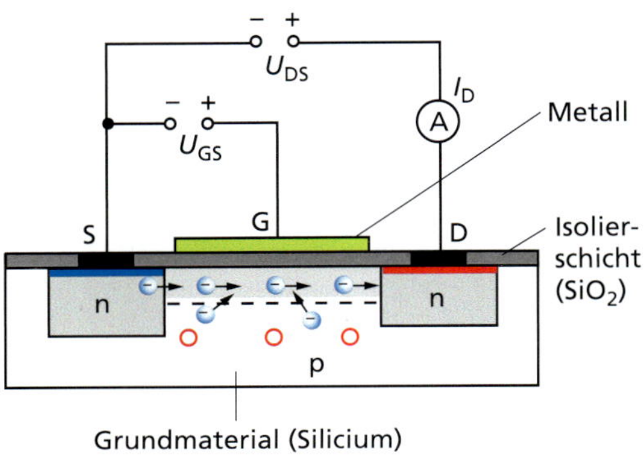

1 Aufbau und Schaltung eines Feldeffekttransistors

Mosaik

Aus der Entwicklung der Halbleiter-Elektronik

Bereits im 19. Jahrhundert wurden Halbleiter für verschiedene Zwecke (z. B. Fotometer, Gleichrichter) von Wissenschaftlern genutzt. Erklären konnte man die Leitungsvorgänge in Halbleitern aber noch nicht. So war es auch nicht möglich, Halbleiter mit ganz bestimmten Eigenschaften in größeren Stückzahlen herzustellen.
Bis in die 30er Jahre des 20. Jahrhunderts nutzte man in der sich entwickelnden Nachrichtentechnik vor allem Elektronenröhren, aber kaum Halbleiter. Auch die ersten größeren Computer wurden entweder mit Relais oder mit Elektronenröhren gebaut. Der Großrechner ENIAC (**e**lectronic **n**umerical **i**ntegrator **a**nd **c**omputer), der 1945 an der Universität von Pennsylvania (USA) entwickelt wurde, hatte 18 000 Röhren, eine Masse von 30 t und eine elektrische Leistung von 150 kW. Durch Forschungsarbeiten in den 40er Jahren, vor allem in den USA, lernte man die Leitungsvorgänge in Halbleitern zu verstehen und gezielt zu nutzen. Der entscheidende Durchbruch für die Halbleiter-Elektronik gelang 1947–1949 mit der Entdeckung des Transistoreffekts durch die amerikanischen Wissenschaftler W. H. BRATTAIN, J. BARDEEN und W. SHOCKLEY (Abb. 2), die dafür 1956 den Nobelpreis für Physik erhielten. 1948 meldeten sie ein verstärkendes Halbleiterbauelement zum Patent an. 1949 wurde der erste Transistor gebaut.

2 WILLIAM SHOCKLEY (1910–1989), WALTER HOUSER BRATTAIN (1902–1987) und JOHN BARDEEN (1908 bis 1991)

Ausgewählte elektronische Bauelemente im Überblick

Thermistor

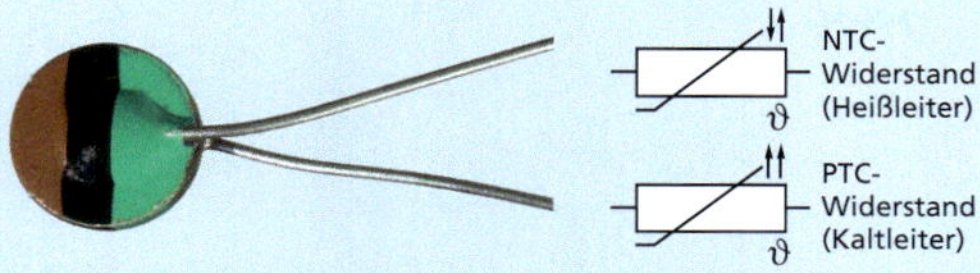

Thermistoren sind stark temperaturabhängige Widerstände aus halbleitenden Metalloxiden. Ihr Widerstand vergrößert oder verkleinert sich mit steigender Temperatur.

Fotowiderstand

Fotowiderstände sind beleuchtungsabhängige Widerstände, z. B. aus Cadmiumsulfid, die auf ein Trägerplättchen aufgebracht sind. Ihr Widerstand verkleinert sich mit der Beleuchtungsstärke.

Gleichrichterdiode

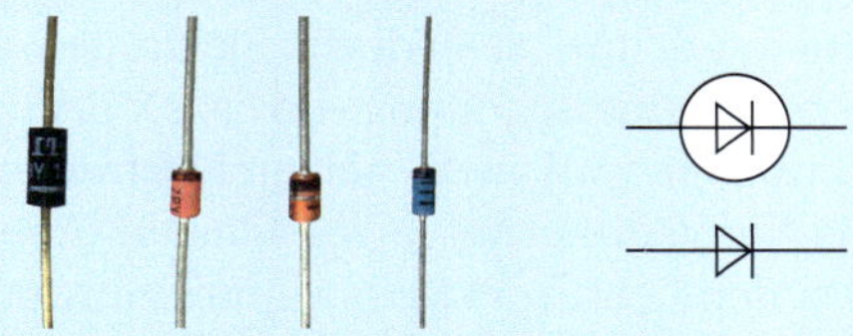

Gleichrichterdioden sind Bauelemente mit einem pn-Übergang, die in Sperrrichtung einen großen und in Durchlassrichtung einen kleinen Widerstand haben.

Leuchtdiode (LED)

Leuchtdioden, z. B. aus GaAs, werden in Durchlassrichtung betrieben. Bei der Rekombination im pn-Übergang wird Energie frei, die in Form von Strahlung (Licht) abgegeben wird.

Fotodiode

Fotodioden werden in Sperrrichtung betrieben. Bei Beleuchtung des pn-Übergangs mit Licht erfolgt eine Paarbildung. Die Stromstärke steigt an.

Fotoelement, Solarzelle

Solarzellen sind flächenhafte Anordnungen von Fotoelementen. Bei einem Fotoelement entsteht bei Lichteinstrahlung zwischen p- und n-Anschluss eine Spannung.

bipolarer Transistor

Bipolare Transistoren sind Bauelemente, bei denen ein Arbeitsstromkreis durch einen Steuerstromkreis beeinflusst wird. Sie werden als Schalter und Verstärker genutzt.

unipolarer Transistor

Unipolare Transistoren sind Bauelemente, bei denen durch ein elektrisches Feld ein Arbeitsstromkreis beeinflusst wird. Sie werden als Schalter und Verstärker genutzt.

Physik in Natur und Technik

Der Akkumulator – eine elektrische Quelle, die lange hält

Akkumulatoren (Abb. 2) haben den Vorteil, dass man sie wieder aufladen kann. Die erste Form eines solchen Akkus wurde von JOHANN WILHELM RITTER (1776–1810) im Jahre 1803 in Jena gebaut.
Beschreibe die elektrischen Leitungsvorgänge, die beim Laden und Entladen in einem Bleiakku ablaufen!
Gehe dabei auch auf die ablaufenden chemischen Reaktionen ein!

Schwefelsäure dissoziiert in Wasser in positive Wasserstoff-Ionen und negative Sulfat-Ionen:
$H_2SO_4 \rightarrow 2\,H^+ + SO_4^{2-}$
Die Bleiplatten reagieren mit den Sulfat-Ionen und überziehen sich zunächst mit einer Bleisulfatschicht $PbSO_4$.
Beim **Laden** wird an die Elektroden eine Spannung angelegt. Zwischen den Elektroden besteht ein elektrisches Feld. Dadurch bewegen sich die positiven Wasserstoff-Ionen zur Katode und die negativen Sulfat-Ionen zur Anode (Abb. 1). An der Katode bildet sich aus Bleisulfat reines Blei:
$PbSO_4 + 2\,H^+ + 2\,e^- \rightarrow Pb + H_2SO_4$
An der Anode bildet sich aus Bleisulfat Bleidioxid:
$PbSO_4 + SO_4^{2-} + 2\,H_2O \rightarrow PbO_2 + 2\,H_2SO_4 + 2e^-$

Die an beiden Reaktionen beteiligten Elektronen werden durch den äußeren Stromkreis zu- bzw. abgeleitet. Durch den Ladevorgang entstehen

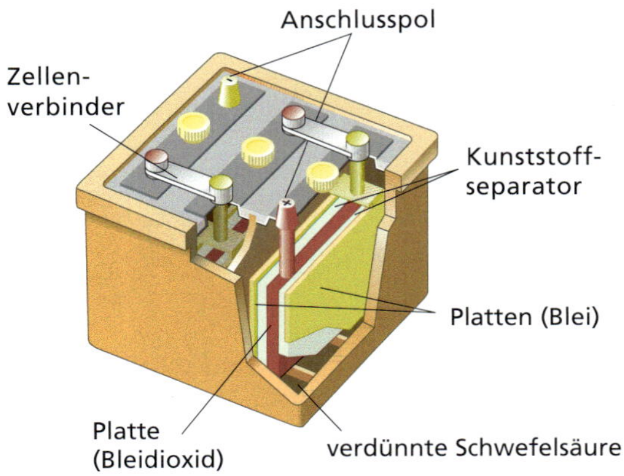

2 Aufbau eines geladenen Akkumulators

zwei chemisch unterschiedliche Elektroden, zwischen denen eine Spannung von ca. 2 V liegt.
Beim **Entladen** wird an die beiden Elektroden ein elektrischer Verbraucher angeschlossen (Abb. 3). Dabei bilden sich an der Katode unter Einwirkung von Schwefelsäure wieder Bleisulfat und frei bewegliche Elektronen:

$Pb + SO_4^{2-} \rightarrow PbSO_4 + 2\,e^-$
Die Elektronen fließen über den äußeren Stromkreis zur Anode. Dort bildet sich aus Bleidioxid ebenfalls Bleisulfat:
$PbO_2 + 2H^+ + H_2SO_4 + 2\,e^- \rightarrow PbSO_4 + 2\,H_2O$
Diese Vorgänge laufen so lange ab, bis beide Elektroden wieder chemisch gleich sind und damit die Akkuzelle keine Spannung mehr liefert. Da beim Aufladen Schwefelsäure gebildet und beim Entladen wieder abgebaut wird, gibt die Konzentration an Schwefelsäure im Elektrolyten Auskunft über den Ladezustand des Akkus.

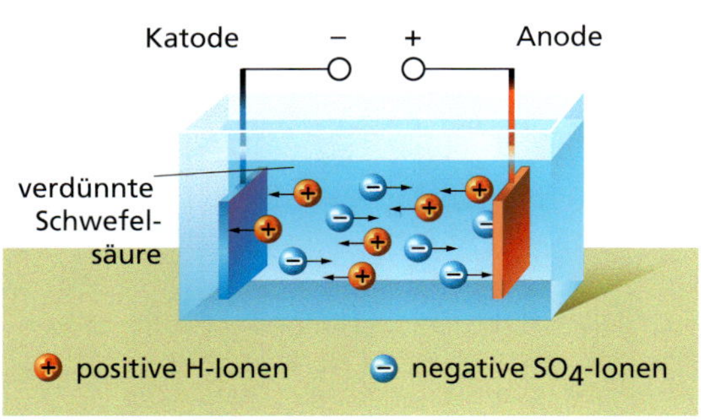

1 Laden eines Bleiakkumulators

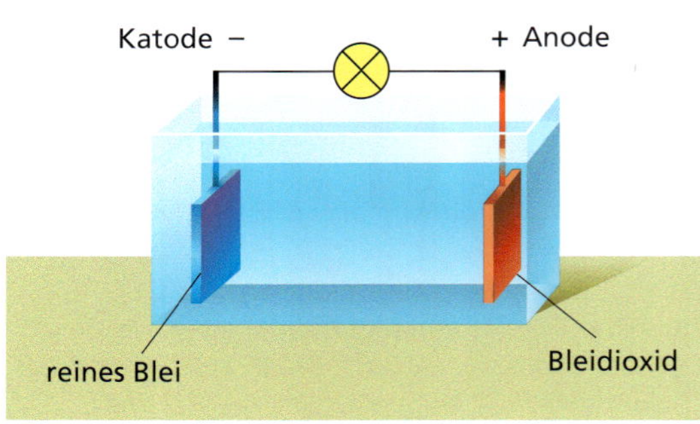

3 Entladen eines Bleiakkumulators

Mit Leuchtstofflampen Energie sparen

Leuchtstofflampen haben gegenüber herkömmlichen Glühlampen den Vorteil, dass sie für dieselbe Lichtausbeute nur ein Drittel bis ein Sechstel der elektrischen Energie benötigen. Es gibt sie in sehr unterschiedlichen Bauformen. Zur Beleuchtung großer Räume werden häufig röhrenförmige Leuchtstofflampen genutzt. Moderne Entwicklungen sind kompakte Leuchtstofflampen, bei denen die zum Betrieb erforderliche Drosselspule und der Starter fest im Sockel eingebaut sind (Abb. 1). Sie werden auch als Energiesparlampen bezeichnet. Diese Lampen passen in Fassungen für herkömmliche Glühlampen.
Beschreibe den Aufbau und erkläre die Wirkungsweise einer Leuchtstofflampe!

Leuchtstofflampen dienen der Umwandlung elektrischer Energie in Lichtenergie und damit der Aussendung von Licht. Dabei werden Vorgänge der elektrischen Leitung in Gasen genutzt. Die Leuchtstofflampe ist eine Niederdruck-Entladungslampe. Sie besteht aus einem Glasrohr, in das zwei Elektroden aus Wolframdraht an den Enden eingebaut sind (Abb. 2). Die Innenseite der Glasröhre ist mit einer Leuchtstoffschicht versehen, deren Zusammensetzung die Farbe des Lichtes bestimmt. In der Glasröhre befindet sich ein Gasgemisch aus Argon und Quecksilberdampf. Beim Einschalten der Lampe senden die beiden Wolframelektroden durch Glühemission Elektronen aus. Diese werden im elektrischen Feld zwischen den Elektroden beschleunigt und treffen auf Gasatome. Dabei werden die Gasatome durch Stoßionisation ionisiert (s. S. 91). Gleichzeitig senden sie eine unsichtbare ultraviolette Strahlung aus, die die Leuchtstoffschicht zum Leuchten anregt. Leuchtstofflampen werden in der Regel mit 230 V Wechselspannung betrieben. Zum Zünden einer Leuchtstofflampe ist jedoch eine Zündspannung von 300 V bis 450 V erforderlich. Um diese Zündspannung beim Einschalten zu erreichen, werden der Starter und die Drosselspule benötigt (Abb. 2).

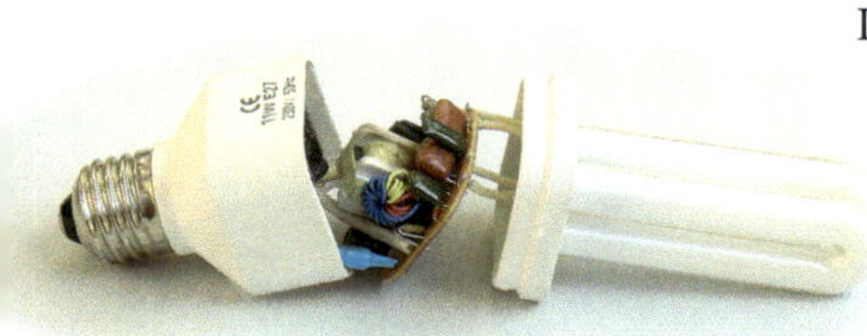

1 Energiesparlampen sind Leuchtstofflampen

Der Starter ist eine Glimmlampe (s. S. 91), bei der eine Elektrode ein Bimetallstreifen ist. Nach dem Einschalten kommt es zu einer Glimmentladung, wobei ein kleiner Strom im Stromkreis fließt. Der Bimetallstreifen schließt die beiden Elektroden kurz, wobei ein erhöhter Strom fließt. Dadurch beginnen die Wolframdrähte zu glühen und emittieren Elektronen. Das Gas in der Leuchtstofflampe wird elektrisch leitend. Gleichzeitig kühlt sich die Bimetallelektrode im Starter ab und unterbricht den Stromkreis plötzlich. Dies führt in der Drosselspule aufgrund der Selbstinduktion (s. S. 68) zu einem kurzen Spannungsstoß von 300 V bis 450 V, der zum Zünden der Lampe ausreicht. Die Elektronen in der Lampe werden stark beschleunigt und es kommt zur Stoßionisation. Gleichzeitig begrenzt die Drosselspule aufgrund der Selbstinduktion die Stromstärke im Stromkreis auf einen bestimmten Wert. Bei Energiesparlampen befinden sich Starter und Drosselspule im Sockel der Lampe.

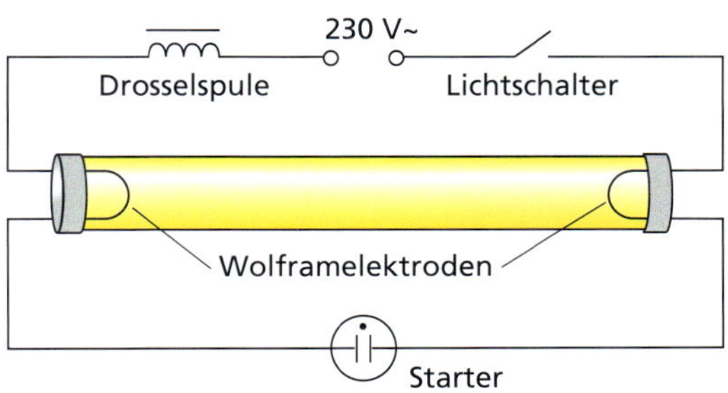

2 Schaltung einer Leuchtstofflampe

Die Elektronenstrahlröhre

In Fernsehgeräten, bei Computerbildschirmen oder in Oszillografen sind Elektronenstrahlröhren zur Bilderzeugung eingesetzt. Diese Röhren werden nach ihrem Erfinder, dem deutschen Physiker KARL FERDINAND BRAUN (1850–1918), auch **braunsche Röhren** genannt (Abb. 2).
Beschreibe den prinzipiellen Aufbau und erkläre die Wirkungsweise einer Elektronenstrahlröhre!

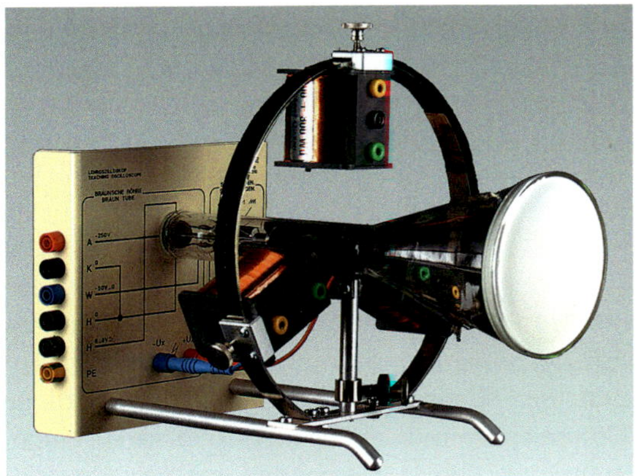

2 Einfache braunsche Röhre

Elektronenstrahlröhren dienen der Erzeugung von Bildern, z. B. in Fernsehgeräten oder in Oszillografen. Dabei werden die elektrische Leitung durch Elektronen im Vakuum und die Kräfte auf bewegte Elektronen im magnetischen oder im elektrischen Feld genutzt. Prinzipiell besteht eine Elektronenstrahlröhre aus einem System zur Erzeugung eines Elektronenstrahls, einem Ablenksystem und einem Leuchtschirm (Abb. 1). Mit Heizung, Katode, Anode und Wehneltzylinder wird ein Elektronenstrahl erzeugt, der sich durch die Anode hindurch weiterbewegt. Der Wehneltzylinder, benannt nach dem deutschen Physiker ARTHUR WEHNELT (1871–1944), dient dabei der Helligkeitssteuerung. Durch das Ablenksystem wird der Elektronenstrahl horizontal und vertikal so abgelenkt, dass er an einem bestimmten Punkt auf den Leuchtschirm auftrifft. Dort bringt er die Leuchtschicht an der inneren Seite des Schirms zum Leuchten. Bei **Oszillografenbildröhren** erfolgt die Ablenkung des Elektronenstrahls im Ablenksystem durch elektrisch unterschiedlich geladene Platten (Skizze unten). Zwischen diesen Platten existiert ein elektrisches Feld, in dem auf Ladungsträger Kräfte ausgeübt werden. Durch diese Kräfte auf die Elektronen wird der Elektronenstrahl abgelenkt.

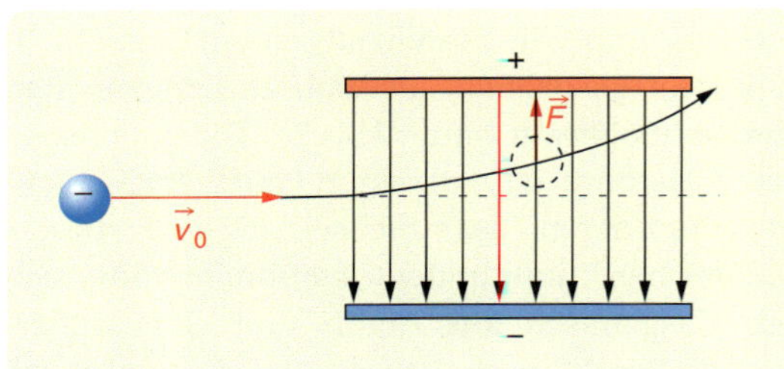

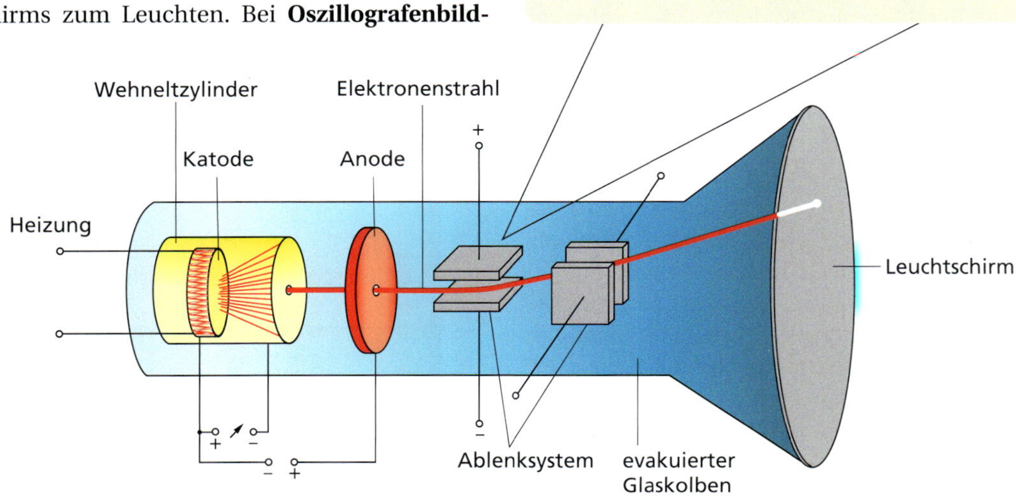

1 Aufbau einer Oszillografenbildröhre mit elektrischer Ablenkung

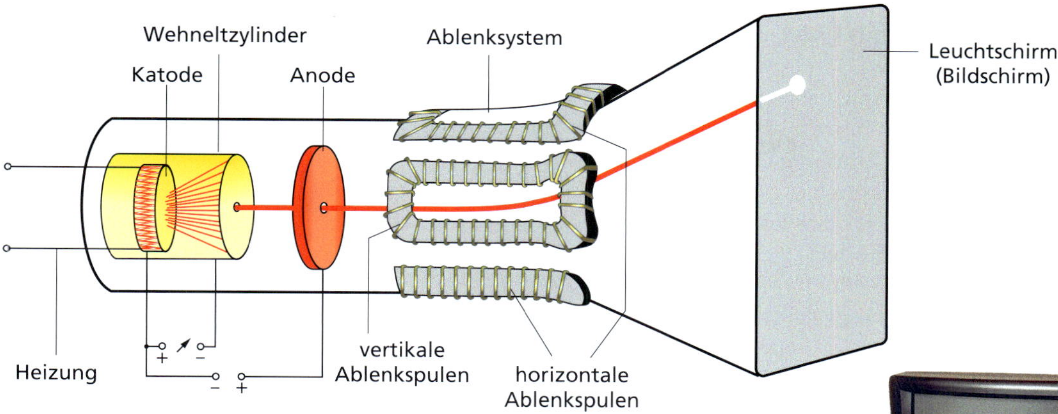

1 Aufbau einer Elektronenstrahlröhre mit magnetischer Ablenkung

In einer **Fernsehbildröhre** besteht das Ablenksystem aus stromdurchflossenen Spulenpaaren, die außen auf die evakuierte Glasröhre aufgesetzt sind (Abb. 1). Durch ein solches stromdurchflossenes Spulenpaar wird ein magnetisches Feld erzeugt, durch das sich der Elektronenstrahl bewegt. Auf die bewegten Ladungsträger des Elektronenstrahls, die Elektronen, wirkt in diesem Magnetfeld eine Kraft senkrecht zur Bewegungsrichtung und senkrecht zur Richtung des magnetischen Feldes.

Die Richtung der Ablenkung kann man mithilfe der Linke-Hand-Regel (s. S. 69) bestimmen. Dabei ist die Stromrichtung zu beachten. Durch das eine Spulenpaar wird der Elektronenstrahl auf diese Weise horizontal, durch das andere Spulenpaar vertikal abgelenkt.
Mit Veränderung der Stromstärken in den Ablenkspulen wird die Stärke des Magnetfeldes und damit die Größe der Ablenkung des Elektronenstrahls beeinflusst.

Mosaik

Fernsehbildröhren

Bedeutende Beiträge zur Entwicklung von Fernsehbildröhren leistete MANFRED VON ARDENNE (1907–1997), der viele Jahre lang in Dresden ein Forschungsinstitut leitete. In Schwarzweißbildröhren ist ein Strahlerzeugungssystem enthalten. Für den Aufbau eines Fernsehbildes wird der Elektronenstrahl in 625 Zeilen 50-mal je Sekunde über den Bildschirm von oben nach unten geführt, wobei in jeder Zeile 833 Bildpunkte zum Leuchten angeregt werden.

Farbbildröhren enthalten drei Strahlerzeugungssysteme. Ein farbiger Bildpunkt des Fernsehbildes entsteht dann durch die Mischung der Grundfarben Rot, Grün und Blau (Abb. 3). Bei LCD-Bildschirmen (**l**iquid **c**rystal **d**isplay) werden die optischen Eigenschaften spezieller Stoffe genutzt.

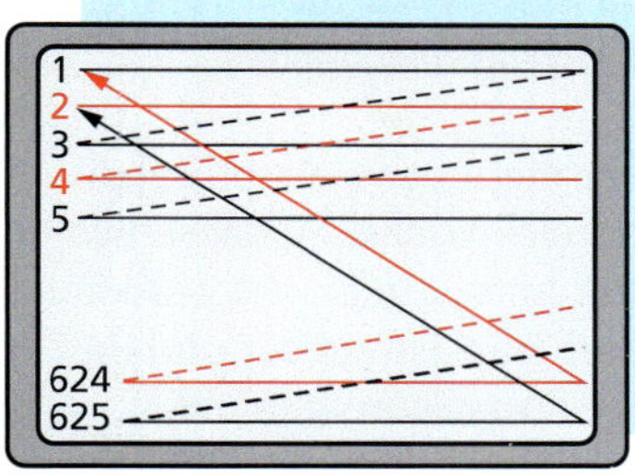

2 Bewegung des Elektronenstrahls über den Bildschirm

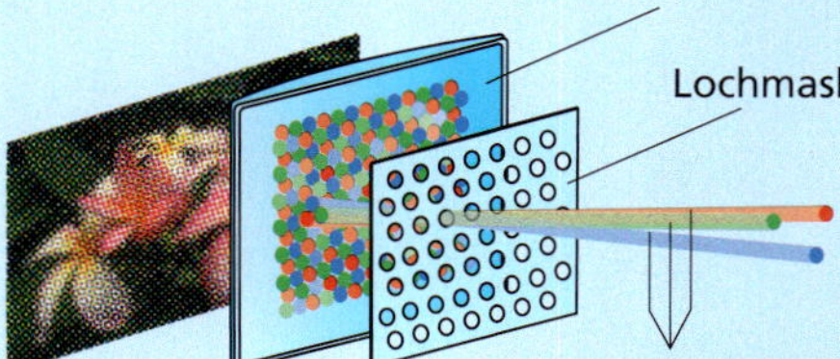

3 Prinzip einer Farbbildröhre

Eine Schranke mit Licht

Viele Rolltreppen und Fahrstuhltüren werden mit Lichtschranken betätigt (Abb. 1).
Dazu wird ein Lichtbündel beim Hindurchtreten unterbrochen. Dadurch setzt sich z. B. eine Rolltreppe in Bewegung oder das Schließen der Fahrstuhltür wird verhindert.
Entwirf eine Schaltung für eine solche Lichtschrankenanordnung und erkläre ihre Wirkungsweise!

Um einen Stromkreis ein- bzw. auszuschalten, kann ein Transistor mit dem entsprechenden Transistoreffekt genutzt werden. Durch Ein- bzw. Ausschalten eines Basisstromes kann ein Kollektorstromkreis z. B. mit einem Motor für Treppen oder Türen ein- bzw. ausgeschaltet werden. Der Transistor wird dabei als Schalter genutzt.
Als lichtempfindliches Bauelement, mit dem man den Basisstromkreis steuert, kann ein Fotowiderstand verwendet werden.
Bei Beleuchtung mit einem Lichtbündel ist der elektrische Widerstand des Fotowiderstandes gering und die Stromstärke groß. Wird die Beleuchtung unterbrochen, so wird der elektrische Widerstand des Fotowiderstandes größer.
Eine Schaltung für eine Lichtschranke zeigt Abb. 2. Wird der Fotowiderstand beleuchtet, so ist sein elektrischer Widerstand gering und der gesamte Strom fließt im äußeren Stromkreis am Transistor (rote Linien) vorbei. Durch den Motor fließt kein Strom.

1 Rolltreppe mit Lichtschrankenanordnung

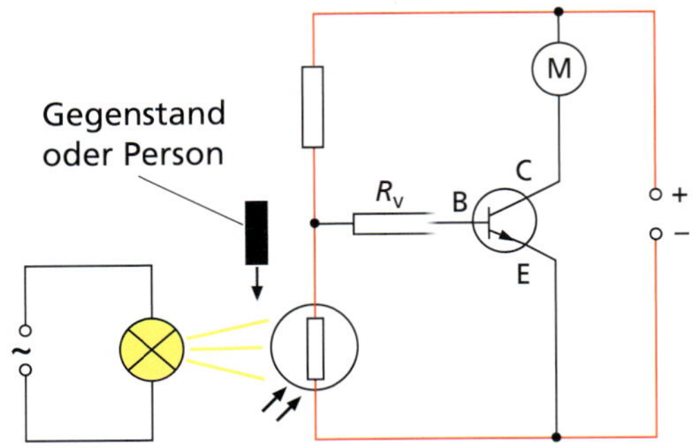

2 Schaltung für eine Lichtschranke

Wird der Fotowiderstand nicht beleuchtet, so vergrößert sich sein elektrischer Widerstand. Damit liegt auch eine größere Spannung zwischen Emitter und Basis. Es fließt ein Basisstrom. Damit wird der Kollektorstromkreis eingeschaltet, in dem sich z. B. ein Antriebsmotor befinden kann.
Eine derartige Schaltung nennt man **Dunkelschaltung,** weil bei Dunkelheit ein Arbeitsstromkreis eingeschaltet wird.
Mit einer solchen Schaltung kann z. B. auch eine Beleuchtungsanlage bei Dämmerung ein- oder ausgeschaltet werden. Mit solchen **Dämmerungsschaltern** wird das automatische Ein- und Ausschalten der Straßenbeleuchtung realisiert.

Der Verstärker

Um die Klänge einer Elektrogitarre gut hörbar zu machen, benötigt man einen elektronischen Verstärker. Auch in vielen anderen Geräten, z. B. in Radios oder CD-Playern, braucht man einen Verstärker, um relativ schwache elektrische Signale hörbar zu machen. Man nennt solche Verstärker deshalb auch **Signalverstärker.** Ein Mikrofonverstärker ist ebenfalls ein Signalverstärker.
Beschreibe den Aufbau und erkläre die Wirkungsweise eines einfachen Mikrofonverstärkers!

Ein Mikrofonverstärker dient der elektronischen Verstärkung schwacher elektrischer Signale eines Mikrofons, damit diese hörbar gemacht werden können. Dabei wird der Transistoreffekt und die Verstärkerwirkung eines Transistors genutzt.

1 Radiosprecher nutzen Mikrofone, die mit Verstärkern verbunden sind.

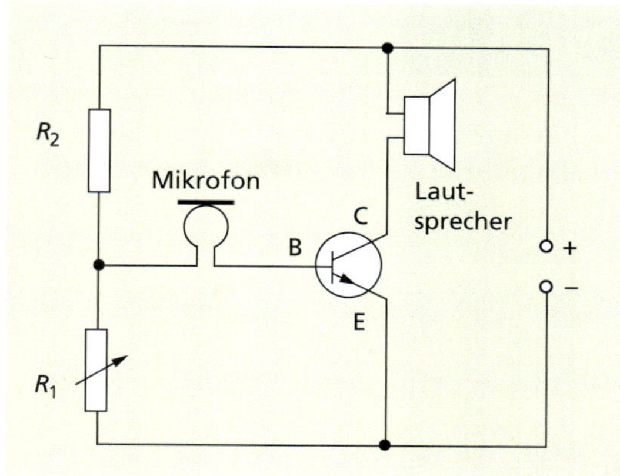

2 Schaltplan eines einfachen Mikrofonverstärkers mit einem Transistor

Ein einfacher Mikrofonverstärker kann einen Aufbau wie in Abb. 2 haben. Durch die Wahl der Widerstände R_1 und R_2 wird die Basis-Emitter-Spannung U_{BE} und damit die Basisstromstärke I_B so eingestellt, dass ein mittlerer Kollektorstrom I_C durch den Lautsprecher fließt. Dieser hält die Membran des Lautsprechers zunächst in Ruhestellung.

Gelangt Schall auf das Mikrofon, so ändert sich der Widerstand des Mikrofons und damit die Basisstromstärke. Mit der Basisstromstärke ändert sich im Transistor auch die Kollektorstromstärke. Wie aus der I_C-I_B-Kennlinie des Transistors (Abb. 3) ersichtlich ist, führt eine kleine Änderung der Basisstromstärke ΔI_B zu einer großen Änderung der Kollektorstromstärke ΔI_C. Somit kann ein schwaches elektrisches Signal in ein starkes umgewandelt werden (Abb. 3).

Damit ein Verstärker nicht verzerrt, müssen die Widerstände R_1 und R_2 so gewählt werden, dass die Basis-Emitter-Spannung nicht kleiner als die Schwellenspannung von 0,7 V wird. Dann nämlich würden Teile des Eingangssignals nicht zu einer Änderung der Kollektorstromstärke führen. Sollte die erzielte Verstärkung für den gewünschten Zweck noch nicht ausreichen, so kann ein mehrstufiger Verstärker genutzt werden.

Dabei wird das bereits verstärkte Signal als Eingangssignal einer weiteren Transistorschaltung genommen und noch einmal verstärkt. Dieses verstärkte Signal kann in einer weiteren Stufe wiederum verstärkt werden. So sind tausend- oder zehntausendfache Verstärkungen möglich.

Nach Abb. 3 bewirkt eine Änderung der Basisstromstärke von 0,2 mA eine Änderung der Kollektorstromstärke von 20 mA. Es erfolgt also in diesem Fall eine 100fache Verstärkung des Stromes.

Wichtig ist dabei, dass das Ausgangssignal die gleiche Form wie das Eingangssignal hat, also keine Verzerrungen erfolgen. Wie man anhand von Abb. 3 erkennen kann, ist das nur dann der Fall, wenn der Graph im I_C-I_B-Diagramm eine Gerade ist.

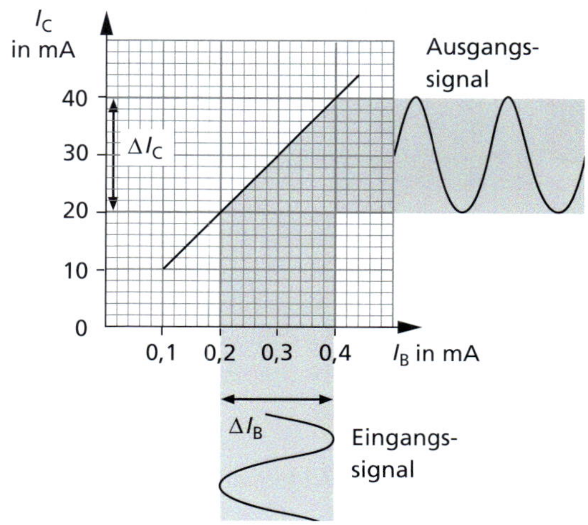

3 Prinzip der Signalverstärkung, verdeutlicht anhand der I_C-I_B-Kennlinie

gewusst · gekonnt

1. Für ein Bauelement wurde die nachfolgend dargestellte I-U-Kennlinie aufgenommen.

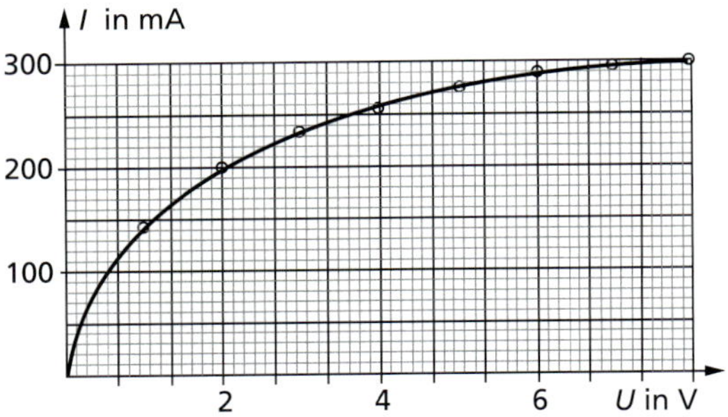

a) Interpretiere das Diagramm!
b) Um was für ein Bauelement könnte es sich handeln? Begründe!

2. Ein metallischer Widerstand kann als Messfühler für ein elektronisches Thermometer (s. Abb.) genutzt werden.

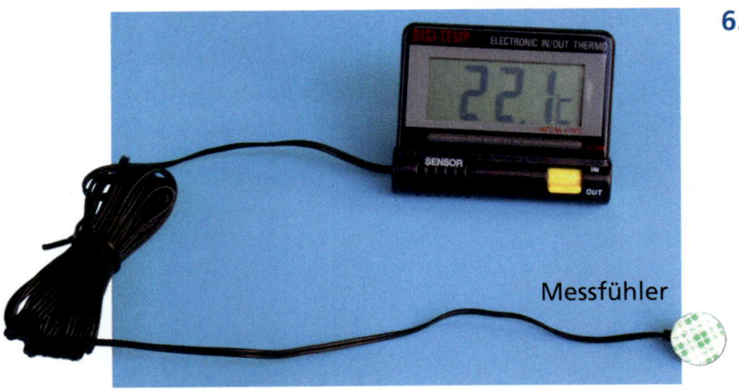

Zum Betrieb eines solchen Thermometers ist eine elektrische Quelle erforderlich.
a) Entwirf einen Schaltplan für ein einfaches elektrisches Thermometer!
b) Erkläre die Wirkungsweise eines solchen Thermometers!

3. Ein metallischer Widerstand ist mit einer elektrischen Quelle (U = konstant) und einem Strommesser in Reihe geschaltet. Es wurde jeweils die Stromstärke bei unterschiedlicher Temperatur des metallischen Widerstandes gemessen:

ϑ in °C	0	20	40	60	80	100
I in mA	98	89	80	71	59	50

a) Zeichne das I-ϑ-Diagramm!
b) Interpretiere dieses Diagramm!

4. Untersuche experimentell die elektrische Leitfähigkeit verschiedener Flüssigkeiten (z. B. destilliertes Wasser, Leitungswasser, Kochsalzlösung, Zuckerlösung)!
a) Erkläre die Ergebnisse!
b) Welche Folgerungen ergeben sich daraus für den Umgang mit Flüssigkeiten und elektrischen Quellen?

5. Luft ist normalerweise ein elektrischer Isolator. Bei einem Gewitter gibt es jedoch elektrische Leitungsvorgänge in Luft. Erkläre das Zustandekommen eines elektrischen Leitungsvorganges bei einem Gewitter!

6. In Fotozellen wird die Fotoemission zur Erzeugung eines elektrischen Leitungsvorganges genutzt.

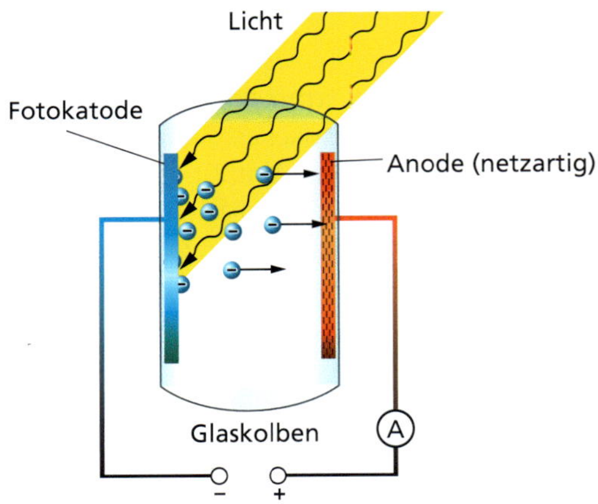

a) Beschreibe den Aufbau und erkläre die Wirkungsweise einer Fotozelle!
b) Wie verändert sich die Stromstärke bei intensiverer Beleuchtung? Begründe!

c) Wozu kann eine Fotozelle eingesetzt werden?

*d) Entwirf eine Schaltung zur Messung der Beleuchtungsstärke!

7. Welche Vor- und Nachteile hat eine Energiesparlampe gegenüber einer herkömmlichen Glühlampe?

8. Eine Fernsehbildröhre ist eine Elektronenstrahlröhre mit magnetischer Ablenkung. Beschreibe anhand der Abbildung 1, S. 105, den Aufbau und erkläre die Wirkungsweise einer solchen Röhre mit magnetischer Ablenkung!

9. Das folgende Diagramm zeigt die Abhängigkeit der elektrischen Stromstärke von der Beleuchtungsstärke bei einem Fotowiderstand bei U = konstant.

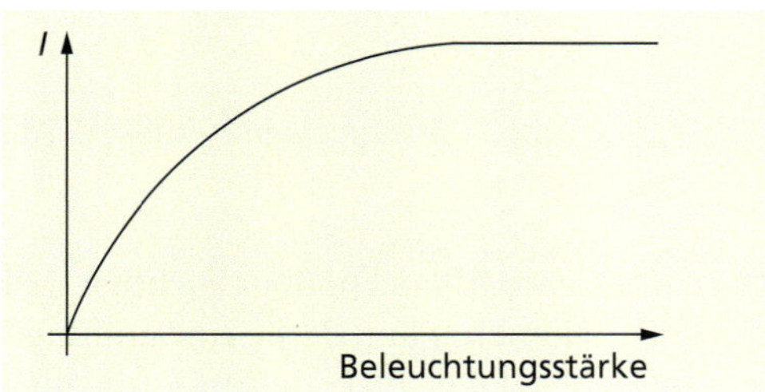

a) Interpretiere dieses Diagramm!

b) Erkläre, wodurch die im Diagramm dargestellte Abhängigkeit zustande kommt!

10. Welche Vorteile hat das Dotieren von Halbleitern und die darauf basierende Störstellenleitung gegenüber der Eigenleitung?

11. a) Wie verändert sich der Widerstand eines Heißleiters bei Temperaturerhöhung? Wie ist diese Veränderung zu erklären?

b) Begründe, warum Heißleiter stets mit einem Vorwiderstand in Reihe geschaltet werden sollen!

12. Ein elektrisches Thermometer (s. Abb.) wird mit einer kleinen Knopfzelle betrieben, die für eine konstante Spannung sorgt. Bei diesem Thermometer dient ein Thermistor als Messfühler.
Die Anzeige des Thermometers gehört eigentlich zu einem Strommesser, der auf die Temperatur geeicht wurde.

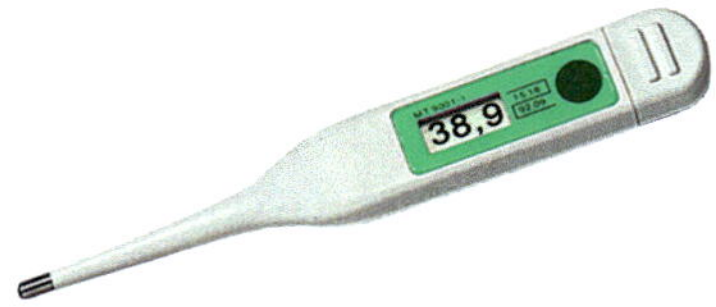

a) Entwirf einen Schaltplan für ein solches Thermometer!

b) Was für eine Art Thermistor (Kaltleiter, Heißleiter) kann für die Spitze des Thermometers verwendet werden? Begründe!

c) Erkläre die Wirkungsweise dieses Thermometers!

13. Bestimme experimentell die Durchlass- und die Sperrrichtung einer Halbleiterdiode! Fertige vorher einen entsprechenden Schaltplan an! Beachte dabei, dass Dioden nur mit einem Vorwiderstand betrieben werden sollten!

14. Beschreibe den Aufbau einer Halbleiterdiode und erläutere ihre Wirkungsweise als Gleichrichter!

15. Ein Stromkreis ist nach dem abgebildeten Schaltplan aufgebaut.

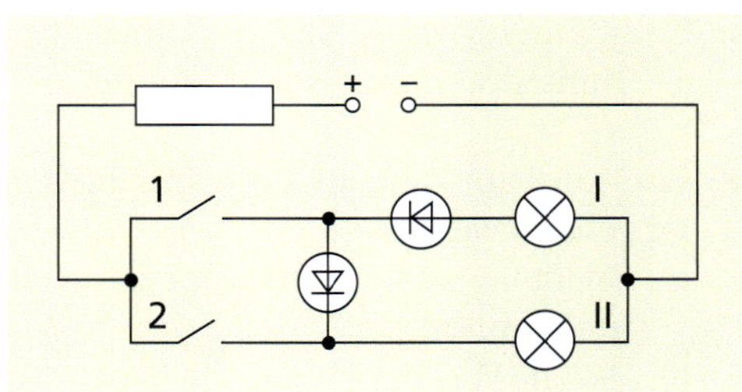

a) Sage voraus, welche Lampe leuchtet, wenn Schalter 1 oder Schalter 2 oder beide geschlossen werden!
Fertige dazu eine Tabelle an!

b) Die elektrische Quelle wird umgepolt. Sage voraus, welche Lampen nun leuchten, wenn Schalter 1 oder Schalter 2 oder beide geschlossen werden!
Fertige auch hierzu eine Tabelle an!

c) Baue die Schaltung auf und überprüfe deine Voraussagen!

16. Gib für die folgenden Schaltungen an, welche Lampen leuchten!
Begründe deine Aussagen!

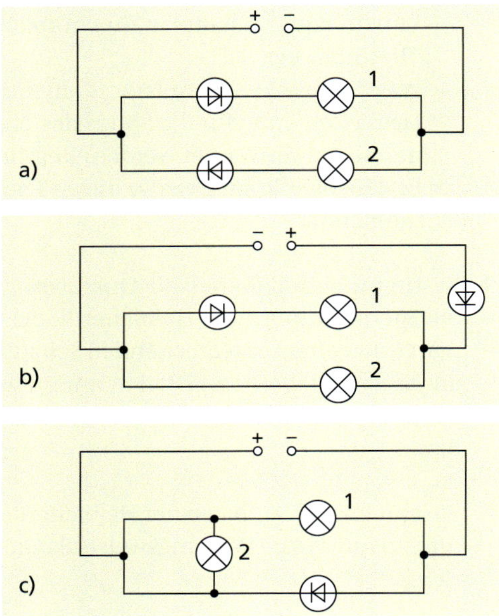

17. a) Beschreibe den Aufbau eines npn-Transistors!

b) Erläutere, wie durch den Aufbau der Transistoreffekt zustande kommt!

18. Ein Transistor kann als elektronischer Schalter genutzt werden.

a) Erläutere, wie ein Transistor als Schalter funktioniert!

b) Welche Vor- bzw. Nachteile hat ein Transistor als Schalter gegenüber einem elektromagnetischen Relais?

19. In Abb. 2, S. 106 wird ein Transistor als Schalter in einer Dunkelschaltung genutzt.

a) Erkläre die Wirkungsweise dieser Dunkelschaltung!

b) Wandle die Dunkelschaltung in eine Hellschaltung ab, mit der bei Helligkeit der Arbeitsstromkreis eingeschaltet wird!
Erkläre die Wirkungsweise dieser Hellschaltung!

20. Die Abbildung zeigt einen Schaltplan für eine Alarmanlage, mit der Schaufenster gesichert werden. Die rot gezeichnete Leitung wird als dünner Draht um die Scheibe geklebt. Beim Zerreißen des Drahtes wird Alarm ausgelöst.

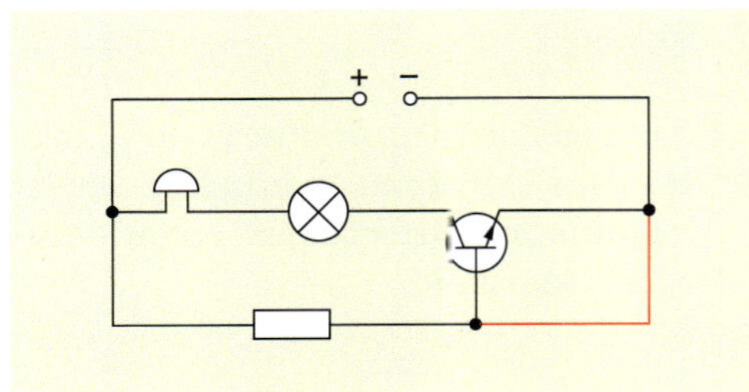

Erkläre die Wirkungsweise dieser Alarmschaltung!

21. Fertige eine Übersicht über wichtige Halbleiterbauelemente und deren Anwendungen an! Denke dabei auch an Geräte, die im Haushalt und im Freizeitbereich genutzt werden.

22. Seit etwa 1960 begann man Chips herzustellen. Heute können sich auf Chips Millionen Bauelemente befinden. Die Fotos zeigen solche komplexen Bauelemente.
Bereite zum Thema „Entwicklung der Halbleiterelektronik“ einen Vortrag vor! Nutze das Internet, z. B. **www.schuelerlexikon.de**!

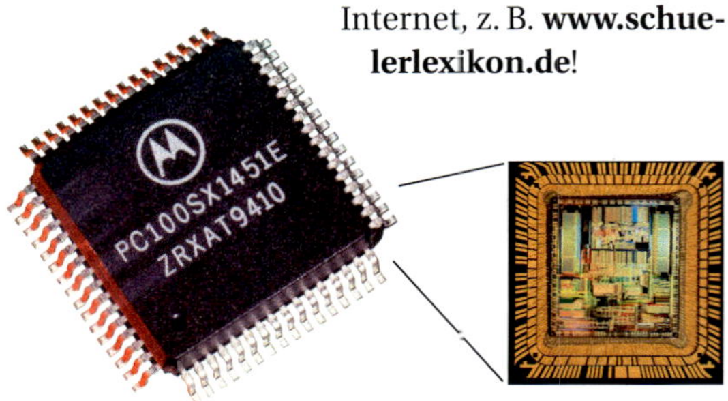

Elektrische Leitungvorgänge

Ein **elektrischer Leitungsvorgang**, also die gerichtete Bewegung von Ladungsträgern, kann in Metallen, Flüssigkeiten, Gasen und im Vakuum auftreten. Die Kenntnisse über elektrische Leitungsvorgänge können in einem **allgemeinen Leitungsmodell** zusammengefasst werden:

Voraussetzungen für einen elektrischen Leitungsvorgang:
- Vorhandensein von frei beweglichen Ladungsträgern,
- Existenz eines elektrischen Feldes (einer elektrischen Quelle).

Verlauf eines elektrischen Leitungsvorganges:
- Ladungsträger bewegen sich gerichtet im elektrischen Feld.
- In Stoffen wird die gerichtete Bewegung durch Wechselwirkungen mit anderen Teilchen der Stoffe behindert.
- Elektrische Energie wird in andere Energieformen umgewandelt.

Metalle:

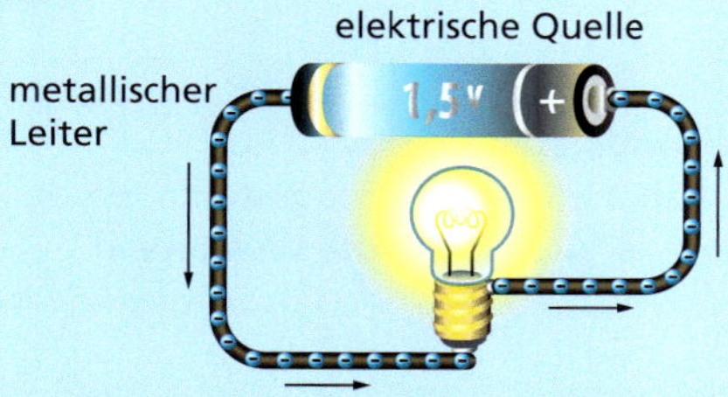

- Durch Metallbindung sind bewegliche Elektronen vorhanden.
- Gerichtete Bewegung von Elektronen.
- Umwandlung elektrischer Energie in Wärme und Licht (Heizgeräte, Glühlampen).

Gase:

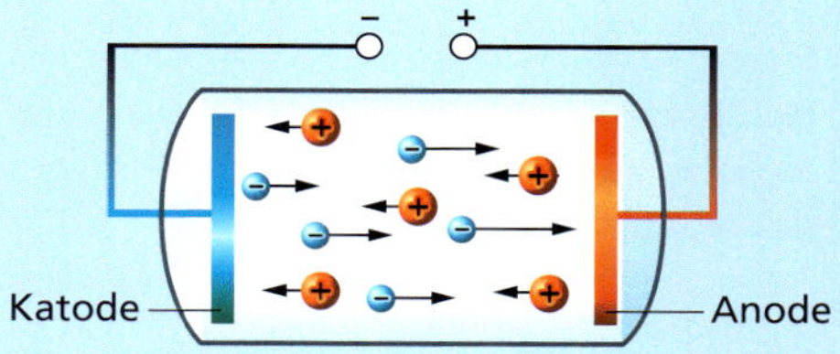

- Durch Ionisation sind Elektronen und Ionen, durch Emission Elektronen vorhanden.
- Gerichtete Bewegung von Ionen und Elektronen.
- Umwandlung elektrischer Energie in Licht und Wärme (Elektroschweißen, Leuchtstofflampen).

Flüssigkeiten:

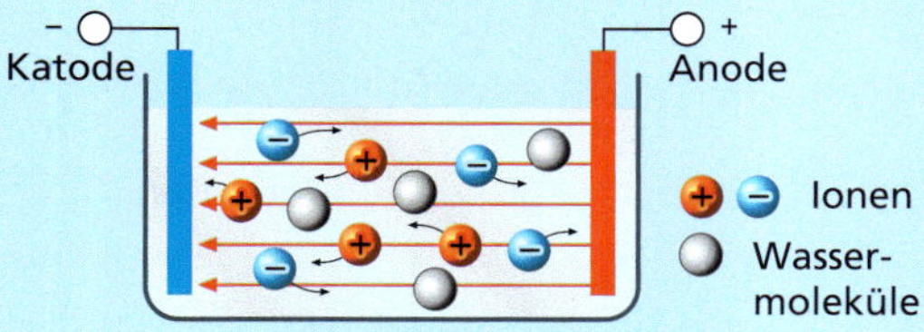

- Durch Dissoziation sind Ionen vorhanden.
- Gerichtete Bewegung von positiv und negativ geladenen Ionen.
- Leitungsvorgang ist mit Stofftransport verbunden.
- Umwandlung elektrischer Energie in Wärme und chemische Energie (Akkumulator, galvanische Beschichtung).

Vakuum:

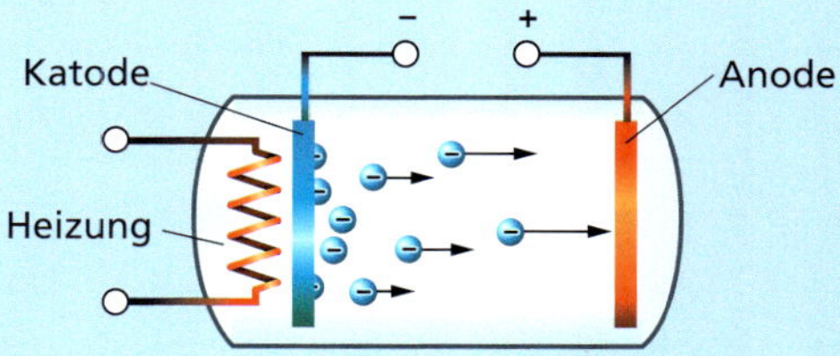

- Durch Glühemission oder Fotoemission sind Elektronen vorhanden.
- Gerichtete Bewegung von Elektronen.
- Bewegung kann durch elektrische und magnetische Felder beeinflusst werden.
- Umwandlung elektrischer Energie in Wärme und Licht (Fernsehbildröhre, Oszillografenröhre).

summa summarum

Halbleiter (Silicium, Germanium) sind Stoffe, deren elektrische Leitfähigkeit zwischen der von Leitern und der von Isolatoren liegt.
Durch **Dotieren** kann ihre Leitfähigkeit in weiten Grenzen verändert werden.

n-leitendes Silicium

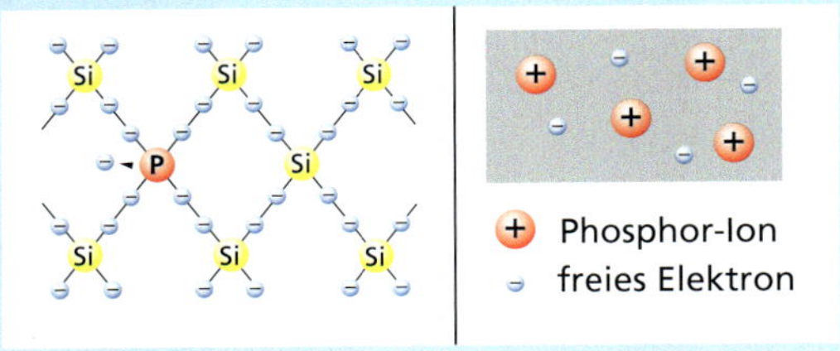

p-leitendes Silicium

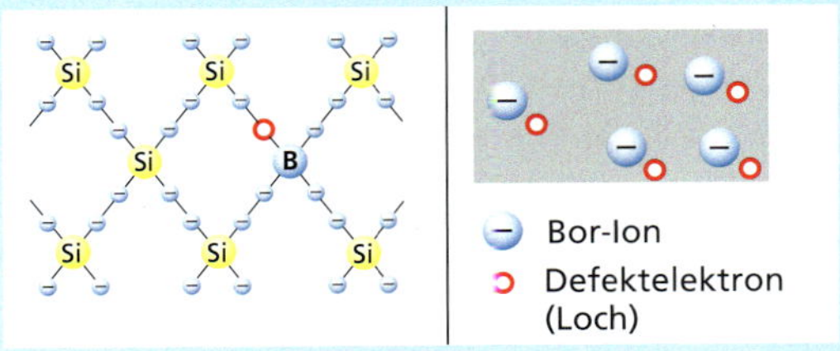

Der elektrische Leitungsvorgang in Halbleitern kann durch Wärme und Licht beeinflusst werden. Das wird bei Heißleitern und Fotowiderständen genutzt.

Heißleiter
Je höher die Temperatur, desto geringer der elektrische Widerstand.

Anwendung:
Halbleiterthermometer

Fotowiderstand
Je höher die Beleuchtungsstärke, desto geringer der elektrische Widerstand.

Anwendung:
Lichtschranke, Dämmerungsschalter

Wichtige elektronische Bauelemente sind die Halbleiterdiode und der Transistor.

Halbleiterdiode

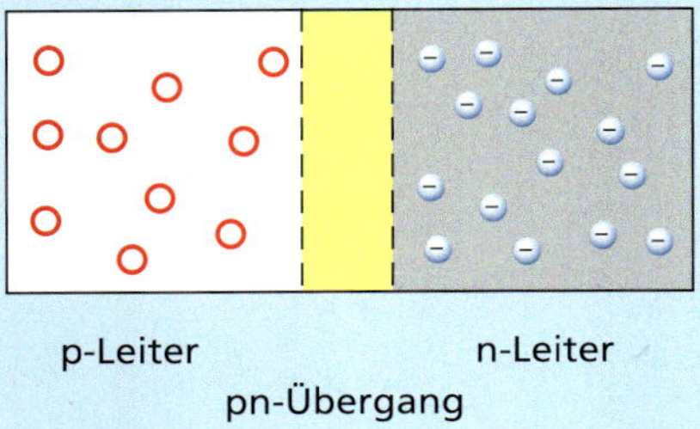

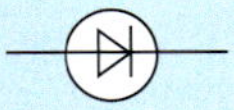

Anwendung:
Gleichrichtung von Wechselströmen

Transistor

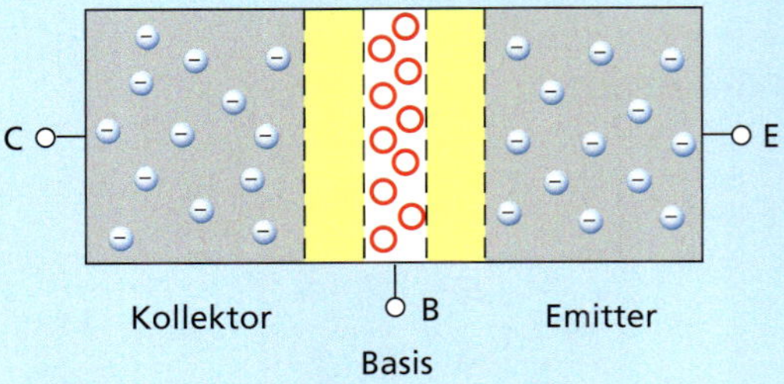

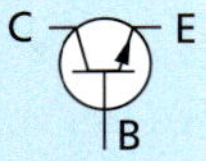

Anwendung:
elektronischer Schalter, Verstärker

Heute verwendet man statt einzelner Bauelemente meist **Chips**, auf denen zahlreiche Bauelemente integriert sind.

Atome, Atomkerne, Kernenergie

3

3.1 Atome, Atomkerne und Kernumwandlungen

Woraus besteht ein Atom?

Bereits im Altertum waren Gelehrte der Auffassung, dass alle Stoffe aus unteilbaren kleinsten Bausteinen, den Atomen, bestehen. Aber erst zu Beginn des 20. Jahrhunderts fanden Physiker erste Belege für die Existenz von Atomen und entwickelten Vorstellungen über den Aufbau von Atomen.
Welche Experimente geben Auskunft über den Aufbau von Atomen? Welche Vorstellungen haben die Physiker heute vom Atombau?

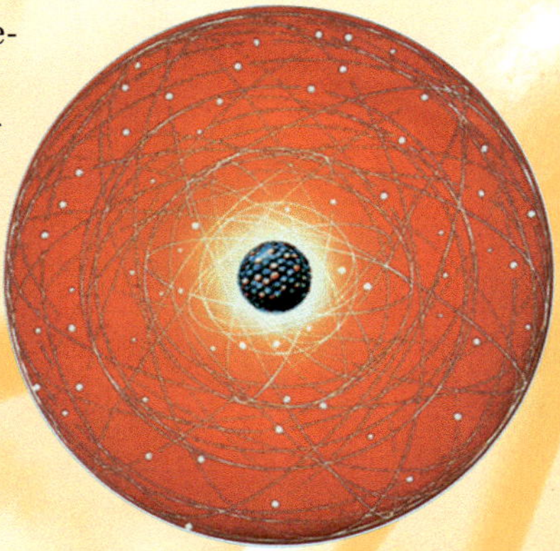

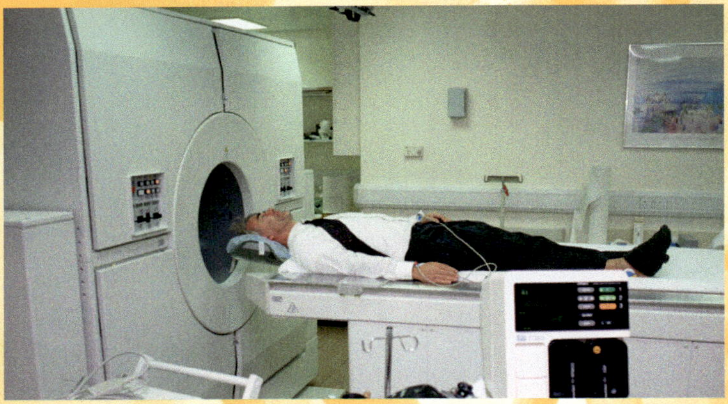

Radioaktivität in der Medizin

Radionuklide, d. h. Kernarten, die radioaktive Strahlung aussenden, werden in der Medizin in vielfältiger Weise bei der Diagnose und der Therapie eingesetzt. So verwendet man Radionuklide beispielsweise bei Untersuchungen der Schilddrüse und des Gehirns oder bei der Bestrahlung von Tumoren.
Welche Eigenschaften und Wirkungen der radioaktiven Strahlung werden dabei genutzt? Welche Heilungschancen, aber auch welche Risiken hat die Nutzung radioaktiver Strahlung in der Medizin?

Radioaktive Strahlung – eine Gefahr?

Viele Menschen haben Angst vor radioaktiver Strahlung. Sie tritt aber überall in unserer natürlichen Umwelt auf. Besonders groß ist die natürliche Strahlungsbelastung bei Wanderungen im Hochgebirge, bei einem Flug in großer Höhe und auch in manchen Gebieten, in denen Uranerz abgebaut wurde.
Welche Eigenschaften und Wirkungen auf den Menschen hat radioaktive Strahlung?

Der Aufbau von Atomen

Atome (griechisch: das „Unteilbare“) sind die kleinsten Bausteine der chemischen Elemente. Die winzigen Atome (Abb. 1, 2) entziehen sich unserer unmittelbaren Beobachtung. Durch zahlreiche experimentelle Untersuchungen weiß man aber heute, dass ein Atom aus einem Atomkern und einer Atomhülle besteht. In der **Atomhülle** bewegen sich in bestimmten Raumbereichen, den Schalen, Elektronen mit großer Geschwindigkeit um den Kern. Je nach Element existieren mehrere Schalen, in deren Bereichen sich Elektronen aufhalten können. Im Bereich einer äußeren Schale können sich mehr Elektronen als im Bereich einer inneren Schale befinden. Im **Atomkern** ist fast die gesamte Masse des Atoms auf kleinstem Raum konzentriert. Der Atomkern besteht aus elektrisch nicht geladenen **Neutronen** und aus positiv geladenen **Protonen.** Die Masse von Neutron und Proton ist etwa gleich groß und 1 836-mal größer als die eines Elektrons.

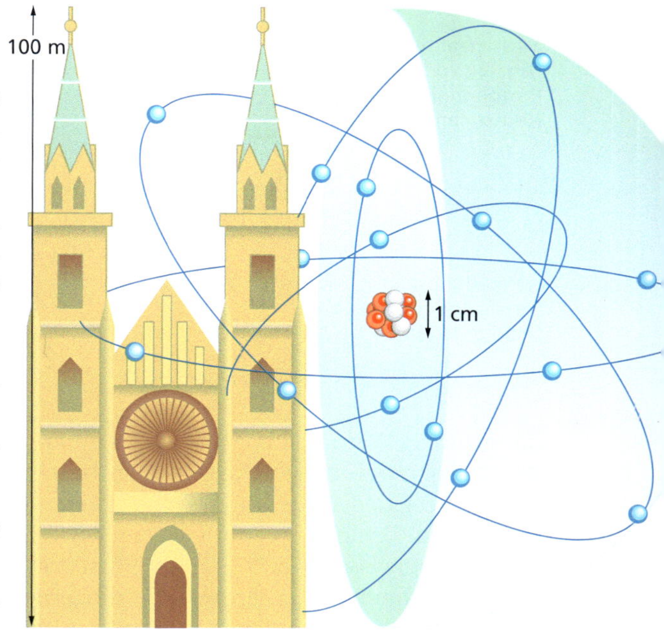

2 Größenverhältnisse in einem Atom im Vergleich zu einem 100 m hohen Bauwerk

Ein Atom besteht aus einer negativ geladenen Atomhülle mit Elektronen und einem positiv geladenen Atomkern mit Protonen und Neutronen.

Die Massenzahl *A* ergibt sich aus der Kernladungszahl (Protonenzahl) *Z* und der Neutronenzahl *N*:

$$A = Z + N$$

Bei einem elektrisch neutralen Atom ist die Anzahl der negativ geladenen Elektronen in der Hülle gleich der Anzahl der positiv geladenen Protonen im Kern. Die Kernbausteine Proton und Neutron werden als Nukleonen bezeichnet, ihre Anzahl als **Massenzahl** *A*.

Die Kernladungszahl ist gleich der Ordnungszahl im Periodensystem der Elemente. So hat z. B. Natrium im Periodensystem die Ordnungszahl 11 und die Massenzahl 23.
Das bedeutet: Ein Natriumatom hat in seinem Kern 11 Protonen und 23 – 11 = 12 Neutronen.

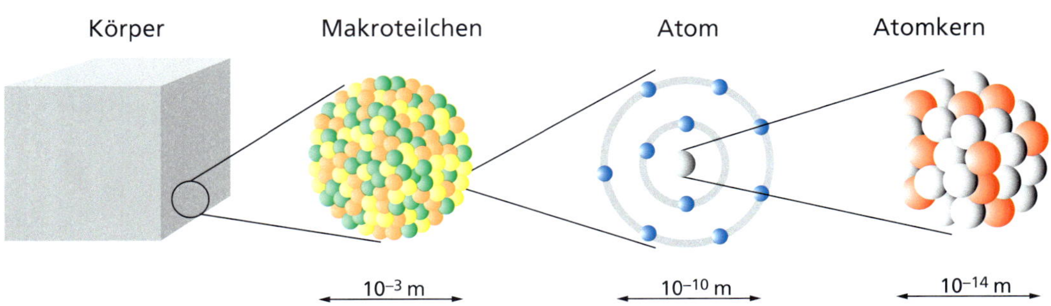

1 Größenvergleich zum Aufbau von Makroteilchen, Atomen und Atomkernen

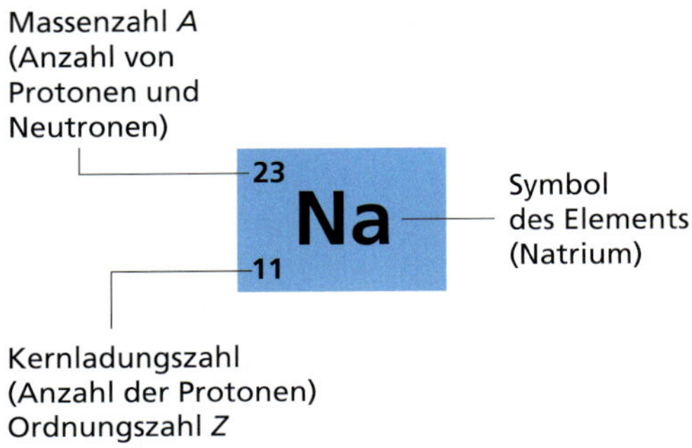

1 Symbolschreibweise für ein Element

Beim neutralen Natriumatom sind in der Atomhülle 11 Elektronen vorhanden. Um einen Atomkern in kurzer und übersichtlicher Form kennzeichnen zu können, verwendet man die **Symbolschreibweise** (Abb. 1). Sie wird nicht nur zur Kennzeichnung der Atomkerne, sondern auch zur Kennzeichnung von Elementarteilchen verwendet (Abb. 2). Manchmal setzt man die Massenzahl hinter das Elementsymbol und schreibt z. B. Natrium-23. Auch diese Schreibweise ist eindeutig, da man die Kernladungszahl im Periodensystem der Elemente findet.

Nuklide und Isotope

Das Periodensystem der Elemente umfasst gegenwärtig 111 Elemente. Davon kommen 91 in der Natur vor, die anderen werden künstlich hergestellt. Der Atomkern eines Elements ist eindeutig durch die Massenzahl und die Kernladungszahl gekennzeichnet.

Die durch Massenzahl und Kernladungszahl charakterisierten Atome werden als Nuklide bezeichnet.

So sind z. B. Natrium-23, Kohlenstoff-12 oder Uran-235 Nuklide. Die Atomkerne eines Elements haben alle die gleiche Anzahl von Protonen, sie können aber eine unterschiedliche Anzahl von Neutronen und damit eine verschiedene Massenzahl besitzen.

Atome mit gleicher Protonenzahl, aber unterschiedlicher Anzahl von Neutronen werden als Isotope bezeichnet.

So existieren z. B. beim Wasserstoff drei in der Natur vorkommende Isotope (Abb. 3), bei Eisen sind es vier und bei Zinn zehn. Auch beim Uran, das als Kernbrennstoff genutzt wird, existieren verschiedene Isotope. In natürlichen Uranvorkommen beträgt der Anteil an Uran-238 etwa 99,28 % und an Uran-235 etwa 0,72 %. Darüber hinaus ist noch ein geringer Anteil an Uran-234 (etwa 0,006 %) vorhanden.
Fast alle uns bekannten Elemente bestehen aus Isotopengemischen. Das ist auch der Grund dafür, dass die Massenzahlen im Periodensystem meist keine ganzen Zahlen sind.
Manche der Isotope haben spezielle Namen. So wird z. B. das Wasserstoffisotop H-2 auch als Deuterium und das Wasserstoffisotop H-3 als Tritium bezeichnet.

Elektron:	${}^{0}_{-1}e$	Masse vernachlässigbar, einfach negativ geladen
Positron:	${}^{0}_{+1}e$	Masse vernachlässigbar, einfach positiv geladen
Proton:	${}^{1}_{1}p$	Massenzahl 1, einfach positiv geladen
Neutron:	${}^{1}_{0}n$	Massenzahl 1, nicht geladen

2 Symbolschreibweise für Elementarteilchen

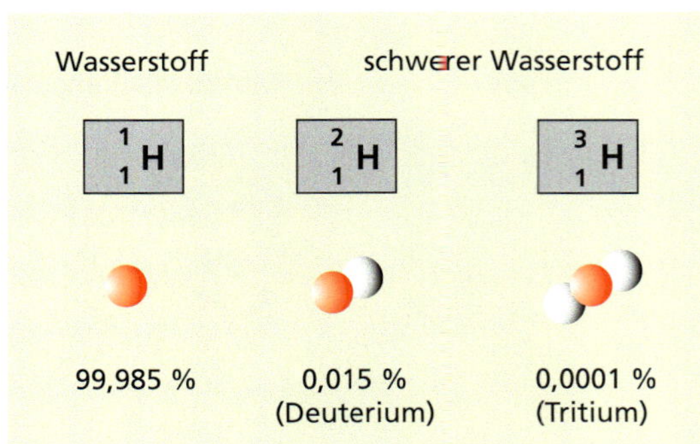

3 Isotope des Wasserstoffs

Mosaik

Entwicklung der Vorstellungen vom Aufbau des Atoms

Bereits in der Antike gab es Vorstellungen darüber, dass die Stoffe aus sehr kleinen Teilchen bestehen könnten. Ein Vertreter dieser Auffassung war der griechische Philosoph DEMOKRIT (5. Jh. v. Chr.).
Erst im 17. und 18. Jahrhundert wurden mit der Entwicklung der Wärmelehre und der Elektrizitätslehre diese Ideen wieder aufgegriffen, ohne dass die Existenz von Teilchen nachgewiesen werden konnte. Dies gelang erst zu Beginn des 20. Jahrhunderts.
1827 beobachtete der Biologe ROBERT BROWN (1773–1858) unter dem Mikroskop eine unruhige Bewegung von Blütenstaubkörnchen. Diese Bewegung konnte 1905 von ALBERT EINSTEIN (1879–1955) mit dem Teilchenaufbau erklärt werden. Bereits vorher hatten viele Physiker mit Katodenstrahlen experimentiert und festgestellt, dass sich diese Strahlen in elektrischen und magnetischen Feldern ablenken lassen. Der deutsche Physiker WIECHERT und der englische Physiker THOMSON fanden unabhängig voneinander, dass Katodenstrahlen aus sehr kleinen Teilchen mit negativer Ladung bestehen müssten; 1897 wurde von FITZGERALD die Bezeichnung **Elektron** für diese Teilchen eingeführt.
Die Katodenstrahlen erwiesen sich als schnell bewegte Elektronen, als Elektronenstrahlen.
Zwei andere bedeutende Entdeckungen führten immer stärker zu der Frage nach den elementaren Bausteinen der Stoffe: 1895 fand WILHELM CONRAD RÖNTGEN (1845–1923) die nach ihm benannten Röntgenstrahlen.
1898 entdeckten MARIE und PIERRE CURIE die Eigenschaft verschiedener Stoffe, eine bestimmte Strahlung auszusenden, die wir heute als radioaktive Strahlung kennen. Beide Arten von Strahlungen kommen durch Vorgänge im atomaren Bereich zustande.

Um 1900 wurden die ersten Atommodelle entwickelt z. B. das „Rosinenmodell“: Das kugelförmige Atom sollte aus einer positiven elektrischen „Flüssigkeit“ bestehen, in die ähnlich wie bei einem Rosinenkuchen die negativ geladenen Elektronen eingebettet sind.
Damit konnte man erklären, dass ein Atom elektrisch neutral ist, die Entstehung von Röntgenstrahlung oder radioaktiver Strahlung blieb aber ungeklärt.

1909/1910 führte ERNEST RUTHERFORD mit seinen Mitarbeitern Versuche zum Durchgang von α-Strahlung durch dünne Metallfolien durch. Nur ein geringer Teil der Strahlung wurde reflektiert, der größte Teil ging durch die Folie hindurch.

Daraus zog RUTHERFORD den Schluss, dass der größte Teil des Atoms leer ist. Er entwickelte ein Modell, das dem Aufbau des Planetensystems ähnelt: Um einen positiv geladenen Kern, in dem die Masse des Atoms konzentriert ist, kreisen Elektronen auf elliptischen Bahnen (Abb. oben). Mit diesem Modell konnte man die Masse- und Ladungsverteilung im Atom richtig beschreiben. Die Stabilität der Atome konnte damit allerdings nicht erklärt werden.

Dies versuchte NIELS BOHR mit einem anderen Modell: Die Elektronen bewegen sich auf bestimmten Bahnen um den Atomkern (Abb. unten). Wenn Energie zugeführt wird, können Elektronen auf eine kernfernere Bahn springen, beim Zurückspringen wird diese Energie wieder frei.

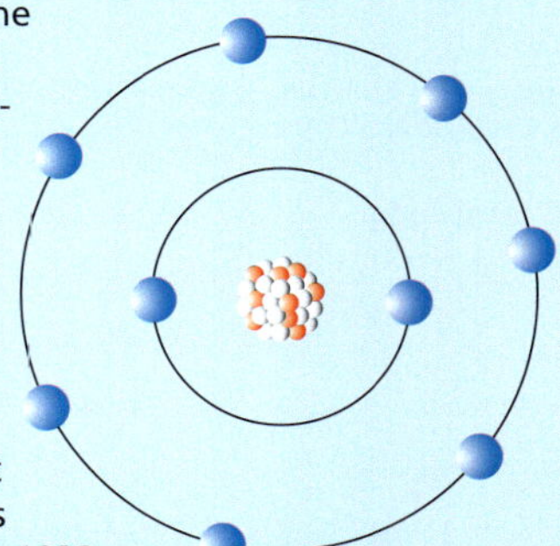

Auch die Vorstellungen vom Aufbau des Atomkerns veränderten sich. Mit dem Nachweis des Neutrons im Jahre 1932 wurden Vermutungen über die Zusammensetzung des Atomkerns aus Protonen und Neutronen bestätigt. Das bohrsche Atommodell ermöglicht es, den Atomradius abzuschätzen und das Spektrum des Wasserstoffs zu erklären. Es versagte aber bei anderen Elementen. Neuere Atommodelle lassen sich nur noch mit mathematischen Mitteln beschreiben. Das gilt insbesondere für das quantenmechanische Atommodell.

Der Spontanzerfall – eine natürliche Kernumwandlung

1896 entdeckte der französische Physiker HENRI BECQUEREL (1852–1908), dass Uransalz eine unsichtbare Strahlung aussendet, die Fotoplatten schwärzte. Wenig später fanden die aus Polen stammende MARIE CURIE (1867–1934) und ihr Mann PIERRE CURIE (1859–1906) die stark strahlenden Elemente Polonium und Radium.
Genauere Untersuchungen ergaben, dass eine Reihe von Nukliden nicht stabil ist, sondern sich verändert und dabei radioaktive Strahlung aussendet. Solche Nuklide bezeichnet man als **radioaktive** Nuklide oder kurz als **Radionuklide.**

Radioaktive Nuklide wandeln sich völlig spontan unter Aussendung von α-, β- oder γ-Strahlung um.

Eine Übersicht über die Strahlungsarten ist unten angegeben. Dazu sind Beispiele für Kernumwandlungen genannt, bei denen die drei verschiedenen Strahlungsarten entstehen.
Dabei ändern sich zumeist auch die Atomkerne. So gibt z. B. das Radionuklid Caesium-137 β-Strahlung ab. Dabei entsteht ein Barium-Kern.

1 Spuren radioaktiver Strahlung

Diesen Spontanzerfall kann man als Kernreaktion ähnlich einer chemischen Reaktion schreiben: $^{137}_{55}\mathrm{Cs} \rightarrow {}^{137}_{56}\mathrm{Ba} + {}^{0}_{-1}\mathrm{e}$. Die Summe der Massenzahlen und der Kernladungszahlen ist links und rechts stets gleich groß.
Da es radioaktive Nuklide sind, die in der Natur vorkommen, bezeichnet man die Erscheinung der spontanen Umwandlung der entsprechenden Atomkerne als **natürliche Radioaktivität.** Die entstehenden Folgekerne sind meist wieder radioaktiv, sodass in der Natur ganze **Zerfallsreihen** existieren. Aus dem Uranisotop $^{238}_{92}\mathrm{U}$ entsteht z. B. nach zahlreichen Umwandlungen das Bleiisotop $^{206}_{82}\mathrm{Pb}$ (Abb. 1, S. 119). Auch bei anderen Stoffen, z. B. Thorium oder Neptunium, existieren solche Zerfallsreihen.

Arten radioaktiver Strahlung

α-Strahlung

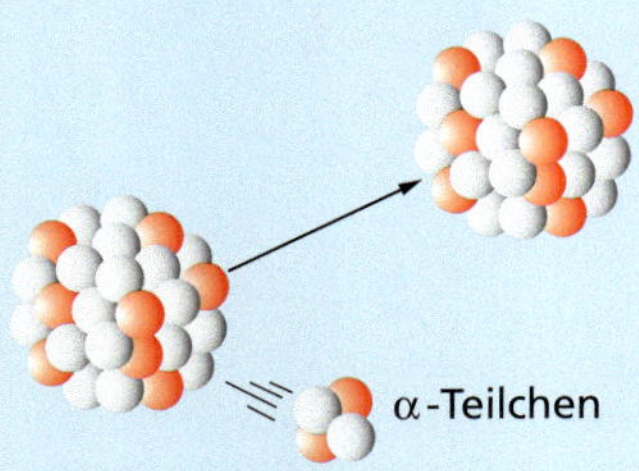

Die Strahlung besteht aus doppelt positiv geladenen Heliumkernen (α-Teilchen).

$$^{226}_{88}\mathrm{Ra} \rightarrow {}^{222}_{86}\mathrm{Rn} + {}^{4}_{2}\alpha$$

β-Strahlung

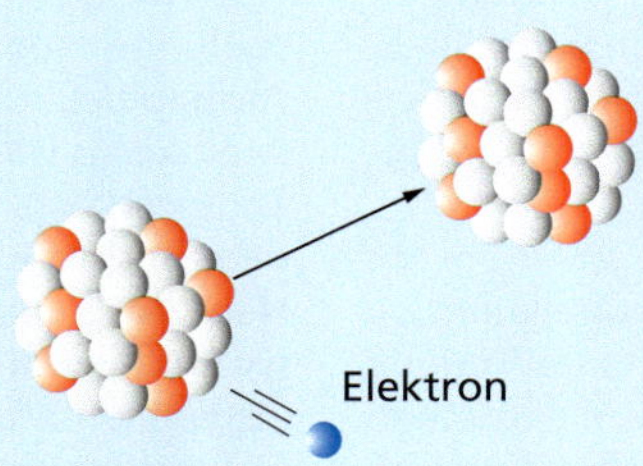

Die Strahlung besteht aus Elektronen (β^--Strahlung) oder Positronen (β^+-Strahlung).

$$^{137}_{55}\mathrm{Cs} \rightarrow {}^{137}_{56}\mathrm{Ba} + {}^{0}_{-1}\mathrm{e}$$

γ-Strahlung

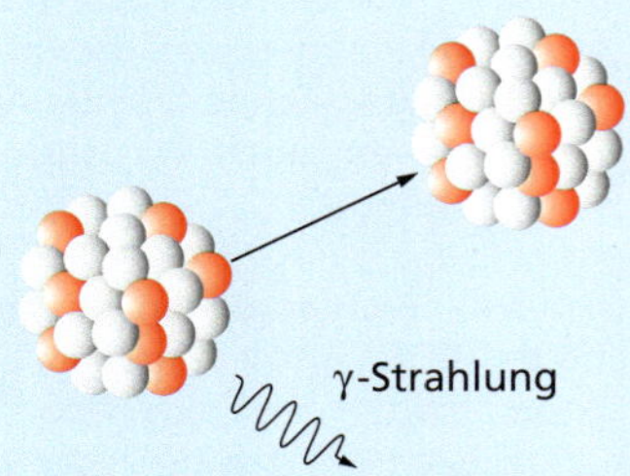

Die Strahlung ist eine energiereiche elektromagnetische Strahlung kleiner Wellenlänge.

$$^{137}_{56}\mathrm{Ba} \rightarrow {}^{137}_{56}\mathrm{Ba} + \gamma$$

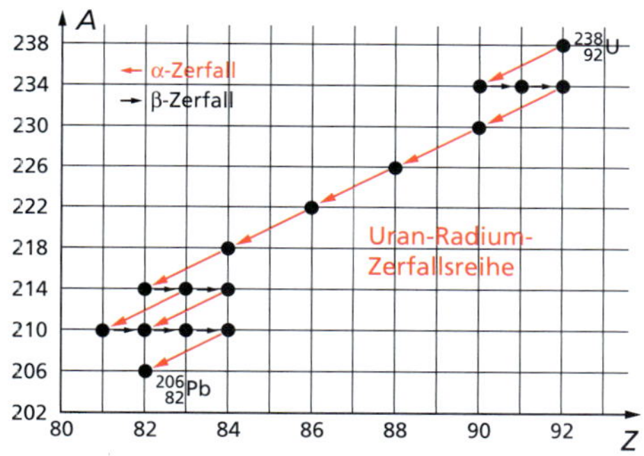

1 Zerfallsreihe von Uran-238: Im Laufe von Millionen Jahren entsteht stabiles Blei.

Von den 91 in der Natur vorkommenden Elementen sind ca. 300 Nuklide bekannt, von denen wiederum ca. 50 radioaktiv sind, also sich völlig spontan unter Aussendung von α-, β- oder γ-Strahlung in andere Kerne umwandeln.
Es ist auch möglich, radioaktive Nuklide künstlich herzustellen, z. B. durch Bestrahlung mit verschiedenen Teilchen (Neutronen, Elektronen, Protonen). Die Erscheinung, dass künstlich hergestellte Nuklide radioaktiv sein können, wird als **künstliche Radioaktivität** bezeichnet.
Bis heute ist es gelungen, zusätzlich zu den etwa 50 in der Natur vorkommenden radioaktiven Nukliden weitere 2 400 Nuklide künstlich zu erzeugen. Eine Reihe von ihnen wird für spezielle Anwendungen in der Medizin und in der Technik genutzt. So verwendet man z. B. Iod-123 oder Technetium-99 zur Untersuchung der Funktion der menschlichen Schilddrüse.

Einige radioaktive Nuklide

Nuklid	Art der Strahlung
Caesium-137	β^-, γ
Cobalt-60	β^-, γ
Iod-131	β^-
Kohlenstoff-14	β^-
Natrium-22	β^-, γ
Plutonium-239	α
Radium-226	α
Uran-235	α
Uran-238	α

Mosaik

Entdeckung der natürlichen Radioaktivität

In den neunziger Jahren des 19. Jahrhunderts beschäftigten sich viele Physiker mit Untersuchungen zu verschiedenen Strahlungen. Die Untersuchungen von „Katodenstrahlen" führten zur Entdeckung des Elektrons. W. C. RÖNTGEN entdeckte 1895 die Röntgenstrahlen.
Auch der französische Physiker HENRI BECQUEREL (1852–1908) beschäftigte sich mit den verschiedenen Strahlungen und experimentierte u. a. mit Uransalzen. Dabei zeigte sich, dass in der Nähe des Uransalzes liegende Fotoplatten geschwärzt waren.
Systematische Untersuchungen führten 1896 zu der Erkenntnis, dass von Uransalz eine neue, bisher unbekannte Strahlung ausging, die nach ihrem Entdecker zunächst als BECQUEREL-Strahlung bezeichnet wurde und später den Namen „radioaktive Strahlung" erhielt.
Intensiv beschäftigten sich die in Polen geborene MARIE CURIE (1867–1934) und ihr Mann, der Franzose PIERRE CURIE (1859–1906), mit der neuen Strahlung. Mit unglaublich primitiven Mitteln arbeiteten sie Tonnen Uranpechblende auf und entdeckten in Uranpechblende ein neues, stark strahlendes Element, das zu Ehren des Geburtslandes von M. CURIE als Polonium bezeichnet wurde. Im gleichen Jahr entdeckten sie ein weiteres Element, das eine intensive Strahlung aussandte. Es erhielt den Namen Radium („das Strahlende"). 1903 bekamen MARIE und PIERRE CURIE gemeinsam mit HENRI BECQUEREL für die Entdeckung der Radioaktivität den Nobelpreis für Physik. PIERRE CURIE verunglückte 1906 bei einem Verkehrsunfall tödlich. Seine Frau führte die Forschungen weiter.

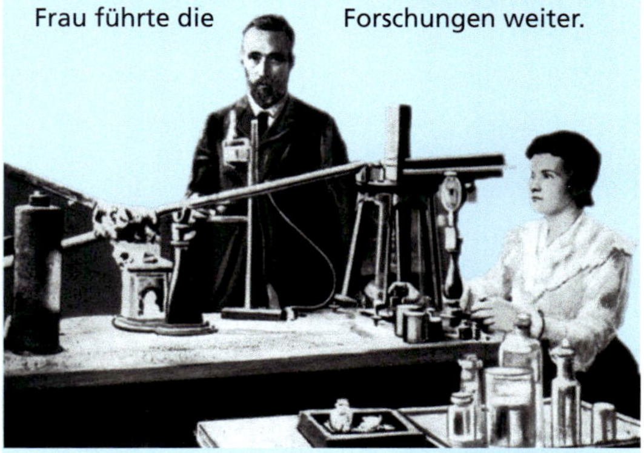

2 MARIE und PIERRE CURIE im Labor (um 1900)

Radioaktive Strahlung und ihre Eigenschaften

Radioaktive Strahlung besitzt Energie. Dadurch können Gase ionisiert, Filme geschwärzt und Zellen geschädigt werden.
Ohne Beeinflussung breitet sich radioaktive Strahlung geradlinig nach allen Seiten aus. Die **Reichweite** der verschiedenen Strahlungsarten ist in Luft sehr unterschiedlich. Bei α-Strahlung beträgt sie 4–6 cm, bei β-Strahlung einige Meter. γ-Strahlung breitet sich auch über größere Entfernungen aus.

Sehr unterschiedlich ist die **Durchdringungsfähigkeit** radioaktiver Strahlung (Abb. 1). Sie ist abhängig

- von der Art der Strahlung,
- von der Intensität der Strahlung,
- von der Art des durchstrahlten Stoffes,
- von der Dicke des durchstrahlten Stoffes.

Unmittelbar damit hängt zusammen, wie radioaktive Strahlung von verschiedenen Stoffen absorbiert (aufgenommen) wird. Das **Absorptionsvermögen** eines Stoffes hängt von dem Stoff selbst, von seiner Dicke sowie von der Art der Strahlung ab (Abb. 1).
In elektrischen und magnetischen Feldern wird α- und β-Strahlung abgelenkt, γ-Strahlung dagegen nicht (Abb. 2, 3). Umgekehrt kann man aus der Richtung und der Stärke der Ablenkung auf die Art der Strahlung schließen.

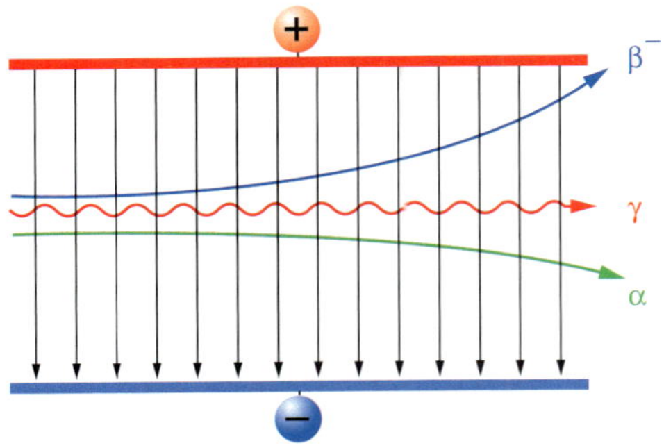

2 Radioaktive Strahlung im elektrischen Feld: γ-Strahlung wird nicht abgelenkt.

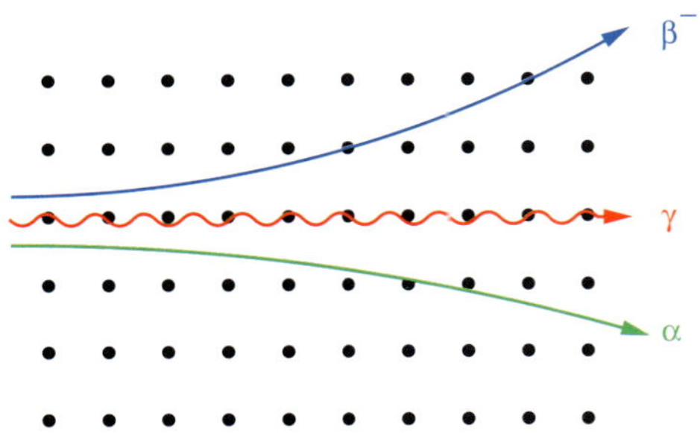

3 Radioaktive Strahlung im Magnetfeld: Die Richtung der Ablenkung ergibt sich aus der Linke-Hand-Regel (s. S. 69).

Radioaktive Strahlung besitzt Energie. Sie wird von Stoffen unterschiedlich absorbiert. α- und β-Strahlung kann durch elektrische und magnetische Felder abgelenkt werden.

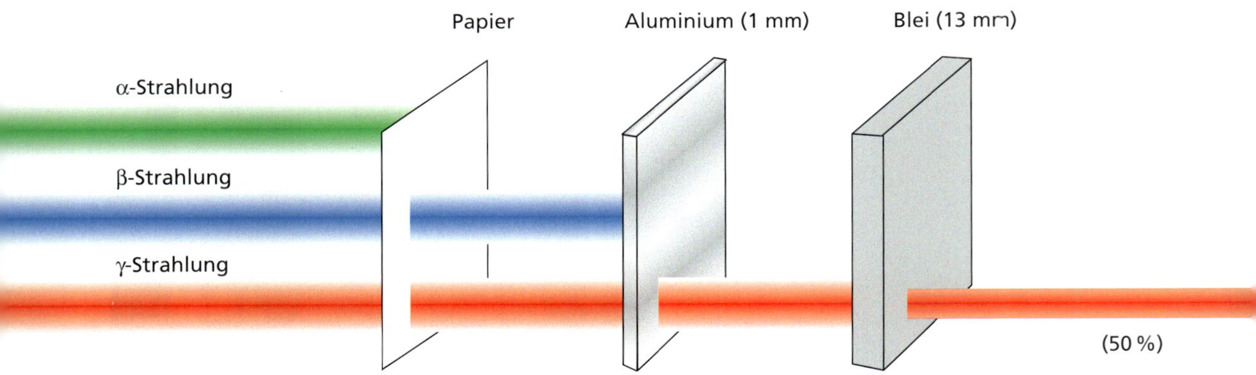

1 Durchdringungsfähigkeit radioaktiver Strahlung

Nachweis radioaktiver Strahlung

Durch radioaktive Strahlung können Filme geschwärzt und Gase ionisiert werden. Diese Eigenschaften radioaktiver Strahlung werden zu ihrem Nachweis genutzt.

Beim **Nachweis mit Film** ist die Schwärzung des Films umso stärker, je stärker die auftreffende Strahlung ist. Das wird bei Dosimeterplaketten genutzt, die Personen tragen müssen, die beruflich mit Strahlung in Berührung kommen können (s. Übersicht unten). Weitere Möglichkeiten des Nachweises radioaktiver Strahlung sind das **Zählrohr** (s. Übersicht) und die **Nebelkammer** (s. Übersicht und S. 124).

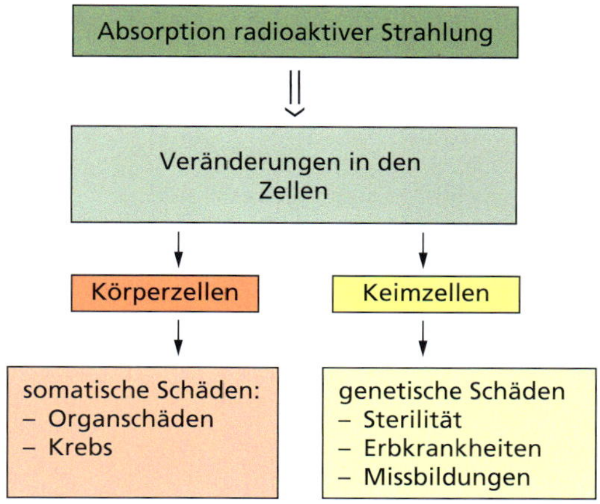

1 Biologische Wirkungen radioaktiver Strahlung

Biologische Wirkungen der radioaktiven Strahlung und Strahlenschutz

Trifft radioaktive Strahlung auf organisches Gewebe, so kann sie auf das Gewebe einwirken und Veränderungen in Zellen hervorrufen (Abb. 1). Besonders gefährlich ist eine kurzzeitig hohe Strahlenbelastung. Sie kann zu unmittelbaren Schädigungen des betreffenden Lebewesens führen (somatische Schäden) oder sich auch erst bei den Nachkommen auswirken (genetische Schäden).

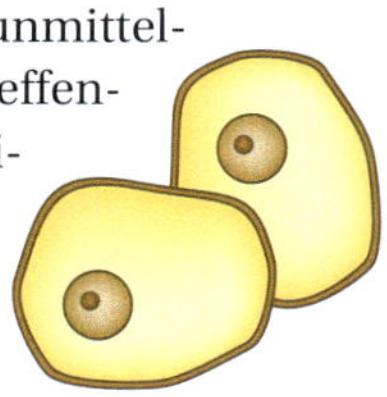

Die biologischen Wirkungen auf einen Körper hängen u. a. davon ab,
- wie viel Strahlung der Körper aufnimmt (absorbiert),
- welche Art der Strahlung wirksam wird,
- welche Körperteile bestrahlt werden.

Akut kann es bei Bestrahlung mit einer hohen Dosis zur **Strahlenkrankheit** kommen. Spätschäden durch Zellveränderungen treten häufig erst nach Jahren auf. Hierzu zählen z. B. Erkrankungen der blutbildenden Organe (Leukämie), der Haut und der Augen.

Nachweismöglichkeiten radioaktiver Strahlung

Fotografische Schicht	Zählrohr	Nebelkammer
	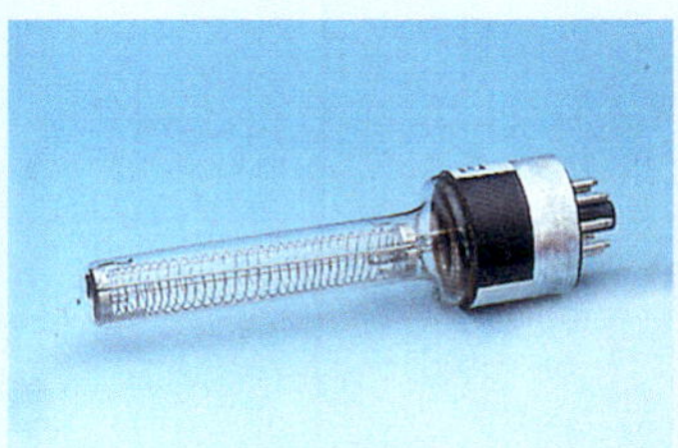	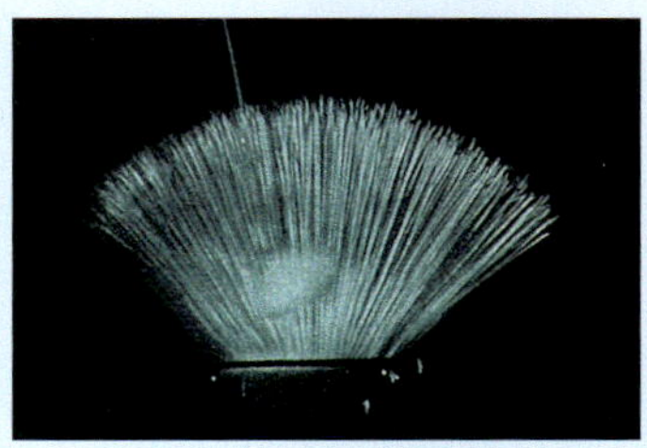
Bei einer Dosimeterplakette wird ein Film an den Stellen, an denen radioaktive Strahlung auftrifft, geschwärzt. Das Maß der Strahlenbelastung ist der Grad der Schwärzung des Filmes.	Bei einem Zählrohr wird die ionisierende Wirkung radioaktiver Strahlung genutzt. Je größer die Intensität der Strahlung ist, desto mehr Impulse werden registriert.	Bei einer Nebelkammer wird die ionisierende Wirkung radioaktiver Strahlung genutzt. Die Länge der Nebelspur ist ein Maß für die Energie der Strahlung.

Mosaik

Der Schutz vor ionisierender Strahlung

Die verschiedenen Strahlungsarten, die biologische Wirkungen hervorrufen, werden zusammenfassend als ionisierende Strahlung bezeichnet. Zu ihr gehören neben der α-, β-, γ-Strahlung die Röntgenstrahlung. Die biologische Wirkung ionisierender Strahlung wird durch die physikalische Größe **Äquivalentdosis** beschrieben. Sie kennzeichnet die von einem Körper aufgenommene Energie der Strahlung unter Berücksichtigung biologischer Wirkungen und wird in der Einheit Sievert (1 Sv) gemessen. Dabei gilt: 1 Sv = 1 J/kg.

Eine Gesamtbelastung von 4 mSv je Jahr bedeutet dann für einen Menschen, dass er durch ionisierende Strahlung eine Energie von 4 mJ je Kilogramm Körpergewicht aufnimmt. Nach den gegenwärtigen Erkenntnissen treten bei einer kurzzeitigen Strahlenbelastung ab 250 mSv bereits Schäden auf, eine Belastung von 7 000 mSv ist tödlich.
Für Menschen, die beruflich ionisierender Strahlung ausgesetzt sind, gilt z. Z. ein Grenzwert von 20 mSv je Jahr. Wegen möglicher Schäden durch ionisierende Strahlung gilt als Grundregel:

Die Strahlung, der man sich aussetzt, sollte so gering wie möglich sein.

Dabei muss man beachten, dass schon allein die natürliche Strahlung aufgrund der geologischen Besonderheiten (z. B. Gebiete mit Uranvorkommen, Gebirge) sehr unterschiedlich ist.
Diese **terrestrische** Strahlung beträgt in Mecklenburg-Vorpommern ca. 0,15 mSv/a, im Harz etwa 1 mSv/a und im Bayrischen Wald ca. 1,5 mSv/a.
Erheblichen Anteil an der Strahlenbelastung hat das Gas Radon, das wir mit der Luft einatmen.

Achtung!
Ionisierende Strahlung

Das Eintreten von Strahlenschäden ist vor allem abhängig von der Art der Strahlung, der Energie (Intensität) der Strahlung, der Dauer der Einwirkung und der Empfindlichkeit der bestrahlten Organe.
Besonders empfindlich sind das Knochenmark, die Lymphknoten und die Keimzellen.

Die wichtigsten **Maßnahmen zum Schutz** vor ionisierender Strahlung sind:
- Von Quellen ionisierender Strahlung ist ein möglichst großer Abstand zu halten.
- Strahlungsquellen sind möglichst vollständig abzuschirmen, z. B. mit Blei.
- Mit Quellen ionisierender Strahlung sollte nur kurzzeitig experimentiert werden.
- Radioaktive Substanzen dürfen nicht in den Körper gelangen. Beim Umgang mit solchen Substanzen sind Essen und Trinken verboten.

Personen, die beruflich mit ionisierender Strahlung in Berührung kommen, müssen eine Dosimeterplakette (s. S. 121) tragen, durch die ionisierende Strahlung registriert wird. Diese Plaketten werden regelmäßig kontrolliert.
Die Einhaltung aller Schutzmaßnahmen ist erforderlich, weil wir kein Sinnesorgan für ionisierende Strahlung haben, also nicht merken, ob wir solcher Strahlung ausgesetzt sind. Deshalb werden auch regelmäßig Messungen durchgeführt.

Mittlere Strahlenbelastung in der Bundesrepublik Deutschland im Jahr

Art der Strahlung	Äquivalentdosis
von der Umgebung (Erde) ausgehende **terrestrische** Strahlung	0,4 mSv/Jahr
kosmische Strahlung	0,3 mSv/Jahr
Strahlung durch die aufgenommene Nahrung/Luft	1,7 mSv/Jahr
Medizinische Anwendungen einschließlich Röntgenuntersuchungen	1,5 mSv/Jahr
Strahlung durch Kernkraftwerke, Kernwaffenversuche	0,01 mSv/Jahr
Strahlung durch Bildschirm des Fernsehapparates und des Computers	0,02 mSv/Jahr
Gesamtbelastung	≈ 4 mSv/Jahr

Gesetz des radioaktiven Zerfalls

Ist zu einem gegebenen Zeitpunkt eine Anzahl N_0 von Atomen eines radioaktiven Nuklids vorhanden, so wandelt sich in einer bestimmten Zeit die Hälfte der Atomkerne um (Abb. 1). Diese Zeit wird als **Halbwertszeit** bezeichnet.

Die Halbwertszeit gibt an, in welcher Zeit sich jeweils die Hälfte der vorhandenen instabilen Atomkerne umwandelt.

Formelzeichen: $T_{1/2}$
Einheit: **1 Sekunde (1 s)**

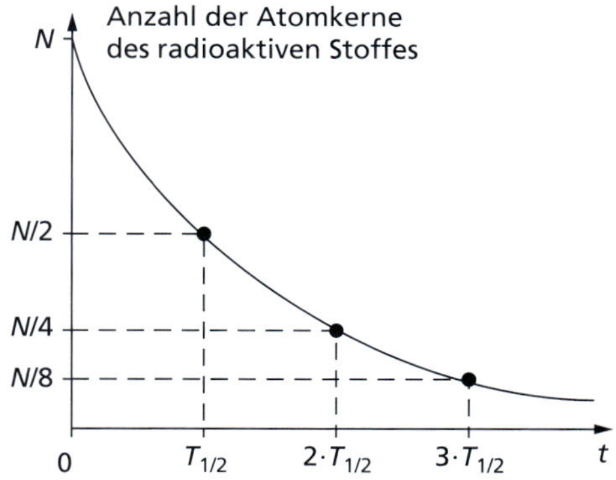

1 Gesetz des Kernzerfalls

So hat z. B. Caesium-137 eine Halbwertszeit von 30 Jahren. Das bedeutet: In 30 Jahren ist bei einer bestimmten Menge Caesium-137 die Hälfte aller Caesium-Kerne umgewandelt, in weiteren 30 Jahren ist es wiederum die Hälfte der dann noch vorhandenen Caesium-Kerne. Stellt man den Zusammenhang zwischen der Anzahl N der noch nicht zerfallenen Atomkerne und der Zeit t grafisch dar, erhält man den in Abb. 1 dargestellten Verlauf. Er gilt für eine große Anzahl N von Atomkernen. Das **Zerfallsgesetz** kann man auch in Form einer Gleichung darstellen.

Das Gesetz des radioaktiven Zerfalls lautet:

$$N = N_0 \cdot \left(\frac{1}{2}\right)^{\frac{t}{T_{1/2}}}$$

N_0 ursprünglich vorhandene Atomkerne
t vergangene Zeit
$T_{1/2}$ Halbwertszeit

Halbwertszeit einiger Nuklide

Nuklid	Halbwertszeit
Caesium-137	30,17 Jahre
Cobalt-60	5,3 Jahre
Iod-131	8,04 Tage
Kohlenstoff-14	5 730 Jahre
Natrium-22	2,6 Jahre
Plutonium-238	87,7 Jahre
Plutonium-239	24 390 Jahre
Polonium-210	138,4 Tage
Polonium-216	0,15 Sekunden
Radium-226	1 600 Jahre
Radon-220	55,6 Sekunden
Uran-235	700 Mio. Jahre
Uran-238	4,5 Mrd. Jahre

Dynamische und statistische Gesetze

Physikalische Gesetze sind allgemeine und wesentliche Zusammenhänge, die unter bestimmten Bedingungen stets wirken. Diese Bedingungen nennt man auch Gültigkeitsbedingungen. Unterscheiden kann man zwischen dynamischen und statistischen Gesetzen.

Ein **dynamisches Gesetz** gibt an, wie sich ein einzelnes Objekt unter den gegebenen Bedingungen verhält. Ein Beispiel für ein solches Gesetz ist das newtonsche Grundgesetz $F = m \cdot a$. Kennt man die Masse eines Körpers und die auf ihn einwirkende Kraft, so kann man die Beschleunigung eindeutig vorhersagen.
Ein **statistisches Gesetz** wie das Zerfallsgesetz trifft dagegen keine Aussage zum Verhalten eines einzelnen Objektes, z. B. eines bestimmten Atomkerns, sondern nur über die Gesamtheit der Objekte. Wenn z. B. ursprünglich 1 Mio. Atomkerne vorhanden sind, dann kann man sagen, dass sich während einer Halbwertszeit ca. 500 000 Kerne umwandeln. Welche es aber sind, kann man nicht vorhersagen. Statistische Gesetze sind immer mit Wahrscheinlichkeitsaussagen verbunden.

Physik in Natur und Technik

Das Geiger-Müller-Zählrohr

1928 entwickelten die deutschen Physiker HANS GEIGER (1882–1945) und WALTHER MÜLLER (1905–1979) ein Zählrohr (s. Übersicht S. 121), mit dem man nicht nur das Vorhandensein von radioaktiver Strahlung, sondern auch ihre Intensität ermitteln kann. Heute gibt es solche Zählrohre in den verschiedensten Bauformen.
Beschreibe den Aufbau und erkläre die Wirkungsweise eines GEIGER-MÜLLER-Zählrohrs!

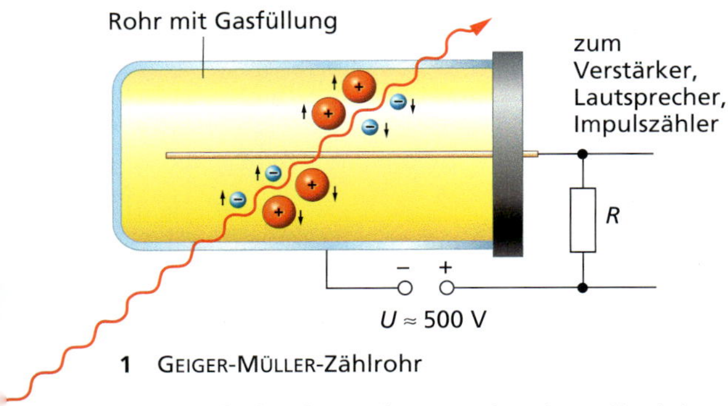

1 GEIGER-MÜLLER-Zählrohr

Ein Zählrohr dient dem Nachweis radioaktiver Strahlung. Es besteht aus einem gasgefüllten Rohr mit einer dünnen Rohrwandung, die von radioaktiver Strahlung durchdrungen werden kann. Im Rohr befinden sich eine stabförmige Elektrode in der Mitte und eine meist spiralförmige Elektrode in der Nähe der Wandung. Zwischen den beiden Elektroden wird eine Spannung von etwa 500 V angelegt.
Fällt radioaktive Strahlung auf das Zählrohr, so wird das im Rohr befindliche Gas ionisiert, d.h. es werden Elektronen abgespalten. Diese werden zur Anode beschleunigt und ionisieren auf ihrem Weg dorthin weitere Atome des Füllgases. Es kommt zur Stoßionisation und damit zu einem kurzzeitigen Stromfluss im Zählerstromkreis. Die dadurch am Widerstand auftretende Spannungsänderung wird verstärkt. In einem Lautsprecher ist sie als Knacken hörbar. Mit einem Zähler kann die Intensität der Strahlung als Impulse je Minute registriert werden.

Der Nulleffekt

Wenn z. B. im Klassenraum ein Zählrohr in Betrieb genommen wird, kann man eine merkwürdige Erscheinung beobachten. Mit dem Zählrohr wird radioaktive Strahlung registriert, obwohl sich kein radioaktives Präparat in der Nähe befindet. Die Intensität dieser überall in unserer Umgebung ständig vorhandenen radioaktiven Strahlung bezeichnet man als **Nulleffekt.**
Wie ist der Nulleffekt zu erklären?

Der Nulleffekt zeigt, dass überall eine schwache radioaktive Strahlung vorhanden ist. Die Ursachen dafür sind sehr unterschiedlich.
In unserer Umgebung, z. B. in der Erde, in Felsen, in Baumaterialien oder in Luft, sind natürliche radioaktive Stoffe vorhanden, die radioaktive Strahlung abgeben.
Auch der menschliche Körper gibt Strahlung ab. Diese wird durch die radioaktiven Nuklide hervorgerufen, die wir mit der Nahrung, dem Trinkwasser und der Luft aufnehmen.
In unserem Körper finden in jeder Sekunde etwa 9 000 Kernumwandlungen statt. Hinzu kommen geringe Dosen von Strahlung durch Kernwaffenversuche und Reaktorunfälle, durch den Einsatz schwach radioaktiver Stoffe in der Technik (z. B. Leuchtziffernblatt bei alten Uhren) und durch Abstrahlung bei technischen Geräten (Fernsehgerät, Computerbildschirm).
Zu dieser Strahlung, die von natürlicher und künstlicher Radioaktivität der Umgebung stammt, kommt noch die kosmische Strahlung aus dem Weltraum zum Nulleffekt hinzu. Der Nulleffekt ist also ständig vorhanden und tritt sehr unregelmäßig auf. Diese Schwankungen gleichen sich erst bei Messungen über einen längeren Zeitraum aus. Kurze Messzeiten führen zu sehr unterschiedlichen Zählraten. Allgemein wird der Nulleffekt als Quotient aus der Anzahl der Impulse in einem bestimmten Zeitintervall der Messung ermittelt. Bei genaueren Messungen muss der Nulleffekt berücksichtigt werden. Dazu wird er zunächst über einen längeren Zeitraum ermittelt und dann von anderen Messungen der Zählrate subtrahiert.

Altersbestimmung mit Kohlenstoff und Blei

Bei archäologischen Funden, z. B. den Resten von Bauwerken, Mumien oder Gebrauchsgegenständen, möchte man wissen, wie alt die Funde tatsächlich sind.
Wie kann man das Alter archäologischer Funde ermitteln? Wie genau sind solche Methoden der Altersbestimmung?

Die bekannteste Methode radioaktiver Zeitmessung ist die C-14-Methode, auch Radiokohlenstoffmethode oder Radiokarbonmethode bezeichnet. Mit dieser Methode kann man das Alter organischer Überreste messen. Deshalb wurde sie auch bei der Altersbestimmung von „Ötzi“ angewendet, jener Gletscherleiche, die 1990 in den österreichischen Alpen gefunden wurde (Abb. 1).
Die Methode geht davon aus, dass ein kleiner Teil des Kohlenstoffs in der Lufthülle der Erde radioaktiv ist. Es handelt sich um das Kohlenstoffisotop C-14. Den weitaus größeren Anteil des Kohlenstoffs in der Lufthülle bildet das stabile Isotop C-12. Das radioaktive Kohlenstoffisotop C-14 entsteht in der Luft durch Kernumwandlung von Stickstoff infolge des ständigen „Beschusses“ der Atmosphäre mit Neutronen der Höhenstrahlung.
Dieser Prozess geht seit Jahrtausenden vor sich. Damit war und ist der Anteil an C-14-Isotopen in der Atmosphäre weitgehend konstant. Nun nehmen alle Pflanzen bei der Assimilation das radioaktive C-14 und das nicht radioaktive C-12 auf. Pflanzen werden von Tieren gefressen. Menschen essen pflanzliche und tierische Produkte. In allen Lebewesen gibt es dadurch ein festes Verhältnis von C-14 und C-12.
Mit dem Tod eines Lebewesens oder einer Pflanze hört die Aufnahme von Kohlenstoff auf. Der Anteil an C-14 nimmt durch radioaktiven Zerfall mit einer Halbwertzeit von 5730 Jahren ab. Die Menge des nichtradioaktiven C-12 bleibt dagegen gleich. Aus dem Mengenverhältnis von C-14 und C-12 im organischen Überrest kann auf das Alter des Fundes geschlossen werden. Beträgt z. B. der C-14-Anteil nur noch 50 % des heutigen Anteils, so kann man folgern: Seit Beendigung der Kohlenstoffaufnahme ist eine Halbwertszeit vergangen, also 5730 Jahre.

Die C-14-Methode bringt nur für Funde mit einem Alter bis ca. 20 000 Jahre eine relativ gute Genauigkeit mit einem Fehler von ± 200 Jahren.

Mithilfe von radioaktiven Isotopen kann man auch das Alter von Steinen abschätzen (Abb. 2). Die **Uran-Blei-Methode** geht davon aus, dass viele Steine Uran enthalten, dessen Isotope alle radioaktiv sind. Das natürliche Uranisotop 238 hat eine Halbwertzeit von 4,5 Mrd. Jahren. Es zerfällt über Zwischenstationen in das stabile Blei-206. Aus dem Verhältnis Pb-206 zu U-238 lässt sich das Alter des Gesteins errechnen, wenn man davon ausgeht, dass ursprünglich nur Uran vorhanden war. Je älter das Gestein ist, desto größer ist inzwischen der Bestandteil an Blei.
Für Meteoriten ergibt sich nach dieser Methode ein Alter von 4,5 Milliarden Jahren.

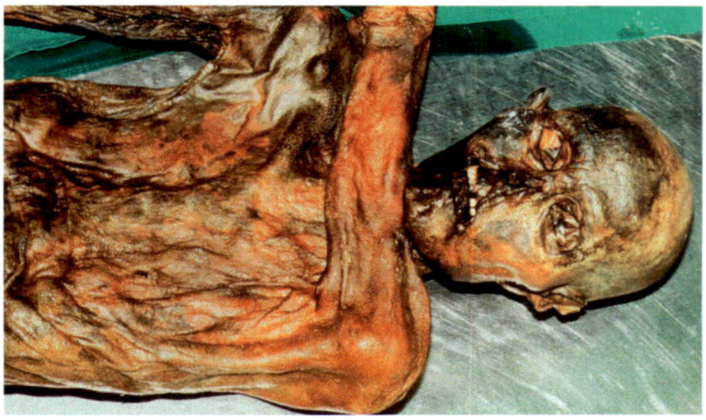

1 Mithilfe der C-14-Methode wurde versucht, das Alter von „Ötzi“ zu ermitteln.

2 Die Bestimmung des Alters archäologischer Funde kann mit der Uran-Blei-Methode erfolgen.

Radioaktive Nuklide in Medizin, Technik und Biologie

Die von radioaktiven Nukliden ausgehende Strahlung kann aufgrund ihrer Eigenschaften in verschiedenen Bereichen von Medizin und Technik genutzt werden.
Wie kann man radioaktive Nuklide herstellen? Welche grundsätzlichen Anwendungsmöglichkeiten gibt es für radioaktive Nuklide?

Radioaktive Nuklide kann man heute im Labor künstlich herstellen. Dazu „beschießt" man stabile Atomkerne mit Teilchen (Protonen, Neutronen, α-Teilchen) oder anderen Atomkernen, die aus einem Teilchenbeschleuniger stammen. Gelingt ein Treffer, so tritt in dem beschossenen Kern eine Kernumwandlung auf.
Viele der so entstehenden Kerne sind instabil und senden bei ihrer Umwandlung radioaktive Strahlung aus (Abb. 1). Darüber hinaus werden manchmal noch Neutronen freigesetzt.
1934 entdeckten IRENE JOLIOT-CURIE (1897–1956) und ihr Mann FREDERIC JOLIOT-CURIE (1900 bis 1958) die künstliche Radioaktivität. Sie beschossen Aluminiumkerne mit α-Teilchen. So entstand Phosphor 30, das erste künstliche Nuklid.

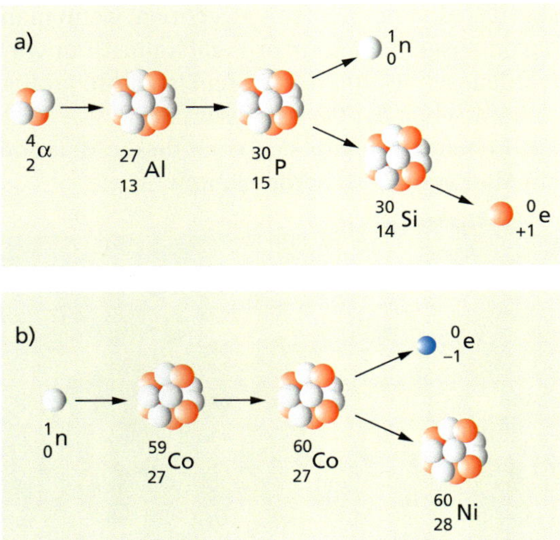

1 Kernumwandlungen beim Beschuss vom Aluminium mit α-Teilchen (a) und Cobalt mit Neutronen (b)

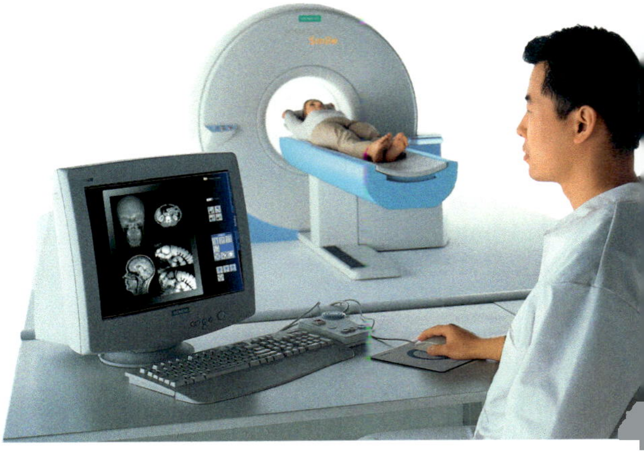

2 Anlage zur Computertomographie in der Medizin

Es zerfiel in das Nachbarelement Silizium und ein Positron (Abb.1a).
Die künstlich hergestellten radioaktiven Nuklide werden ebenso wie die in der Natur vorkommenden radioaktiven Nuklide auch als Radionuklide bezeichnet. Einige für die Medizin und die Technik wichtige Radionuklide sind in den Übersichten auf S. 119 und 123 angegeben.
Bei den Anwendungen radioaktiver Nuklide nutzt man die verschiedenen Eigenschaften radioaktiver Strahlung aus.
Wichtige Verfahren sind das Bestrahlungsverfahren, das Durchstrahlungsverfahren und das Markierungsverfahren. Das sind drei Verfahren, die man in den unterschiedlichsten Bereichen der Technik und der Medizin nutzen kann.

Beim **Bestrahlungsverfahren** wird die Eigenschaft radioaktiver Strahlung genutzt, in Stoffen chemische, biologische oder physikalische Veränderungen hervorzurufen. In der Medizin wird es z. B. bei der Tumorbehandlung angewendet, um Krebszellen abzutöten (Abb. 2). Da man früher meist Cobalt-60 als Strahler nutzte, wurden die betreffenden Geräte als Cobaltkanonen bezeichnet.
Cobalt-60 gibt energiereiche γ-Strahlung ab. Um das benachbarte gesunde Gewebe möglichst wenig zu schädigen, darf die Strahlung nur in einer bestimmten Richtung austreten. Wegen der erforderlichen Abschirmung haben die Kanonen beachtliche Ausmaße.

Das Bestrahlungsverfahren wird auch zur Sterilisation angewendet, indem Keime (Bakterien, Viren usw.) abgetötet werden. Auf diese Weise werden medizinische Geräte keimfrei gemacht. Der Schlamm aus Kläranlagen kann nach der Bestrahlung mit radioaktiven Strahlen als Dünger verwendet werden. Bei Lebensmitteln, wie Zwiebeln und Kartoffeln, kann die Keimbildung verhindert und damit die Lagerfähigkeit verbessert werden (Abb. 1).
In der Technik lässt sich durch radioaktive Bestrahlung die Reißfestigkeit dünner Folien wesentlich erhöhen.

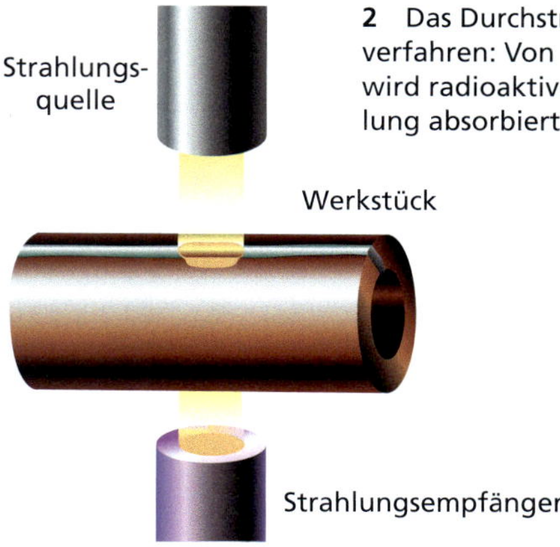

2 Das Durchstrahlungsverfahren: Von Stoffen wird radioaktive Strahlung absorbiert.

Beim **Durchstrahlungsverfahren** (Abb. 2) wird die Eigenschaft der Durchdringungsfähigkeit von Stoffen und der Absorption in Stoffen genutzt. Der zu untersuchende Gegenstand befindet sich zwischen der Strahlungsquelle und einem Strahlungsempfänger, z. B. einem Zählrohr oder einem Film.
Wird z. B. ein Werkstück durchstrahlt und sind Einschlüsse (Luft, andere Stoffe) vorhanden, so verändert sich die vom Werkstoff absorbierte Strahlung und damit die beim Strahlungsempfänger ankommende Strahlung.
Deutlich wird dieses durch unterschiedliche Zählraten oder Schwärzungsgrade auf dem Film. Das Durchstrahlungsverfahren kann z. B. genutzt werden, um die Qualität von Schweißnähten zu prüfen oder um die Schichtdicke bei der Papier- und Folienherstellung ständig zu überwachen. Da es sich um ein zerstörungsfreies Verfahren handelt, ist es besonders gut geeignet, Bauteile zu überprüfen, die hochbelastet und sicherheitsrelevant sind. Das gilt für Drahtseile bei Seilbahnen oder für Radreifen bei der Eisenbahn.

Beim **Markierungsverfahren** (Abb. 3) werden Radionuklide dazu genutzt, um den Weg von Stoffen im menschlichen Körper, bei Pflanzen und Tieren, in Rohrleitungen oder im Erdboden zu verfolgen.
Um z. B. die Schilddrüse zu untersuchen, wird radioaktives Iod injiziert. Iod reichert sich in der Schilddrüse an. Mit einem speziellen Zähler wird die von der Schilddrüse ausgehende Strahlung Punkt für Punkt registriert und mithilfe von Computern ausgewertet. Damit können mögliche krankhafte Veränderungen festgestellt werden.

1 Das Bestrahlungsverfahren: Durch radioaktive Bestrahlung wird die Keimbildung verhindert.

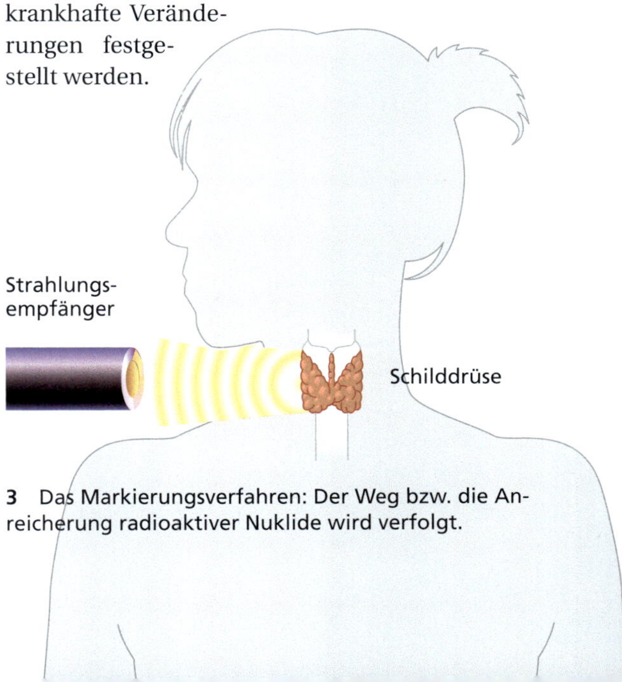

3 Das Markierungsverfahren: Der Weg bzw. die Anreicherung radioaktiver Nuklide wird verfolgt.

Präsentieren von Informationen

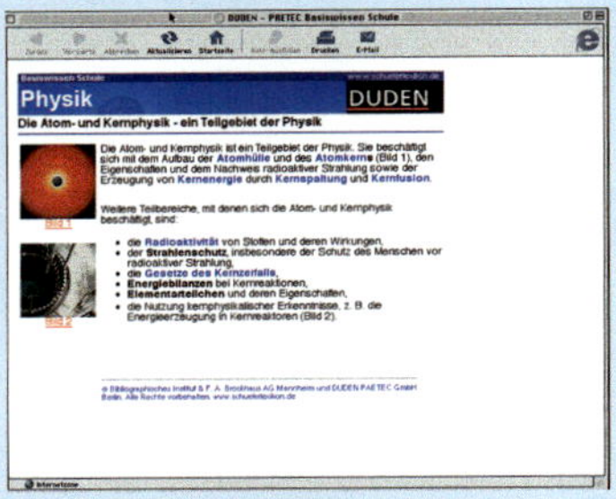

Unter der Internet-Adresse **www.schuelerlexikon.de** findest du für Schüler entwickelte Nachschlagewerke, u. a. für das Fach Physik.

Ergebnisse deiner Arbeit zu einem Thema oder das, was ihr in einer Gruppe erarbeitet habt, sollte den Mitschülern, vielleicht sogar allen Schülern der Schule oder der Öffentlichkeit präsentiert werden. Für die Präsentation von Informationen gibt es unterschiedliche Möglichkeiten, beispielsweise:

- einen Vortrag halten,
- eine Wandzeitung oder ein Poster für den Physikraum oder den Schulflur gestalten,
- eine Präsentation mit dem Computer anfertigen und vorführen,
- eine Internetseite zu einem Thema gestalten.

Vorbereiten eines Vortrages

1. Verschaffe dir einen Überblick über das Thema! Nutze dazu verschiedene Informationsquellen!

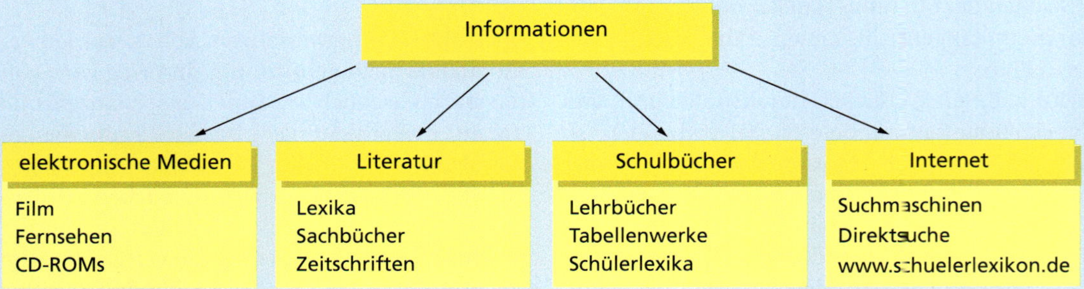

2. Wähle die Schwerpunkte aus, zu denen du etwas vortragen willst! Informiere dich über diese Schwerpunkte genauer!
3. Gliedere den Vortrag! Formuliere die Schwerpunkte in Kurzform schriftlich!
4. Stelle Bilder, Folien oder Plakate bereit, die du für den Vortrag nutzen willst!

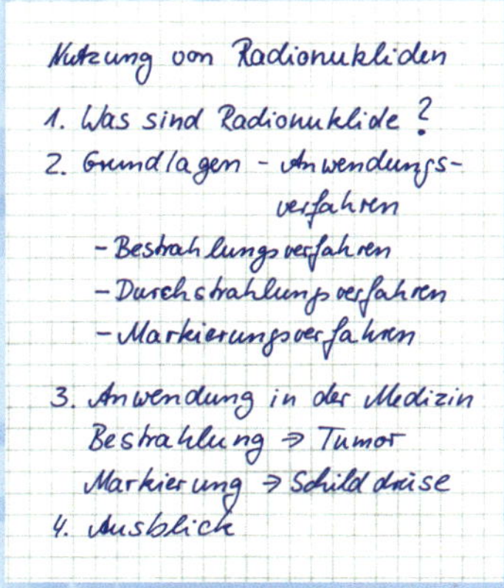

Halten eines Vortrags

1. Wecke am Anfang des Vortrags Interesse und Neugier und nenne das Thema! Beginne mit „Wusstet ihr überhaupt ...?" „Hättet ihr gedacht, dass ..."
2. Nenne und zeige die Gliederung (Tafel, Folie, Plakat)!
3. Sprich in kurzen Sätzen! Verwende nur Fachbegriffe, die du auch selbst erklären kannst!
4. Bemühe dich, laut, langsam und deutlich zu sprechen! Nutze deine Notizen! Versuche trotzdem, frei zu sprechen und deine Zuhörer anzuschauen!

5. Leite neue Teile deutlich ein, z. B.: „Ein weiterer Punkt ist ...“ oder „Als nächstes möchte ich ...“
6. Achte auf die Zeit! Schließe den Vortrag mit einer kurzen Zusammenfassung ab!

Anfertigen eines Posters

Wandzeitungen oder Poster eignen sich gut dazu, Informationen und Arbeitsergebnisse der Schulöffentlichkeit vorzustellen. Damit das auch gut gelingt, sollten ein paar Tipps beachtet werden.

1. Jedes Poster hat ein Thema, das über den Inhalt informieren und Neugier wecken soll. Es sollte auffällig (groß, farbig) gestaltet sein.
2. Verwende Abbildungen, Grafiken, Skizzen, Schemata! Gehe sparsam mit Text um!
3. Ordne die Inhalte übersichtlich an!
4. Kennzeichne das, was inhaltlich zusammengehört, mit gleichen Schriftarten, Farben oder Formen! Verwende dabei aber keine zu große Vielfalt!
5. Teste die Erkennbarkeit und Lesbarkeit aus größerer Entfernung!
6. Bei einem umfangreicheren Thema kann man mehrere Poster zu einer kleinen Ausstellung zusammenfassen.

Gestaltung einer Internetseite

Im World Wide Web (www) kann man nicht nur Informationen suchen, sondern auch selbst Informationen präsentieren. Dazu ist eine eigene **Homepage** nötig oder es wird die Homepage der Schule genutzt.

Zur Erstellung der Seiten gibt es spezielle Programme.

Für die Gestaltung von Web-Seiten gelten die gleichen Hinweise wie für die Anfertigung einer Wandzeitung oder eines Posters. Vorteil ist aber beim Web: Es können auch Animationen, Videos oder Audios mit eingebaut werden. Es können auch schnell Änderungen und Aktualisierungen vorgenommen werden. Die Informationen sind einer breiten Öffentlichkeit zugänglich.

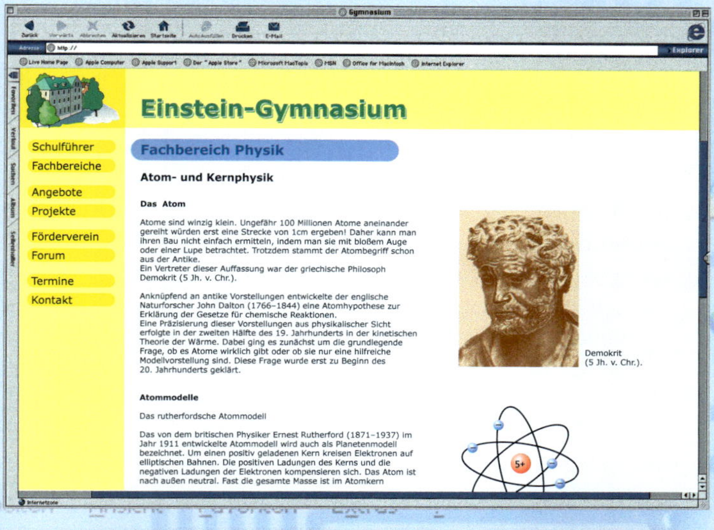

gewusst · gekonnt

1. Erläutere mithilfe von Vorstellungen zum Aufbau eines Atoms, warum man sich die Atome nicht als massive Kugeln vorstellen kann!

2. Beschreibe den Aufbau eines Heliumatoms, eines Kohlenstoffatoms und eines Eisenatoms!

3. Stelle in einer Tabelle die Anzahl der Protonen, der Neutronen und der Elektronen unter der Annahme neutraler Atome zusammen:

$$^{1}_{1}\mathrm{H},\ ^{12}_{6}\mathrm{C},\ ^{14}_{6}\mathrm{C},\ ^{60}_{27}\mathrm{Co},\ ^{137}_{55}\mathrm{Cs},\ ^{235}_{92}\mathrm{U},\ ^{238}_{92}\mathrm{U}$$

4. Dem Engländer JAMES CHADWICK gelang 1932 der Nachweis von Neutronen. Er beschoss Beryllium-9 mit α-Teilchen (s. Abb.).

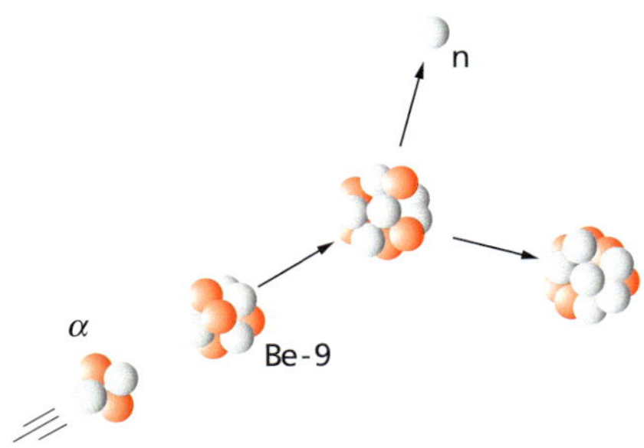

Stelle für diesen Prozess die Reaktionsgleichung auf!

5. Informiere dich in der Literatur und unter der Adresse **www.schuelerlexikon.de** sowie unter weiteren Adressen über den rutherfordschen Streuversuch! Gehe dabei auf den Aufbau der Experimentieranordnung und die Deutung der Ergebnisse des Experiments ein!

6. Aus welchen Versuchsergebnissen kann man auf die Existenz von Atomkernen schließen?

7. Untersuche, wie die Schaumkrone von alkoholfreiem Bier mit der Zeit zerfällt! Begründe, warum das Experiment als ein Modellexperiment für den radioaktiven Zerfall angesehen werden kann!
Vorbereitung:
Gieße alkoholfreies Bier so in ein Glas, dass sich möglichst viel Schaum entwickelt!

Durchführung:
Miss jeweils nach 10 s die Schaumhöhe *s*!
Wiederhole den Versuch mindestens drei Mal!
Auswertung:
Stelle die Schaumhöhe *s* in Abhängigkeit von der Zeit *t* dar!
Bestimme die Halbwertzeit, in der die Schaumkrone zerfallen ist!

8. Wie funktioniert ein GEIGER-MÜLLER-Zählrohr? Bringe folgende Sätze in die richtige Reihenfolge!
   - Die Spannungsänderung wird verstärkt.
   - Das Gas im Zählrohr wird ionisiert.
   - Das führt am Widerstand zu einer kurzzeitigen Spannungsänderung (Impuls).
   - Radioaktive Strahlung gelangt in das Zählrohr.
   - Ein Zähler registriert jeden Spannungsimpuls.
   - Infolge der Stoßionisation kommt es zu einem kurzzeitigen Stromfluss im Zählerstromkreis.

9. Wie kommt ein Zählimpuls in einem Zählrohr zustande?

10. Caesium-137 hat eine Halbwertszeit von etwa 30 Jahren. Was bedeutet diese Angabe?

***11.** Bei einem Barium-137-Präparat wurde mit einem Zählrohr in 30 s eine Zählrate von 2 070 Impulsen gemessen. Nach jeweils zwei Minuten wurden die Messungen wiederholt. Dabei erhielt man folgende Ergebnisse:

Zeit in min	2	4	6	8	10
Zählrate in Impulsen	1 100	650	416	241	179

a) Stelle die Messwerte grafisch dar!
b) Ermittle aus dem Diagramm die Halbwertszeit von Barium-137!

12. Für ein Radionuklid gilt die im Diagramm dargestellte Zerfallskurve.
Wie groß ist die Halbwertszeit?

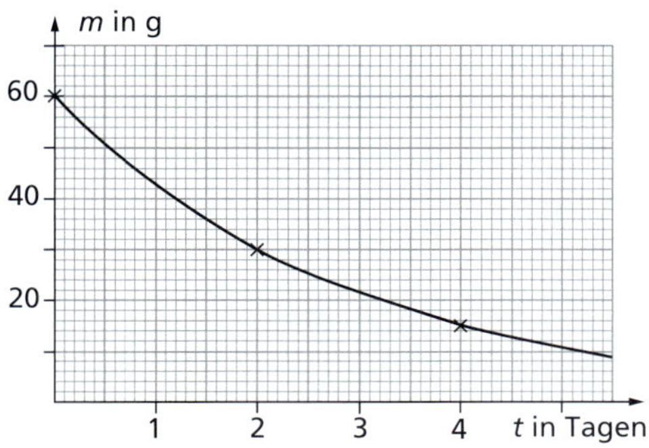

13. Erläutere, wovon die schädigende Wirkung radioaktiver Strahlung abhängt!

14. Begründe, warum Bergsteiger einer relativ hohen natürlichen Strahlungsbelastung ausgesetzt sind!

15. Beschreibe den Aufbau und erkläre die Wirkungsweise eines Zählrohres!

16. Es wird experimentell untersucht, wie die Strahlung eines radioaktiven Präparats durch Aluminiumfolie absorbiert wird. Dazu wird zunächst der Nulleffekt mit 20 Impulsen je Minute ermittelt. Anschließend werden die Messungen mit dem radioaktiven Präparat und Aluminiumfolie zwischen Präparat und Zählrohr durchgeführt. Dabei erhält man folgendes Ergebnis:

Dicke der Alu-Folie in mm	0	1	2	3	4
Zählrate in Impulsen je Minute	650	305	210	185	170

Erhöht man die Schichtdicke des Aluminiums weiter, so verändert sich die Zählrate nicht.

a) Stelle den Zusammenhang zwischen Zählrate und Dicke der Aluminiumschicht in einem Diagramm dar! Interpretiere das Diagramm!
b) Wie ist es zu erklären, dass sich die Zählrate bei Erhöhung der Schichtdicke nicht verändert?

***17.** Beschreibe den Aufbau und erkläre die Wirkungsweise einer Dosimeterplakette, wie sie von Personen getragen werden muss, die beruflich mit Strahlung in Berührung kommen! Das Foto zeigt eine geöffnete Dosimeterplakette. Der lichtdicht eingepackte Film wird monatlich kontrolliert.

18. Es wurde experimentell untersucht, wie γ-Strahlung durch Blei unterschiedlicher Dicke abgeschirmt wird. Dazu wurden zwischen einem γ-Strahler und einem Zählrohr verschieden dicke Bleischichten gebracht. Im Diagramm sind die Ergebnisse der Untersuchungen dargestellt.

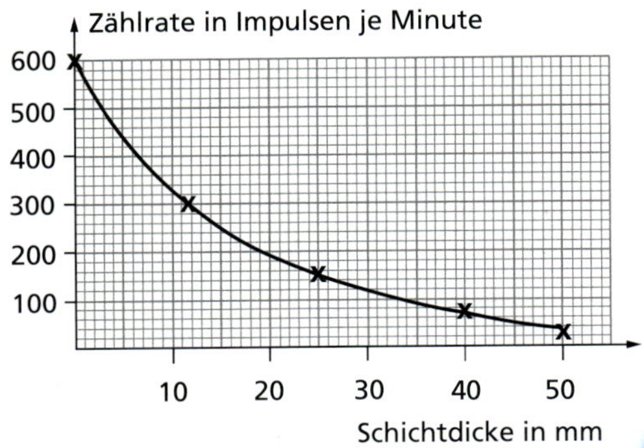

a) Interpretiere dieses Diagramm!
b) Bei welcher Schichtdicke wird die Hälfte der Strahlung absorbiert?
c) Wie dick muss die Schicht sein, damit 90 % der Strahlung absorbiert werden?

19. Radioaktive Strahlung wird zwischen zwei elektrisch geladene Platten hindurchgelenkt (s. Skizze). Mit einem Zählrohr stellt man fest, dass sie abgelenkt wird.
Um welche Art von Strahlung könnte es sich handeln? Begründe!

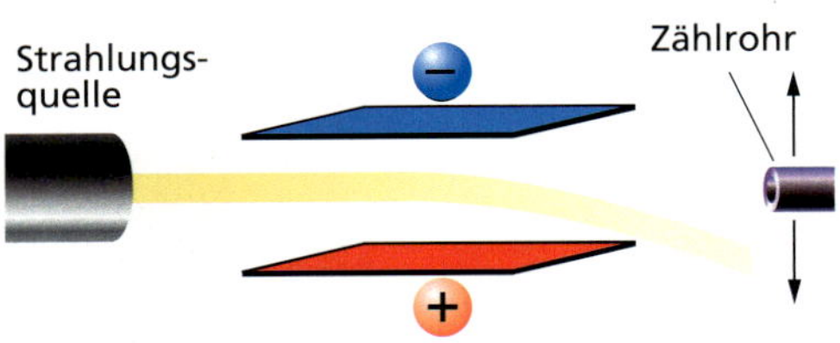

20. Wie hängen Reichweite und Durchdringungsfähigkeit radioaktiver Strahlung zusammen?

21. Das Zerfallsgesetz ist ein statistisches Gesetz. Erläutere diese Aussage!

22. Radioaktive Strahlung wird jeweils durch ein Magnetfeld gelenkt (s. Skizzen). Im Fall a) zeigt das Magnetfeld in die Blattebene hinein, im Fall b) hinaus.
Um welche Art von Strahlung könnte es sich handeln? Begründe!

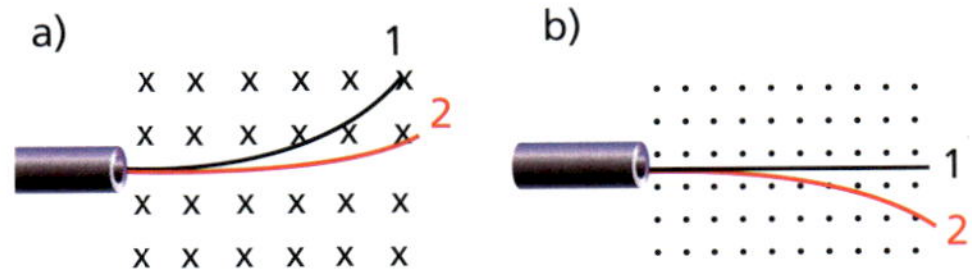

23. Stelle in einer Übersicht die wichtigsten Eigenschaften von α-, β- und γ-Strahlung zusammen!

24. Erkunde, in welchen Bereichen von Medizin, Technik und Biologie radioaktive Nuklide angewendet werden!
Nutze dazu das Internet, z. B. die Adresse **www.schuelerlexikon.de!**

25. Erläutere das Bestrahlungsverfahren, das Durchstrahlungsverfahren und das Markierungsverfahren!
Nenne je ein Beispiel und stelle dar, welche Eigenschaften und Wirkungen radioaktiver Strahlung dabei jeweils genutzt werden!

26. Bei einer Mumie wurde festgestellt, dass der C-14-Anteil nur noch 25 % des heutigen Anteils beträgt.
Auf welches Alter der Mumie kann man daraus schließen?

27. Bei Messungen an Uranerzen hat man festgestellt, dass etwa 30% der U-238-Kerne zerfallen sind.
Welches Mindestalter hat dieses Erz?

28. Welchen Belastungen durch radioaktive Strahlung ist der Mensch ständig ausgesetzt?

29. Nenne einige wichtige Strahlenschutzmaßnahmen! Begründe sie!

3.2 Kernspaltung und Kernfusion

Wohin mit dem Müll?

Bei einem Kernkraftwerk muss in jedem Jahr ein Viertel bis ein Drittel der Brennstoffstäbe, in denen sich das spaltbare Material befindet, ausgetauscht werden. Dieser Austausch erfolgt unter Wasser, um die von den Brennstoffstäben ausgehende Strahlung abzuschirmen.
Was geschieht mit den hoch radioaktiven Brennstoffstäben nach Entfernung aus dem Reaktor? Wo wird radioaktiver Müll gelagert? Welche Gefahren gehen von diesem radioaktiven Müll aus?

Pro und Contra Kernenergie

In Deutschland wird gegenwärtig ca. 30 % der elektrischen Energie aus Kernenergie gewonnen. Dies geschieht in 19 Kernkraftwerken und trägt zu einer stabilen Energieversorgung bei. Trotzdem gibt es intensive Diskussionen über die Nutzung von Kernenergie und einen Verzicht dieser Energie für die Energieversorgung.
Welche Vorteile und welche Nachteile haben Kernkraftwerke gegenüber anderen Kraftwerksarten? Welche Risiken sind mit ihrem Betrieb verbunden?

Kernenergie von der Sonne

Die Sonne ist nicht nur eine Lichtquelle, sondern auch eine riesige Wärmequelle. Die Entstehung des Lebens auf der Erde, das Wachstum von Pflanzen und Tieren, das Vorhandensein von Kohle und Erdöl und der ständige Kreislauf des Wassers in der Natur hängen unmittelbar mit der Sonnenstrahlung zusammen.
Welche Energieumwandlungen erfolgen in der Sonne?
Wie viel Energie gibt die Sonne in jeder Sekunde ab?

Kernspaltung

Unter **Kernspaltung** versteht man die Erscheinung, dass schwere Atomkerne, z. B. die Atomkerne von Uran oder Plutonium, in mittelschwere Kerne aufgespalten werden. Dabei werden Neutronen frei und es wird bei diesem Vorgang Energie abgegeben, die als **Kernenergie** oder auch als Atomenergie bezeichnet wird. Ein Beispiel für eine solche Kernspaltung ist in Abb. 1 dargestellt. Treffen Neutronen mit bestimmter Geschwindigkeit auf Uran-235, so erfolgt eine Umwandlung in Uran-236, das in Bruchteilen von Sekunden in zwei mittelschwere Kerne zerfällt.

Durch Beschuss mit langsamen Neutronen können schwere Atomkerne in mittelschwere Atomkerne aufgespalten werden. Dabei werden Neutronen freigesetzt und es wird Energie abgegeben.

Bei jeder Kernspaltung wird eine Energie von etwa $3 \cdot 10^{-11}$ J freigesetzt. Um 1 J zu erhalten, müssen ca. 30 Billionen Urankerne gespalten werden.

Die Ursache für die Energiefreisetzung besteht in Folgendem: Die Masse des Ausgangskerns plus des aufgenommenen Neutrons ist größer als die Masse der Endprodukte. Die Änderung der Masse ist nach der von ALBERT EINSTEIN (1879–1955) entdeckten Masse-Energie-Beziehung ($E = \Delta m \cdot c^2$) der freigesetzten Energie äquivalent. Das ist zugleich die physikalische Grundlage für die Funktionsweise von Kernkraftwerken und von Kernspaltungsbomben.

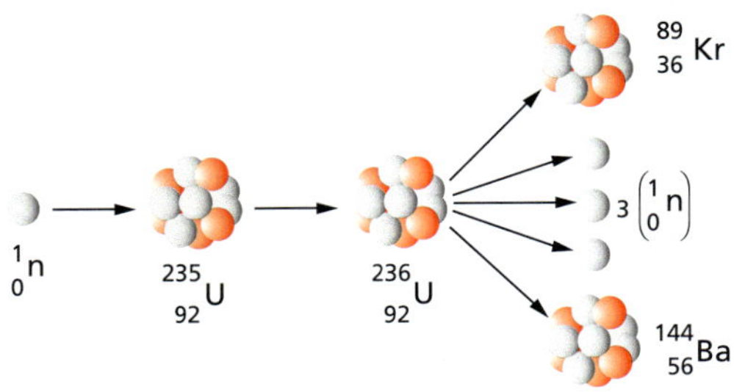

1 Spaltung von U-235 durch Neutronen: Es werden Neutronen und Energie freigesetzt.

Bei der Aufspaltung von Uran-235 ist nicht nur die in Abb. 1 dargestellte Reaktion möglich. Es können auch andere mittelschwere Kerne, z. B. Lanthan oder Caesium, entstehen. Man kennt heute etwa 200 verschiedene Spaltprodukte von Uran-235.

Treffen die Neutronen auf spaltbares Material und haben sie die „richtige" Geschwindigkeit, so können sie weitere Kernspaltungen hervorrufen. Es kommt zu einer Kettenreaktion (Abb. 2), die **ungesteuert** verlaufen kann. Durch Begrenzung der Anzahl der Neutronen kann die Kettenreaktion **gesteuert** werden.

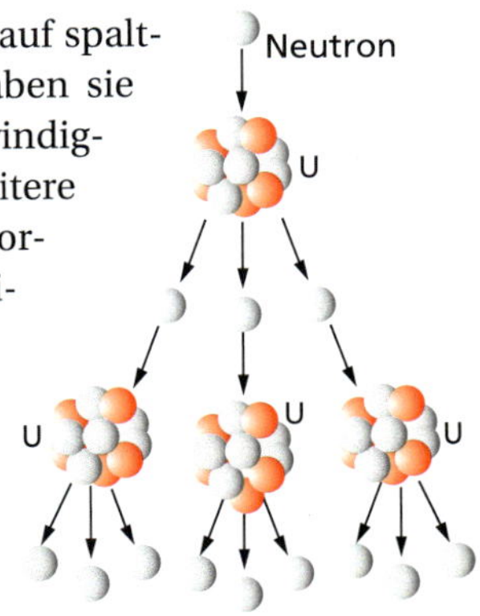

2 Kettenreaktion (ungesteuert)

Mosaik

Die erste ungesteuerte Kettenreaktion

Schon kurz nach der Entdeckung der Kernspaltung im Jahr 1938 war vielen Physikern bewusst, dass bei der Kernspaltung viel Energie frei wird und damit die Kernspaltung vielleicht auch technisch genutzt werden kann. Entsprechende Arbeiten wurden in Deutschland, England, den USA und der Sowjetunion vorangetrieben.

1942 begannen in den USA intensive Arbeiten zum Bau einer Kernspaltungsbombe (Atombombe). Innerhalb von drei Jahren wurde eine solche Bombe entwickelt und 1945 über den japanischen Städten Hiroshima und Nagasaki abgeworfen. Genauere Informationen findest du z. B. unter **www.schuelerlexikon.de.**

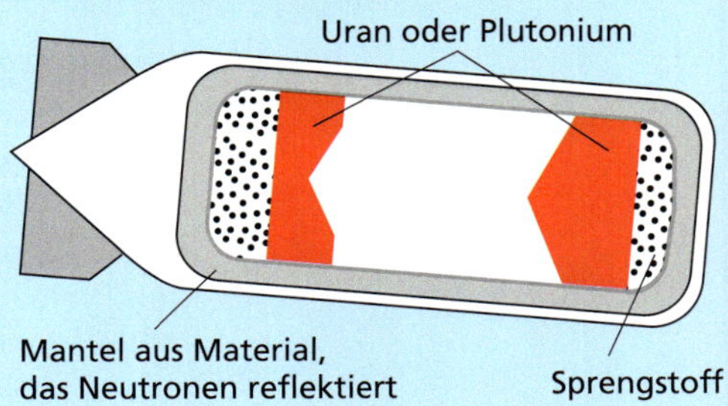

Mosaik

Die Entdeckung der Kernspaltung

In den dreißiger Jahren des 20. Jahrhunderts beschäftigten sich viele Physiker und Chemiker mit radioaktiver Strahlung.

ENRICO FERMI (1901–1954) beschoss zahlreiche Elemente mit Neutronen und stellte fest, dass sich dadurch fast alle Stoffe umwandeln lassen. Er nannte die neu entstehenden Stoffe Transurane, weil er zunächst annahm, dass alle diese Stoffe im Periodensystem jenseits des Urans liegen, also eine Ordnungszahl von über 92 hätten. 1934 erhielt FERMI durch Beschuss von Platin mit Neutronen Gold.

IRENE JOLIOT-CURIE (1897–1956), die Tochter von MARIE CURIE, und ihr Mann FREDERIC JOLIOT-CURIE (1900–1958) entdeckten 1934 die künstliche Radioaktivität.

1 LISE MEITNER (1878–1968)

In Deutschland beschäftigten sich in Berlin OTTO HAHN, FRITZ STRASSMANN und LISE MEITNER, die im Jahr 1938 emigrierte, mit der Untersuchung von Transuranen.

HAHN und STRASSMANN bestrahlten Uran mit Neutronen und untersuchten die dann entstandenen Nuklide. Dabei machten sie Ende 1938 eine Entdeckung, die ihnen selbst unwahrscheinlich vorkam.

In der Zeitschrift „Naturwissenschaften" erschien am 6. Januar 1939 ein Artikel von ihnen, in dem es heißt: *„... Nun müssen wir aber noch auf einige neuere Untersuchungen zu sprechen kommen, die wir der seltsamen Ergebnisse wegen nur zögernd veröffentlichen. ... Wir kommen zu dem Schluss: Unsere ‚Radiumisotope' haben die Eigenschaften des Bariums; als Chemiker müssten wir eigentlich sagen, bei den neuen Körpern handelt es sich nicht um Radium, sondern um Barium, denn andere Elemente als Barium und Radium kommen nicht in Frage. ... Als der Physik in gewisser Weise nahestehende ‚Kernchemiker' können wir uns zu diesem, allen bisherigen Erfahrungen der Kernphysik widersprechenden Sprung noch nicht entschließen ... Es könnte doch eine Reihe seltsamer Zufälle unsere Ergebnisse vorgetäuscht haben."*

Wenig später gelang es, die Spaltprodukte eindeutig zu identifizieren.

Durch Beschuss von Uran mit Neutronen waren Krypton und Barium entstanden. Zugleich wurden bei jeder Kernspaltung drei Neutronen und Energie freigesetzt.

Kurze Zeit später gelang der Nachweis weiterer Spaltprodukte von Uran, z. B. Strontium und Yttrium.

Damit war die Kernspaltung entdeckt, für die OTTO HAHN im Jahre 1945, nach Ende des Zweiten Weltkrieges, den Nobelpreis für Chemie für das Jahr 1944 erhielt.

2 OTTO HAHN (1879–1968)

Die Möglichkeit der Energiegewinnung aus Kernspaltung war bereits 1939 diskutiert worden. Mit Beginn des Zweiten Weltkrieges trat immer mehr die Frage in den Vordergrund, ob die Kernenergie auch militärisch nutzbar sei.

1942 begann in den USA die intensive Arbeit an Atomwaffen die innerhalb von drei Jahren zum Bau von Kernspaltungsbomben (Atombomben) führte. Am 6. August und am 9. August 1945 gab es die erste Anwendung der Kernspaltung, die Zündung von Atombomben durch US-Amerikaner über den japanischen Städten Hiroshima und Nagasaki mit Hunderttausenden Toten.

3 Arbeitstisch von OTTO HAHN (Deutsches Museum München)

Physik in Natur und Technik

Kernkraftwerke

Die gesteuerte Kettenreaktion wird heute in Kernkraftwerken zur Gewinnung von elektrischer Energie genutzt.
Wie arbeitet ein Kernkraftwerk? Welcher Nutzen und welche Gefahren bestehen beim Einsatz von Kernreaktoren?

Für den Betrieb eines Kernkraftwerkes (Abb. 1) muss gewährleistet sein, dass die Kernspaltung kontinuierlich und steuerbar abläuft. Dazu ist es erforderlich, dass
- genügend spaltbares Material vorhanden ist,
- Neutronen mit der für die Spaltung notwendigen Geschwindigkeit existieren,
- die Neutronenzahl reguliert werden kann.

Die notwendige Mindestmasse wird als **kritische Masse** bezeichnet.
Als **spaltbares Material** wird meist angereichertes Uran mit 3,5 % U-235 und 96,5 % U-238 verwendet. Im natürlichen Uran sind nur ca. 0,7 % spaltbares U-235 vorhanden. Natürliches Uran muss also angereichert werden. Das spaltbare Material wird meist in Tablettenform in **Brennstoffstäben** in das Reaktorgefäß gebracht (Abb. 2). Die für die Spaltung der Urankerne erforderlichen Neutronen entstehen bei der Kernreaktion selbst.
Da bei jeder Kernspaltung 2 bis 3 Neutronen frei werden, wächst ihre Zahl lawinenartig an. Es kommt zu einer **Kettenreaktion.** Voraussetzung dafür ist allerdings, dass die Neutronen die „richtige“ Geschwindigkeit haben. Um das zu erreichen, werden **Moderatoren** genutzt.
Zumeist verwendet man dazu Wasser oder Grafit.

2 Blick in das Reaktorgefäß eines Kernreaktors

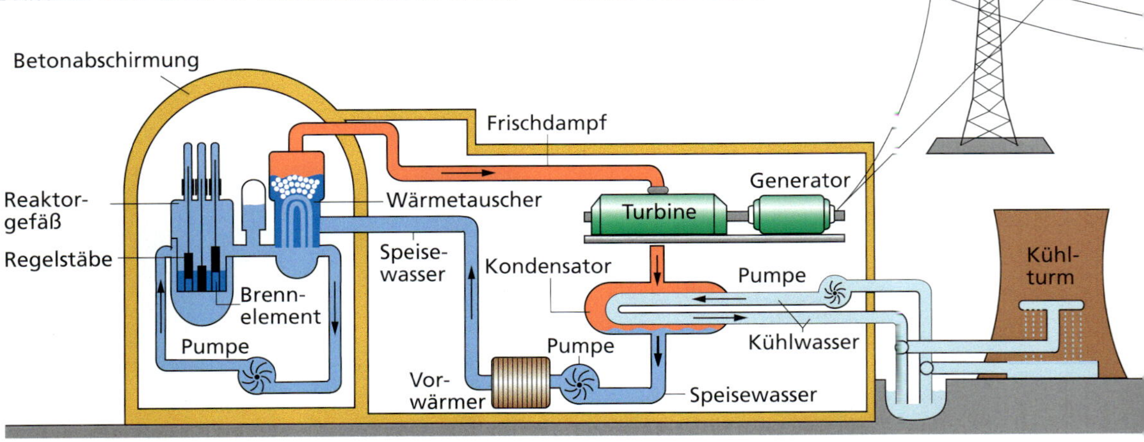

Kernenergie des Brennstoffes → thermische Energie des Dampfes → kinetische Energie von Turbine/Generator → elektrische Energie

1 Aufbau eines Kernkraftwerkes mit Druckwasserreaktor: In einem ersten Kreislauf befindet sich ein Wärmetauscher mit Dampferzeuger. In einem zweiten Kreislauf gelangt der Dampf zur Turbine.

Moderatoren bremsen die bei der Kernspaltung frei werdenden schnellen Neutronen so weit ab, dass sie weitere Kerne des Urans spalten können. Die Kettenreaktion wird mit **Regelstäben** aus Bor oder Cadmium gesteuert. Beide Elemente absorbieren Neutronen. Durch mehr oder weniger tiefes Einfahren dieser Regelstäbe wird die Zahl der Neutronen beeinflusst und damit die ablaufende Reaktion gesteuert. Eine ungeregelte Kettenreaktion würde zu einer starken Erhitzung und möglicherweise zur Zerstörung des Reaktors führen. Die freigesetzte Kernenergie wird auf Wasser übertragen. Ähnlich wie bei einem Wärmekraftwerk wird der entstehende Dampf genutzt, um Turbinen zu betreiben und mit Generatoren elektrische Energie zu gewinnen.

Der **Nutzen von Kernkraftwerken** besteht vor allem darin, dass
- keine fossilen Brennstoffe wie Kohle oder Erdöl verbrannt werden müssen,
- der Schadstoffausstoß eines solchen Kraftwerkes gering ist,
- mit relativ kleinen Mengen Kernbrennstoff viel elektrische Energie gewonnen werden kann.

Weltweit existieren heute etwa 440 Kernkraftwerke großer Leistung, die ca. 17 % des Elektroenergiebedarfs decken.

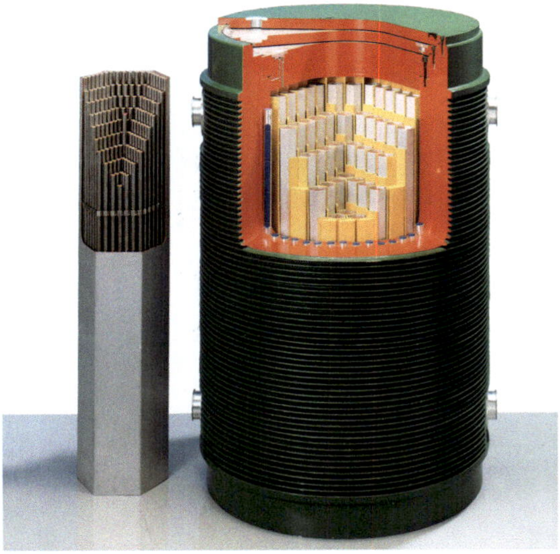

1 Brennstäbe und anderes hoch radioaktives Material werden in speziellen Behältern transportiert.

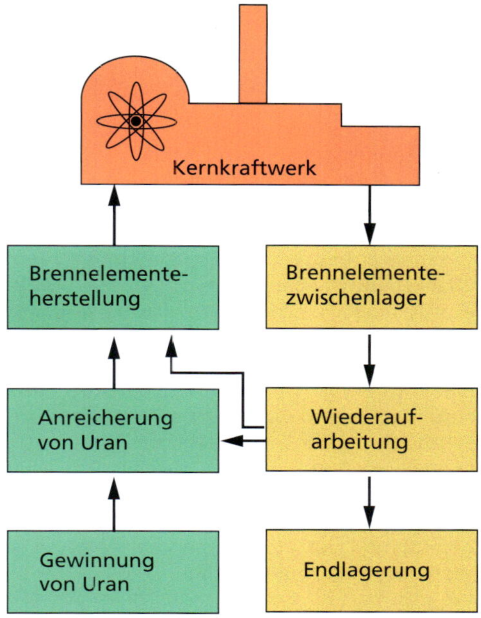

2 Vereinfachte Darstellung des Brennstoffkreislaufes bei Kernreaktoren

Die **Gefahren von Kernkraftwerken** liegen u.a. darin, dass durch menschliches Versagen oder durch technische Pannen radioaktive Stoffe freigesetzt werden können.

Trotz aller Sicherheitsmaßnahmen sind solche Unfälle nicht völlig auszuschließen. Sie würden in dicht besiedelten Gebieten katastrophale Folgen haben. Außerdem ist bis heute das Problem der dauerhaft sicheren Endlagerung von radioaktiven Abfällen, die in Kernkraftwerken entstehen, nicht gelöst. Solche beim Betrieb eines Kernkraftwerkes entstehenden radioaktiven Abfälle müssen wegen ihrer Radioaktivität und den großen Halbwertszeiten über viele Jahrzehnte hinweg sicher gelagert werden. Eine Möglichkeit ist die unterirdische Lagerung in ehemaligen Salzbergwerken. Eine solche Lagerung erfolgt im Zwischenlager Gorleben in Niedersachsen sowie in Morsleben (Sachsen-Anhalt). Eine andere Möglichkeit besteht darin, abgebrannte Brennstoffstäbe wieder aufzubereiten (Abb. 2). Dabei entstehen allerdings radioaktive Abfälle, die ebenfalls sicher gelagert werden müssen. Allein in Deutschland beträgt die Gesamtmenge des radioaktiven Abfalls etwa 30 000 m^3 pro Jahr.

Mosaik

Kernfusion in der Sonne

Ohne Sonnenstrahlung würde kein Leben auf der Erde existieren. Fast alle Energie auf der Erde ist letztendlich auf Sonnenenergie zurückzuführen.

Die Fotosynthese ermöglicht den Stoffwechsel der Pflanzen, sie ist aber nur bei ausreichendem Lichteinfall möglich. Fossile Brennstoffe wie Kohle werden heute dort abgebaut, wo vor Millionen von Jahren Wälder im Sonnenlicht wuchsen. Auch die Wasserkraft ist auf Sonnenenergie zurückzuführen, ebenso das gesamte Wettergeschehen. Selbst die Psyche der Menschen wird von der Sonne beeinflusst.

Heute wissen wir, dass die Sonne eine riesige Gaskugel ist, in deren Kern gewaltige Energien freigesetzt und von der Sonnenoberfläche in den Weltraum abgestrahlt werden.

Welche Prozesse gehen im Innern der Sonne vor sich?

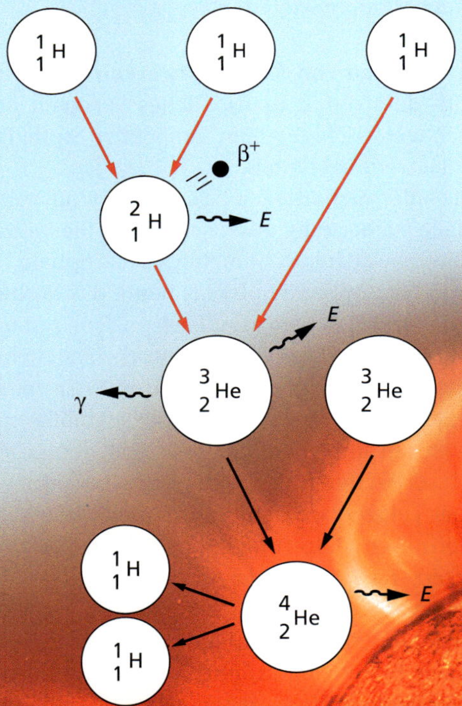

1 Die Heliumsynthese (Proton-Proton-Zyklus)

Die Sonne ist eine riesige Gaskugel, die heute zu etwa 73 % aus Wasserstoff und zu 25 % aus Helium besteht. Im Kern herrschen Temperaturen von etwa 15 Millionen Kelvin, ein Druck von etwa 10^{16} Pascal und eine Dichte von 160 g · cm^{-3}. Das sind Bedingungen, unter denen Kernfusion vor sich geht. Im Zentrum der Sonne verschmelzen Wasserstoffkerne zu Helium. Die wichtigsten Prozesse sind vereinfacht in Abb. 1 dargestellt.

Zwei Wasserstoffkerne verschmelzen zu Deuterium. Dabei wird Energie freigesetzt und es werden Positronen abgestrahlt.

Anschließend erfolgt die Verschmelzung zu einem Helium-3-Kern, wobei wieder Energie frei wird. Schließlich verschmelzen zwei Helium-3-Kerne zu Helium-4, wobei zwei Protonen (Wasserstoffkerne) entstehen und wieder Energie frei wird.

Bei dem gesamten Prozess wird eine Energie von $4{,}3 \cdot 10^{-12}$ J freigesetzt. In der Sonne gehen in jeder Sekunde viele Milliarden solcher Prozesse vor sich. In einer Sekunde verschmelzen 567 Millionen Tonnen Wasserstoff zu 562,8 Millionen Tonnen Helium. Damit tritt in jeder Sekunde ein Massendefekt von 4,2 Millionen Tonnen auf. Das bedeutet: Die Sonne wird in jeder Sekunde 4,2 Millionen Tonnen leichter. Diesem Massendefekt entspricht eine Energie von $3{,}8 \cdot 10^{26}$ J. Diese Energie wird in jeder Sekunde von der Oberfläche der Sonne in den Weltraum abgestrahlt. Ein Teil davon gelangt zur Erde. Bis jetzt hat die Sonne etwa 1/3 ihres Wasserstoffvorrates verbraucht. Der gegenwärtig vorhandene Wasserstoff reicht noch einige Milliarden Jahre.

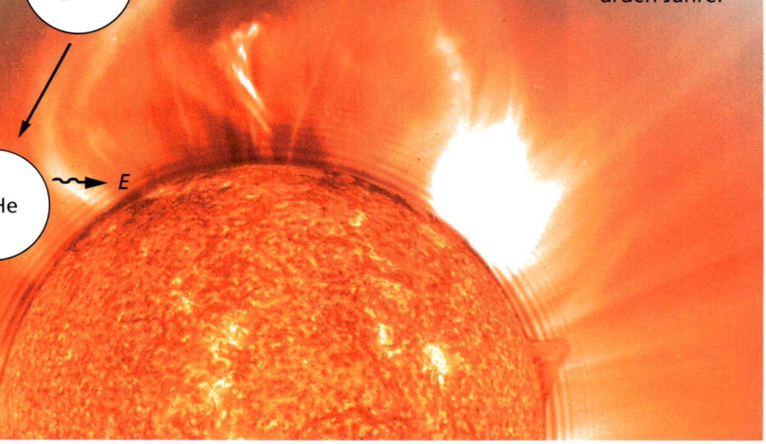

gewusst · gekonnt

1. Beschreibe anhand von Abbildung 1, S. 136, die Energieumwandlungen in einem Kernkraftwerk! Worin bestehen die Unterschiede gegenüber einem Kohlekraftwerk?

2. Was ist der Unterschied zwischen natürlichem und angereichertem Uran?

3. Beschreibe die Kettenreaktion bei einer Kernspaltung!
   a) Wie lässt sich eine Kernspaltung steuern?
   b) Welche Unterschiede bestehen zwischen einer gesteuerten und einer ungesteuerten Kernspaltung?
   c) Nenne Anwendungen für beide Arten der Kernspaltung!

*4. Uran-235 wird durch Beschuss mit Neutronen in Uran-236 umgewandelt. Dieses Uran-236 existiert nur Bruchteile von Sekunden und zerfällt dann in verschiedene mittelschwere Kerne.
Dabei werden zwei oder drei Neutronen frei. Nachfolgend ist jeweils ein Folgekern und die Anzahl der frei werdenden Neutronen angegeben.
Stelle jeweils die vollständigen Reaktionsgleichungen auf!
   a) Lanthan-147 und 2 Neutronen
   b) Selen-85 und 3 Neutronen
   c) Caesium-137 und 3 Neutronen
   d) Antimon-133 und 2 Neutronen
   e) Xenon-143 und 3 Neutronen

*5. Bei dem schweren Reaktorunfall im Kernkraftwerk Tschernobyl (Ukraine) im Jahr 1986 wurden große Mengen an radioaktivem Iod-131 ausgestoßen. Dies wirkte sich auch in Deutschland aus. Kurze Zeit nach dem Unfall wurde in Milch eine relativ hohe Iod-Aktivität und eine geringe Caesium-Aktivität gemessen. Nach einigen Wochen waren aber die Caesium-Werte höher als die des Iods. Wie ist das zu erklären?

6. Beschreibe die Abläufe in einem Kernkraftwerk! Nutze außer dem Lehrbuch die Internetadresse **www.schuelerlexikon.de,** vor allem das Video 1 zum Stichwort Kernkraftwerk!

7. Wie kann ein Kernkraftwerk „abgeschaltet“ werden?

8. Interpretiere die folgende Abbildung!

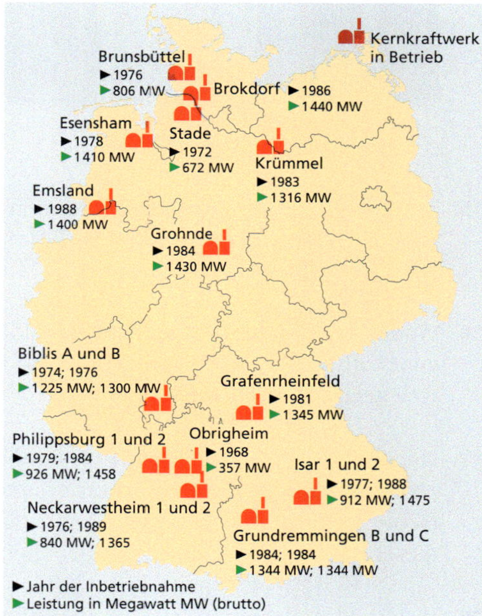

9. Beschreibe die zwei verschiedenen Aufgaben, die das Wasser in einem Reaktor hat!

10. Ein Kernkraftwerk mit Druckwasserreaktor hat drei verschiedene Wasserkreisläufe. Welche Aufgaben haben diese? Benutze zur Beantwortung die Abbildung 1, Seite 136!

11. Wozu dienen die Regelstäbe in einem Kernreaktor?

12. Erläutere die Funktion von Moderatoren in einem Kernkraftwerk!

13. Was ist radioaktiver Müll? Warum ist seine Entsorgung so problematisch?

14. In der öffentlichen Diskussion steht CASTOR oft für Transportbehälter. Was bedeutet diese Abkürzung? Welche Funktion hat ein CASTOR-Behälter (s. Abb.)?

15. Ausgewechselte Brennelemente werden zunächst in einem Wasserbecken im Kernkraftwerk zwischengelagert. Warum?

16. Wodurch wird erreicht, dass keine radioaktiven Stoffe aus einem Kernreaktor in die Umwelt gelangen?

17. Um das Austreten von radioaktiver Strahlung zu verhindern, werden in Kernkraftwerken Sicherheitsbarrieren errichtet. Nenne einige dieser Barrieren! Welche Funktion haben sie?

18. Welche Vorteile und welche Nachteile haben Kernkraftwerke gegenüber anderen Arten von Kraftwerken?

19. Sammle Material zu Vorteilen und Nachteilen der Nutzung von Kernenergie! Stelle dazu einen Kurzvortrag oder ein Poster zusammen!
Nutze das Internet, z. B. die Adressen **www.schuelerlexikon.de** und **www.kernenergie.de!**

***20.** Vergleiche die Kernspaltung mit der Kernfusion! Nenne Gemeinsamkeiten und Unterschiede!

***21.** Die Sonne strahlt je Sekunde eine Energie von ca. $3{,}8 \cdot 10^{26}$ J von ihrer Oberfläche ab.

a) Wie viel von dieser Energie gelangt bis zur Obergrenze der Erdatmosphäre?

b) Vergleiche diese Energie mit dem gegenwärtigen Weltenergieverbrauch von etwa $3{,}7 \cdot 10^{20}$ J im Jahr!

22. Pro und Contra Kernenergie! Argumentiere sachlich in bezug auf folgende Aussagen, die in der öffentlichen Diskussion auftreten:

- Kernkraftwerke belasten die Umwelt stärker als Kohlekraftwerke.
- Radioaktiver Müll der Kernkraftwerke kann noch in Tausenden von Jahren gefährlich werden.
- Radioaktives Wasser, das aus Kernkraftwerken in Flüsse geleitet wird, verseucht das Flusswasser und erwärmt es auch.

23. Erkunde, welche regenerativen Energien in deinem Wohnort und in dessen Umgebung genutzt werden!
Stelle eine Übersicht über die Nutzung solcher Energien zusammen!

24. Der Anteil der Kernenergie an der Elektroenergiegewinnung lag 2003 in den verschiedenen Ländern zwischen 0 % und 77 %.

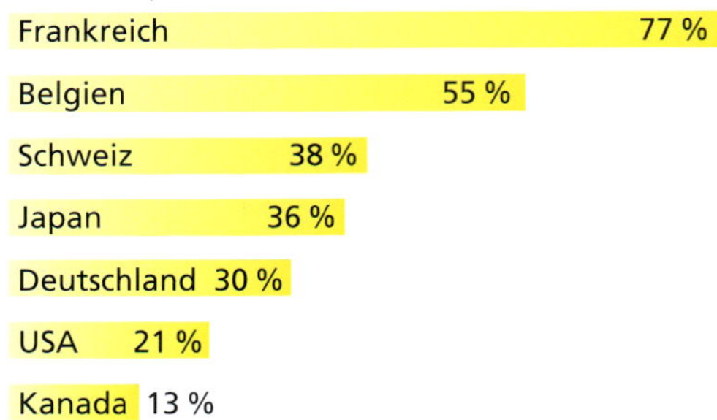

Diskutiere die Meinung: „Kernenergie kann durch andere Energien ersetzt werden!“ Welche Argumente sprechen dafür, welche dagegen?

25. Eine mögliche neue Energiequelle ist die gesteuerte Kernfusion.
Informiere dich im Internet über den aktuellen Stand der Kernfusionsforschung!

Atome, radioaktive Strahlung, Kernenergie

Atome bestehen aus einer negativ geladenen Atomhülle mit Elektronen und einem positiv geladenen Atomkern mit Protonen und Neutronen.

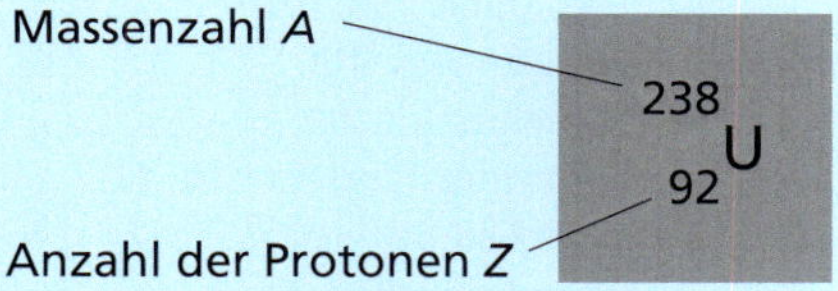

$$A = Z + N$$

Neutronenzahl N

$$N = A - Z$$

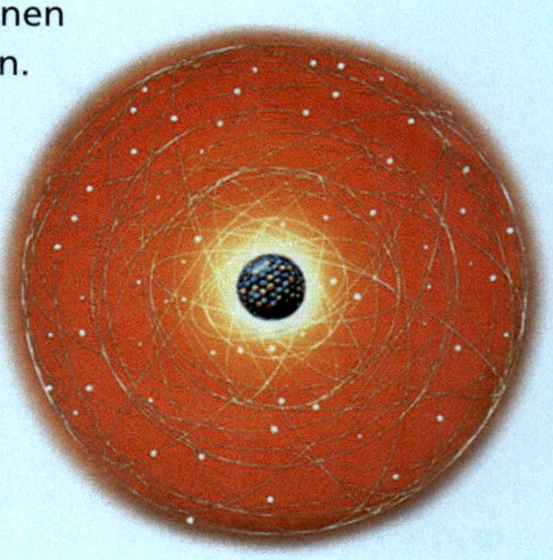

Von den in der Natur vorkommenden Nukliden und den künstlich erzeugten Nukliden sind viele radioaktiv. Sie senden bei Kernumwandlungen radioaktive Strahlung aus.

α-Strahlung
besteht aus doppelt positiv geladenen Heliumkernen.

β-Strahlung
besteht aus negativ geladenen Elektronen (β^-) oder Positronen (β^+)

γ-Strahlung
ist eine energiereiche elektromagnetische Strahlung.

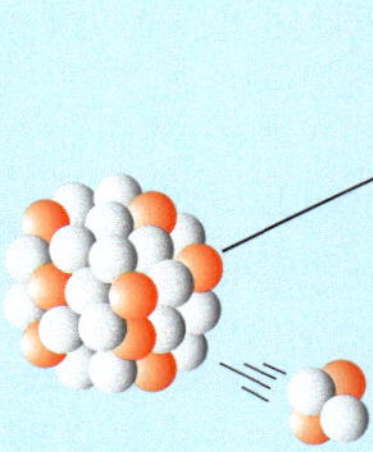

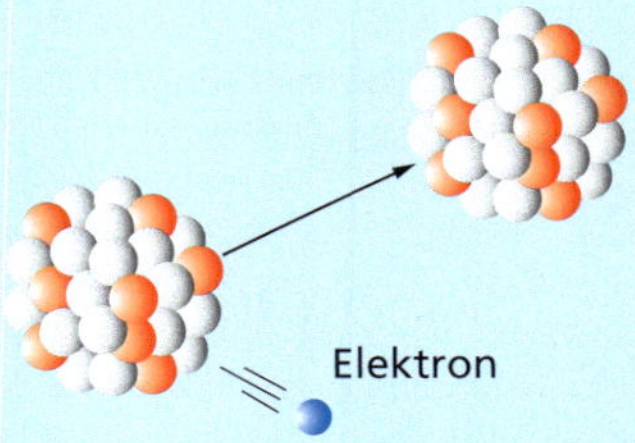

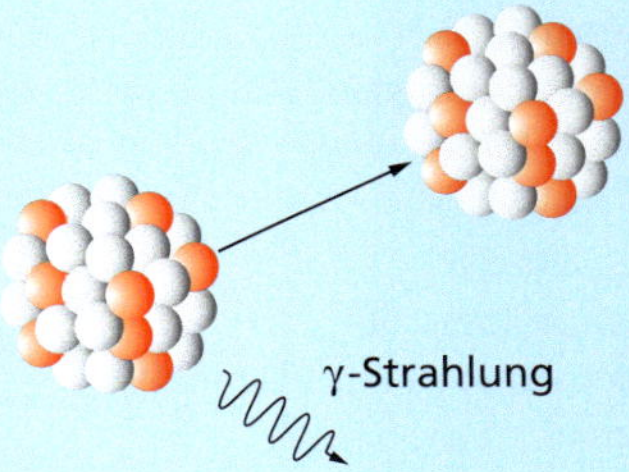

Radioaktive Strahlung

- besitzt Energie,
- kann Gase ionisieren, Filme schwärzen, Zellen schädigen,
- kann Stoffe in unterschiedlicher Weise durchdringen,
- wird teilweise (α-, β-Strahlung) in elektrischen und magnetischen Feldern abgelenkt.

Die Strahlung, der man sich aussetzt, sollte so gering wie möglich sein.

Bei Kernumwandlungen wird Energie freigesetzt. Das wird bei Kernspaltung und bei Kernfusion genutzt.

Kernspaltung
Ein schwerer Kern wird in zwei mittelschwere Kerne gespalten. Dabei wird Energie frei.

→ Kernkraftwerk
→ Atombombe

Kernfusion
Leichte Kerne verschmelzen zu einem schweren Kern. Dabei wird Energie frei.

→ Energiefreisetzung im Innern der Sonne
→ Wasserstoffbombe

summa summarum

Register

Bildquellenverzeichnis

ABB Transformatoren GmbH: 82/3; AEG Alotherm Remscheid: 84/2; ADAC: 55/3; Boeing: 20/0; CERN Genf: 118/1; Corel Photos: 7/2, 25/2d, 28/1, 30/2, 31/3, 33/1, 39/1, 39/2b, 46/1, 46/2a, 53/0, 60/3, 62/1b, 125/2, 133/3; Cornelsen Experimenta GmbH & Co. KG: 24/1, 104/2; Deutsche Bahn AG: 7/1, 25/2c, 27/1; DPA: 113/1; Archiv DUDEN PAETEC Schulbuchverlag: 9/3, 23/1, 35/1, 35/2, 70/1, 70/2, 70/3, 71/1, 71/2, 74/1, 78/1, 100/2, 119/2, 121/3, 125/1, 135/1, 135/2, 135/3; ESA: 30/1, 36/2, 54/0; Euro Speedway Lausitz: Vorsatz (1), 41/2; GNS Gesellschaft für Nuklear-Service mbH: 140/1; Bärbel Grimm, Berlin: 45/2; Hemera Photo Objects: 29/1, 34/1, 39/2a, 43/2, 51/0, 61/1, 80/0, 92/0, 97/3, 98/0, 99/0, 102/0, 105/0, 107/1, 109/1, 125/0, 137/1; Informationsstelle für Elektrizitätsanwendung, Zürich: 114/1, 141/1; Informationszentrale der Elektrizitätswirtschaft: 140/1; Claudia Kilian, Berlin: 46/2b, 55/2, 62/2; Knorr-Bremse AG: 62/3; Kyocera: 101/6; Günter Liesenberg, Berlin: 8/02, 66/3; LEYBOLD-DIDACTIC GMBH: 69/3, 71/4; Mahler, B., Berlin: 59/1; Mahler, H., Berlin: 31/0, 130/1; Lothar Meyer, Potsdam: 6/1, 8/01, 19/2, 21/0, 25/1, 25/2a, 45/1, 51/1, 53/1, 54/2, 56/2, 66/1, 67/2, 77/2, 79/1, 79/2, 82/2, 84/1, 90/1, 94/01, 94/02, 95/1b, 95/3, 96/0, 101/1, 101/2, 101/3, 101/4, 101/5, 101/7, 101/8, 103/0, 106/1, 108/1, 121/1, 131/1; Motorola GmbH: 110/1; NASA: 138/1; ÖAMTC: 30/3, 37/1, 41/1, 41/3, 55/1, 58/1, 64/1; Adam Opel AG: 32/1, 33/2a–c, 59/2a–c, 60/1, 62/1a; Osram GmbH: Vorsatz (1), 88/1; Philipps AG: 88/2, 103/1; PhotoDisc, Inc.: 6/3, 8/03, 18/1, 43/1, 44/1, 46/2c, 65/1, 114/2; Photosphäre: 4/0; PHYWE SYSTEME GMBH & Co KG: 25/2b, 91/4, 121/2; Christel Ruppin, Berlin: 6/2; Martin Scharffenberg, Birkenstein: 5/1; Siemens AG: 66/2, 76/2, 78/2, 88/3, 93/1, 100/0, 114/3, 126/2, 133/1, 133/2, 136/2; Simson Suhl Gmbh: 55/4; Straßen.NRW: 63/1; Patrik Vogt, Landau: Vorsatz (1), 72/0, 80/1a–b, 81/2, 86/1, 86/2; Volkswagen AG: 8/2, 22/1, 48/1, 90/3; Wacker Siltronic AG Burghausen: 93/3b.

Titelbild: picture-alliance/dpa